中等专业学校教材

水利工程概论

（第二版）

黄河水利学校 许宝树 主编

内容提要

本书主要论述水利工程的基本知识，其内容包括：水资源与水利事业，河川径流和水利枢纽的概要知识；防洪治河、农田水利、给水排水、水力发电、水运及渔业等工程的布设概况；土石坝、重力坝、拱坝和水闸等常见水工建筑物的型式和构造，以及勘测、设计、施工和管理方面的一般知识。

本书除可作为水利水电学校工程水文、工程地质、工程测量和工程机械等专业的教材外，也可作为水利水电建筑等有关专业的入门教材。此外，本书还可作为水利基层干部的培训教材，也可供广大水利基层干部作为自学参考用书。

图书在版编目（CIP）数据

水利工程概论/许宝树主编．—2版．—北京：中国水利水电出版社，2008（2013.8重印）
中等专业学校教材
ISBN 978-7-80124-475-8

Ⅰ．水…　Ⅱ．许…　Ⅲ．水利工程-专业学校-教材　Ⅳ．TV

中国版本图书馆CIP数据核字（2008）第098180号

中等专业学校教材
水利工程概论
（第二版）
黄河水利学校　许宝树　主编
＊
中国水利水电出版社（原水利电力出版社）出版、发行
（北京市海淀区玉渊潭南路1号D座　100038）
网址：www.waterpub.com.cn
E-mail：sales@waterpub.com.cn
电话：（010）68367658（发行部）
北京科水图书销售中心（零售）
电话：（010）88383994、63202643、68545874
全国各地新华书店和相关出版物销售网点经售
北京市北中印刷厂印刷
＊
184mm×260mm　16开本　14.5印张　334千字
1985年4月第1版　1985年4月第1次印刷
1992年6月第2版　2013年8月第14次印刷
印数70431—73430册
ISBN 978-7-80124-475-8
（原ISBN 7-120-01479-X/TV·538）
定价 **29.00** 元

第 二 版 前 言

根据水利部《一九九〇～一九九五年中等专业学校水利水电类专业教材选题和编辑出版规划》，以及1988年10月水利部中专水利水电类专业教研会专业组长扩大会议的决定，适用于水文、地质、工测、工机等专业的《水利工程概论》教材需重新进行编写。我们认真研究了课程的特点，对教材内容进行了重新编排。由于本教材要适应多种专业的教学需要，由于各专业要求讲授的内容与重点有所不同，因此本教材除从知识的深度与广度上满足各专业的教学需要外，并在体系安排上尽可能保持各章节知识面的相对独立性，便于各专业根据自己的情况取舍采用。

本教材的内容体系安排如下：

第一章介绍我国的水资源；我国水利事业的各主要方面，各方面的任务及其在国民经济中的地位和作用；我国水利事业各方面的现状及其发展远景；水利事业各方面的主要的工程技术措施等。这一部分内容是水利水电类各专业学生必须具备的总的概念。

第二章介绍河川径流及水利枢纽的一般知识。学习这一章内容是为进一步学习各种水利工程知识，奠定必要的基础。

第三章至第十章分类介绍各种水利工程。重点讲述各种水利工程的目标任务；工程的布设概况及其组成建筑物；建筑物的型式和构造，以及其基本要求。这一部分内容各章相对独立性较强，各专业可据自己的情况适当取舍。

最后三章分别介绍水利工程建设，在勘测、设计、施工和管理运用等各阶段的主要工作内容及一般知识。

对于多数非建筑类专业没有教学要求的内容，以及例证或偏深的内容，本书用小号字排印，以方便教学。

本书除可作为水利水电类非建筑专业的教材外，也可作为水利水电建筑等专业的入门教材，这样有利于学生扩大知识面，对水利建设全局有概括的了解，避免学生“见木不见林”的现象。

参加本书编写的有：成都水力发电学校涂林海同志（每五、六、十二章），黄河水利学校李玉莹同志（第七、八、九、十三章），黄河水利学校许宝树同志（第一、二、三、四、十、十一章）。全书由许宝树同志担任主编，由辽宁省水利学校陶国安同志担任主审。

本书的编写大纲经黄河水利学校水工教研组全体同志多次讨论修改定稿，并得到胡无畏同志热心帮助，特此表示感谢。

限于编者水平，差错谬误在所难免，敬请同仁指正。

编　者

1991年10月

第一版前言

本书系根据水利电力部“一九八三年～一九八七年中等专业学校水利电力类专业教材编审出版规划”，为陆地水文、工程地质及工程测量专业等编写的试用教材，也可作县区水利技术干部的参考书。

本书包括力学基础、水利事业、河川水利枢纽的基础知识、土石坝枢纽、混凝土和浆砌石坝枢纽、引水枢纽、农田水利、水力发电、水利工程施工、水利枢纽的勘测设计和水工建筑物的管理共十一章。

参加本书编写的有湖南省水利学校的何泗南同志（第一、十、十一章），陕西省水利学校的吴一匡同志（第四、七、九章），黄河水利学校的唐正乾同志（第二、三、五、六、八章）。全书由唐正乾同志主编，姜锡强同志主审。

本书修改稿承乔有谟、胡无畏、邱玉芬、李玉莹、杨邦柱等同志校阅。二、三、五、六、八章的插图由杨道富、盛亚菲同志绘制，谨此表示感谢。

限于编者水平，不当之处，恳请读者批评指正。

编　者

1984年6月

目　录

第一章 水资源与水利事业

水是一种宝贵的自然资源，是人类生存和社会生产必不可少的物质资源。人们的生产和生活都离不开水，无论在工业生产、农业生产、交通运输以及日常生活方面，水都是不可或缺的。地球上任何一种生命都离不开水，可以说：没有水便没有生命。

水利事业是对自然流域进行控制和改造，除水害、兴水利，开发、利用和保护水资源的国民经济事业。为了对水利事业有比较概括的全面了解，我们必须先了解我国的水资源概况，从而才能正确认识我国水利事业的各个主要方面。

第一节 水资源概况

一、地球上的水

地球上海洋的面积比陆地的面积大得多，估计地球表面的总面积为 $5.0987\times10^8km^2$，其中海洋面积为 $3.61059\times10^8km^2$，占地球总面积的 70.8%；陆地面积为 $1.48811\times10^8km^2$，占 29.2%。

地球上水量虽多，却有 97.5%是人类不能饮用的咸水和矿化地下水。根据最新的资料，地球上水的总量为 $1.386\times10^9km^3$，其中海水 $1.338\times10^9km^3$，占 96.5%。天然淡水仅有 $3.5\times10^7km^3$，只占 2.5%。并且，绝大部分天然淡水还处于人类难以实际利用的状态。例如，天然淡水的约 73%处在极地冰盖和高山冰川中（有人推算出，如果极地冰盖融化，海洋水面将上升 66.3m）。另外 30%的淡水是地下水，处在地下含水层中，13.5%是 800m 以上的深层地下水，取出来并不那么容易。

对人类来说，利用江河湖泊的水最为方便。自古以来，人们就利用江河湖泊的水流进行农田灌溉、水上运输和水力做功。近代则进一步利用江河湖泊水流进行水力发电，并供应工业和城市居民生活用水。然而，由表 1-1 可以看出，世界上江河湖泊等地表淡水总量为 $1.046\times10^5km^3$，仅占淡水总量的 0.3%，特别是河流的淡水，只占全球淡水的 0.006%。

表 1-1　　地球上水体分布情况

项目	总水量 (10^6km^3)	占百分比	淡水量 (10^6km^3)	占百分比	项目	总水量 (10^6km^3)	占百分比	淡水量 (10^6km^3)	占百分比
世界总水量	1385.98461	100	35.02921	100	其中：山岳	0.0406	0.003	0.0406	0.12
海水	1338.0	96.5			冰土地下水	0.3	0.022	0.3	0.86
地下水	23.4	1.7	10.53	30.06	地表水	0.18999	0.014	0.10459	0.30
土壤水	0.0165	0.001	0.0165	0.05	其中：湖泊	0.1764	0.013	0.091	0.26
冰雪总量	24.0641	1.74	24.0641	68.7	沼泽	0.01147	0.0008	0.01147	0.03
其中：南极	21.6	1.56	21.6	61.7	河川	0.00212	0.0002	0.00212	0.006
格陵兰岛	2.34	0.17	2.34	6.68	大气中水	0.0129	0.001	0.0129	0.04
北极	0.0835	0.006	0.0835	0.24	生物内水	0.00112	0.0001	0.00112	0.003

我们通常所说的水资源，是指在目前的技术经济条件下，可为人类利用的河流、淡水湖泊和可开采的地下水等水量。这些与人类关系密切的淡水资源，科学界称作狭义水资源。

二、自然界水的循环

水资源是一种能由大气降水补给的自然资源。

地球表面的热量主要受太阳辐射的影响。由于太阳辐射的热力作用，使地球上的水面、土壤表层和植物叶面中的水分不断蒸发，化为水汽上升空中，受气流的作用而运动，在适当的条件下遇冷凝结为水滴，以雨雪的形式降落至地面，这种现象称为降水。降落到地表的水，一部分渗入地下成为地下水，一部分流入江河汇流入海，还有一部分重新蒸发回到空中。地下水，一部分通过毛细管的作用上升地表而逐渐蒸发，一部分补给河川径流流入海洋，还有一部分直接渗流入海。海洋水经蒸发变成水汽，受季风的影响输送至大陆，再遇冷凝结成水滴形成降水，又以地面径流和地下径流的形式汇入海洋。这种循环过程叫做自然界水的循环，参见图 1-1。它表明了地表水、地下水和空中水的转化关系。

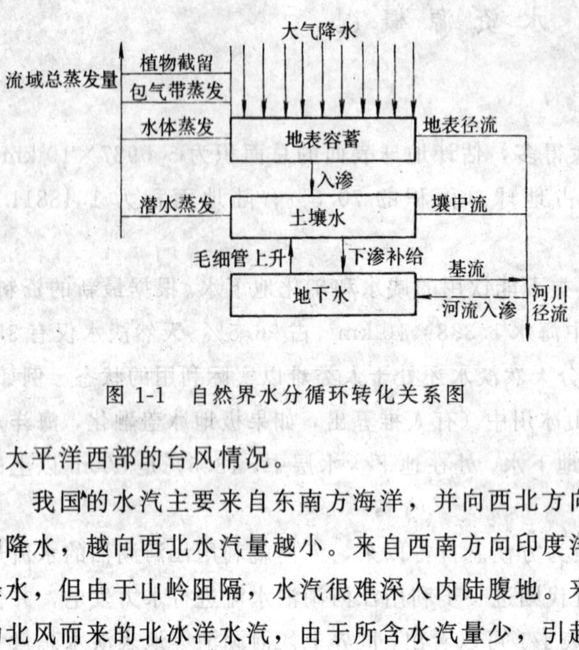

图 1-1　自然界水分循环转化关系图

影响水分循环的因素很多，归结起来有三类：一是气象因素，如风向、风速、温度、湿度等；二是下垫面因素，如地形、地质、土壤、植被等；三是人类活动，如水利措施和农林措施等。

我国地处西伯利亚干冷气团和太平洋暖湿气团进退交锋地区。一年内水汽输送和降水量的变化，主要取决于太平洋暖湿气团进退的早晚，西伯利亚冷气团的强弱变化，以及七、八月间太平洋西部的台风情况。

我国的水汽主要来自东南方海洋，并向西北方向移动。首先在东南沿海地区形成较多的降水，越向西北水汽量越小。来自西南方向印度洋的大量水汽，主要引起我国西南地区降水，但由于山岭阻隔，水汽很难深入内陆腹地。来源于西风环流的大西洋水汽，和借强劲北风而来的北冰洋水汽，由于所含水汽量少，引起的降水量不多。东北方的鄂霍次克海的水汽，随东北风到达我国东北地区，对该地区的降水起着较大的作用。

我国径流的输出口，主要在东部沿海注入太平洋；小部分经怒江、雅鲁藏布江等流入印度洋；还有很小一部分经额尔齐斯河注入北冰洋。

三、我国的水资源

我国地域辽阔，国土面积 9.6×10^6km^2。全国大小河川总长度约 4.2×10^5km，流域面积在 100km^2 以上的河流有 5000 多条，其中流域面积 1000km^2 以上的河流将近 1600 条。天然湖泊面积在 1km^2 以上的约有 2800 多个，其中面积在 100km^2 以上的约有 130 多个，全国湖泊总面积约 7.56×10^4km^2。此外，还有许多大小冰川，总面积约有 5.7×10^4km^2。

我国平均年降水量 630mm，水资源总量约 2.81×10^{12}m^3，其中河川年径流总量 2.71×10^{12}m^3。我国的水资源总量仅次于巴西、苏联、加拿大、美国和印度尼西亚，居世界第六位。

可是，由于我国人口众多，人均占有水量只有 2500m³，是苏联的 1/7，美国的 1/5，退居到世界的第 88 位，只相当世界人均水量 10930m³ 的 1/4。

我国自然降水在地区分布上很不均匀，东南多、西北少，华南多、华北少。东南沿海平均年降水量在 1600mm 以上，淮河、秦岭以南大于 800mm，华北和东北大部在 400～800mm 之间，西北广大地区则少于 250mm，少雨地区的面积约占全国面积的一半。而且降雨季节性强，约 70％的雨水集中在夏秋季的三、四个月，并多以暴雨形式出现，其他月份则雨量稀少。此外，我国降水量年际变化也很大，丰水年和枯水年的水量悬殊。例如，北京 1959 年降水 1405mm，1921 年降水仅 256mm，相差近 5 倍。由于降水量的年际和年内变化很大，所以容易形成水旱灾害。

我国水资源的地区分布与人口、耕地的分布极不相适应，水土资源的配合很不均衡，见表 1-2。如黄、淮、海三大流域，地表水资源只占全国的 5.25％，而耕地面积却占全国的 35.9％，这是我国北方地区极易闹水荒的一个原因。

表 1-2　全国及部分江河水土资源简况

流域或地区	年径流量（亿 m³）	耕地面积（亿亩）	人口（亿人）	亩均水量（m³/亩）	人均水量（m³/人）	流域或地区	年径流量（亿 m³）	耕地面积（亿亩）	人口（亿人）	亩均水量（m³/亩）	人均水量（m³/人）
全国	27115	14.4	10.81		2500	长江流域	9280	3.52	3.79	2636	2449
黄河流域	628	1.82	0.92	345	683	珠江流域	3360	0.70	0.82	4800	4098
淮河流域	611	1.85	1.42	330	430	松花江流域	733	1.57	0.51	467	1437
海滦河流域	288	1.70	1.10	169	262	辽河流域	126	0.66	0.34	191	371

注　摘自《中国水利》1990 年第 3 期第 33 页，人口数是 1988 年底资料。

进入 80 年代后，我国约有 144 个城市先后出现不同程度的缺水，日缺水量高达 800 多万 t。尤其是华北地区较为严重，而这一地区是我国小麦、棉花的集中产区，也是煤炭、石油、钢铁、重化工业的重要基地。中国北半部日甚一日的喊“渴”声，迫使人们对水资源进行重新认识。水资源虽处在不断循环补给过程中，但他是有限的，而又是不可替代的自然资源。水资源是宝贵的社会财富，是国民经济发展的制约因素，随着我国社会主义现代化建设的发展，用水量将急剧增加，参见表 1-3。

表 1-3　我国工农业用水增长情况（亿 m³）

项　目	1949 年	1957 年	1965 年	1979 年
农　业	1001	1938	2545	4195
工　业	20	79	119	263
火　电	4	17	62	260
城市生活	6	14	18	49
合　计	1031	2048	2744	4767

注　本表摘自《现代中国水利建设》（1984 年 9 月，水利电力出版社）。

四、要树立全方位的“水意识”

目前全世界有 100 多个国家缺水，其中严重缺水的有 40 多个。随着世界人口和经济的快速增长，缺水的问题将越来越严重。联合国发出了警告：“石油危机之后的下一个社会危机便是水”。

水是立国生存之本，是人类生存和社会发展的一项基本条件。随着我国国民经济的发展，工农业生产，城市、农村建设和人民生活等各方面，对于水资源的需求量将不断增长。但是，我国的水资源并不富裕，而且水资源的地理分布与人口，耕地的分布极不适应，时空分布也很不平衡。诸多不利的自然因素，注定了我国是一个严重的缺水国家。惊人的浪费和人为污染，则又加重了水资源危机。

面对这个巨大的难题，专家们提出了加强对污废水的处理利用，提高农业用水的有效率，推广各项节水措施等对策。然而，任何一个对策的实现过程，都离不开一个至关重要的因素，那就是要使全体人民，具有惜水节水、防洪抗旱、保持水土、防治污染、综合利用等多方面的全方位水意识。

水利工作的基本任务是除水害、兴水利，开发、利用和保护水资源，为工农业生产和人民的物质、文化生活创造必要的条件。任务是艰巨的，也是光荣的，周恩来同志在建国之初就曾说过，把水的事情办好了，其功不在禹下。

第二节　防　洪　治　河

一、防止洪水灾害的重要性

防止洪水灾害，保护人民生命财产的安全，自古以来就是关系国计民生的头等大事。远在四千多年以前石器时代的“大禹治水”，凿龙门，疏九河，导流入海，说的就是防洪治河。历代治河都注重防洪，直至今日，防洪也一直是治河的首要任务。

在我国 960 万 km^2 国土中，有 112 万 km^2 的冲积平原，处于各大江河的中下游，地面高程大都在汛期洪水位以下，都依靠两岸堤防和其他工程设施来保护防洪安全，并都发生过大大小小、不同程度的洪水灾害。防洪问题是我国各大江河流域普遍存在的一个至关重要的问题。

二、我国历史上的洪水灾害

黄河下游河道是一条地上“悬河”，洪水危害最为严重，是举世闻名的“中国之忧患”。黄河历史上灾害频繁。自周定王五年（公元前 602 年），至公元 1938 年花园口扒口的 2540 年中，黄河决口泛滥的年份有 543 年，一年之内甚至决溢多次，共决溢 1590 余次。黄河决口造成的灾情都是十分严重的。唐玄宗开元十四年（公元 755 年），黄河决于河北沧县、河间一带，淹死 100 多万人；明成祖永乐八年（公元 1401 年），洪水冲人开封城，4 万余户受灾，700 万亩农田受淹；1933 年黄河大洪水，南北两岸决口 50 余处，淹没冀、鲁、豫三省 67 个县，受灾面积达 11000km^2，灾民 364 万人，死亡 18000 余人，据估计这次灾害损失折合银元 2.3 亿多元。更有甚者，还有封建统治者的人为决溢，给人民带来毁灭性的灾难。明崇祯十五年（公元 1642 年），镇守开封的周王和巡抚高名衡，为了水淹闯王大军，派人在朱家寨（今开封黑岗口）、马家口决开黄河大堤，洪水直冲开封城，城内 37 万居民淹死 34 万，造成全城覆没的历史悲剧；1938 年蒋介石下令在花园口扒开黄河大堤，使河南、江苏、安徽三省 44 个县市，5.4 万 km^2 土地一片汪洋，受灾人口 1250 万，300 多万人背井离乡，80 万人死于非命。

由于黄河决口，洪水把大量泥沙带入淮河流域，淤塞淮河干支流和湖泊，致使淮河流域连年发生水灾。1950 年淮河大水，由于河道淤塞，排洪不畅，整个淮北沦为泽国，河南、安徽两省受灾人口达 1340 万，淹没耕地 4350 万亩。

1931 年长江宜昌站出现 63600m^3/s 的洪峰，上自沙市，下至上海，沿江城市全部被水淹没，南京也未幸免，武汉一片汪洋，受淹百日之久。鄂、湘、皖、赣、苏、浙、豫等七省 205 个县、5000 多万亩农田、2855 万人口受灾，死亡 14.5 万人。1935 年汉江洪水，农田 2264 万亩，人口 1003 万受灾，死亡 14.2 万人。

淮河 1931 年洪水，淹没了蚌埠市，越过津浦铁路，淹地 7700 万亩，死亡 7.5 万人。

海河 1917 年洪水，淹地 2500 万亩，635 万人受灾，天津市被淹；1939 年洪水，农田 5000 万亩、人口 800 万受灾，冲毁铁路 160km，天津市再次被淹。

珠江 1915 年洪水，淹没广州市，珠江三角洲一片汪洋，450 万亩农田、300 万人口受灾。

1932 年松花江洪水，冲进哈尔滨市，12 万人流离失所，淹没农田 8325 万亩，冲毁铁路多处。

我国历史上洪涝灾害频繁，举不胜举，洪水灾害是中华民族生存和发展的一大威胁。

三、建国后抗洪斗争的成就

建国后，党和政府非常重视水利事业，还处在国民经济的恢复时期，就做出了治理淮河、修建长江荆江分洪工程和官厅水库的决定。四十年来，我国修建了大量的防洪、排涝等工程，整修新修堤防、圩垸、海塘 16.5 万 km；疏浚整治了排水河道，并开辟了海河和淮河的排水出路；修建了各类水库 8.6 万多座，初步控制了一般性的洪涝灾害。对洪水问题比较严重的河流，如黄河、长江、淮河、海河、珠江、辽河和松花江等，都进行了不同程度的治理，改变了建国前江河连年决口成灾的局面。

人民治黄以来，从 1947 年到 1991 年，已连续取得了 40 多年伏秋大汛不决口的胜利，保卫了黄淮海大平原的安全，促进了我国社会主义建设事业的顺利进行。

四、当前防洪存在的问题

值得指出的是，我们对主要江河流域虽然进行了初步治理，控制了一般性的洪水灾害，但还远远没有得到根治，还难以抗御较大洪水的袭击。我国各江河堤防，目前能达到的防洪标准普遍偏低，大多数只能防御 10～20 年一遇的洪水，重点堤防的防洪标准也只有 50 年一遇左右，很少能达到 100 年一遇的防洪标准。

例如长江中、下游及湖区堤防仅能防御 10～20 年一遇的洪水，若遇 1954 年型洪水（40 年一遇）仅能保荆江大堤和武汉市安全。倘若荆江大堤决口，即将造成毁灭性灾害，不仅淹没江汉平原，而且可能造成长江改道、航运和铁路中断、威胁武汉市的安全。

黄河防洪形势更为严峻，黄河下游河道已是华北大平原的“屋脊”。由于泥沙大量淤积，河床不断抬高，目前下游河床仍继续以平均每年 10cm 的速度淤积抬高。现在下游河道设防水位在沁河口上下高出背河堤脚地面 6～7m，高出新乡市区地面 30m。在柳园口附近，滩面高出开封市区地面 7m 左右，设防水位高出开封市区地面 13m。目前，黄河下游堤防的设防水位，是按照花园口站流量 22000m^3/s 的标准设防。这就是说，黄河下游堤防是以防御 1958 年花园口站 22300m^3/s 的洪水为目标的，只相当于 60～70 年一遇的洪水标准，和他所保障的任务相比显然偏低。历史上黄河曾发生的大洪水远远超过这个标准，例如，1843 年洪水在陕县（三门峡）洪峰流量为 36000m^3/s；1761 年洪水在开封黑岗口洪峰流量为 30000m^3/s。若按可能最大暴雨推算，还可能出现 4.6 万 m^3/s 的大洪水。如发生超标准洪水，黄河下游堤防一旦决口，南乱江、淮，北乱海河，其后果将不堪设想。

黄河下游两岸的黄淮海大平原，土地面积30万km^2，耕地3亿多亩，人口2亿多。平原上城镇密集，工厂林立，是我国重要的工农业基地。京广、京沪、陇海三条铁路干线，纵横贯穿平原的东西、南北，是沟通全国、连接内陆与海洋运输的大动脉。黄河下游一旦决口，造成的直接经济损失将以百亿元计。并且，黄河决口水沙俱下，河渠淤塞，良田沙化，几十年治理淮河和海河的巨大成果将毁于一旦。加上城镇淹没，铁路中断，输水受阻，人员伤亡等间接经济损失和政治影响，则是无法估量的。

由此可见，抗洪斗争形势严峻，防洪安危是关系我国经济建设大局的重要问题。

五、防洪措施

防止洪水灾害的技术措施主要有如下几类：

(1) 修筑堤防与整治河道　修建堤防防止洪水漫溢；疏浚和整治河道，提高河段的泄流能力。

(2) 分洪、蓄洪、滞洪和开挖减河　在重点保护对象以上或其邻近的下游，利用适当的地形，设分（蓄、滞）洪工程，配合堤防运用可以进一步提高保护堤段的防洪标准；开挖减河可以扩大泄洪出路，可减少减河入口以下干流河段的流量。

(3) 水库拦洪　兴建水库拦蓄洪水，其作用比较显著，并且可以取得综合利用效益。应根据具体情况，统一部署干支流水库的联合运用。

(4) 山区小河综合治理与水土保持　除一般水土保持措施蓄水保土外，在小河上修筑拦沙坝和梯级坝，是有效的蓄水拦沙手段之一。有的工程还可取得综合利用的效益。

第三节　农　田　水　利

一、农田水利的重要性

农业是国民经济的基础，是任何社会不可缺少的生产部门。实现农业现代化也是我国国民经济现代化建设的重要环节。农田水利事业的目的，在于通过工程设施来调节和改变农田水分状态和地区水利条件，使之符合发展农业生产的需要，促进农业生产的发展。

自古以来，农田水利就是人类与水旱灾害做斗争、发展农业生产的重要措施。农田水利不仅要为粮棉增产服务，还要为林、牧、副、渔业和多种经济服务。对水土资源要进行综合利用，要合理用水、科学用水，对盐碱、沼泽和干旱荒漠地要合理开发利用。农田水利事业的发展，不仅是农业的发展进步，而且也是社会文化进步的标志。

一些科学技术较先进的国家，不仅采用一些新的灌排技术，而且已把治水扩大到大气层，实行人工催雨以增加降雨量，用人工化云以减轻暴雨威胁。原子能、电子计算技术、宇宙航测技术已开始在农田灌排中应用，有的灌排工程已用现代工业技术实现自动化。因此，我们必须认真总结我国农田水利的成就，借鉴国外的经验，积极开展农田水利工作，为我国社会主义现代化作出贡献。

二、我国古代的农田水利成就

我国是世界上农业生产发展最早的国家之一，我国的农田水利也有其极悠久的历史。相传在夏商时代，在黄河流域就已出现了“沟洫”，即古代用作灌溉、排水的渠道。春秋战国时期，我国农田水利事业有了很大的发展，公元前 6 世纪楚国人民兴建了芍陂（今安徽寿县南），他是利用原有的湖泊形成周围约 50km 的水库，引蓄淠河的水来进行灌溉，这是我国有历史记载的最早的蓄水灌溉工程。公元前 4 世纪魏国的西门豹和人民一起在邺（今河北临漳）修建了 12 条渠道，引漳水灌溉，这是早期引水灌溉的典型。秦国（公元前 3 世纪）李冰父子领导人民在四川兴建了我国古代最大的水利工程都江堰。这项工程 2200 多年来，一直为农业生产服务，至今仍灌溉着成都平原 10 余县 600 多万亩农田。此外，我国古代较大的水利工程还有：引泾水灌溉的郑国渠（公元前 246 年），宁夏的秦渠、汉渠、唐徕渠，浙江的镜湖灌溉区（公元 140 年）等。其他如遍布江南的塘坝工程，华北各省的水井、水车，西北地区的坎儿井、天车等，都是我国古代劳动人民与干旱做斗争的重要创造。

但是，漫长的封建社会阻碍了我国农田水利事业向前发展，从唐朝中叶至清朝中叶的一千多年，发展速度十分缓慢，水利技术也长期陷于停滞不前的状态。1949 年建国前，我国 16 亿亩耕地中，灌溉面积仅有 2.4 亿亩。

三、建国后农田水利的发展

建国后，国家对农田水利建设一直是重视的，花费了大量人力、物力和财力，修建了大量的防洪、灌溉、排涝等工程设施，每年平均发展灌溉面积 1500 万亩，灌溉面积由建国初的 2.4 亿亩，发展到 7.2 亿亩。建国初期，水稻田 3.4 亿亩，有灌溉设施的不到 2.0 亿亩，可以说大部分没有水源保证。现在水稻田增加到 3.8 亿亩，绝大部分靠灌溉设施保证供水。全国旱地水浇面积，由 1949 年 4800 多万亩，增加到 3.4 亿亩。农田水利建设为农业生产的发 展提供了水利保证，我国粮食总产量，从 1949 年的 1100 多亿 kg，增加到 4074.5 亿 kg；棉花由 4.45 亿 kg 增加到 37.9 多亿 kg（1989 年统计公报）。

应当指出，我国农田水利建设还远远不能满足现代化建设的要求。目前，还有半数以上的农田没有水利设施，已有的灌溉设施标准还不够高，真正保灌的面积只有 5 亿亩。许多农田水利设施已经“老化”，需逐步更新、改造；工程除险、配套任务还很重；尚有 1 亿亩的盐碱地、冷浸田等低产田有待改造；有些易涝区尚未进行治理。总之，农田水利事业仍是任重而道远。

四、不同水利条件的地区划分

我国地域辽阔，各地自然条件不同，发展农业生产的水利条件也不同，综合气候和水文等方面的特点，可将我国大体上划分为干旱地区、半干旱地区和水分充足地区三种类型：

（1）干旱地区　包括新疆、青海、甘肃、宁夏、陕西北部、内蒙古西北及东北大部、西藏雅鲁藏布江以西、云贵高原西部等地方。干旱地区属沙漠和半沙漠性气候，降水量在 250mm 以下，土壤盐碱化普遍而严重。本地区主要是牧区，灌溉水源主要靠高山积雪融解的水流，也有少部分地区有地下潜流可以使用。

（2）半干旱地区　包括华北平原、黄河中游黄土高原、东北松辽平原、淮北平原以及内蒙古的南部和东部。这些地区大部分的年平均降水量在 500～700mm 之间。这些地区的降水量，虽然在平均数量上可基本满足作物的需要，但由于降水量的年变差大和年内分布大均衡，因而经常出现干旱年份和干旱季节，时常春旱秋涝、此旱彼涝、涝中有旱、涝后又旱。此外，黄河两岸冲积平原及滨海地区有相当面积的盐碱土地；东北平原还有部分沼泽土地；许多地区地下水位高，地下水矿化度大，土壤盐碱化威胁严重；在黄河及海河上中游的黄土地带，还存在着严重的水土流失现象。

(3) 水分充足地区　包括苏南、浙江、皖南、福建、广东、广西、湖南、湖北、江西、云南、贵州、四川、海南及台湾等省区。本地区雨量充沛，年降雨在800mm以上，是我国主要水稻产区。但由于降雨的分布与水稻生长季节的田间需水不相适应，仍多有旱象发生，因此，仍需要发展灌溉。此外，长江中下游平原低洼地区、太湖流域老河网地区及珠江三角洲等地，汛期外河水位经常高于田面，内水不能外排，洪涝威胁也很严重。

五、农田水利措施

农田水利措施包括改变地区水情和调节农田水分状况两个方面。改变地区水情是一项巨大而复杂的工作，不仅要考虑农业生产，还应考虑其他用水部门的要求，即对水资源必须进行全面规划、综合利用。既要为农业生产创造有利的环境，为调节农田水分状况奠定必要的基础，又要为国民经济的全面发展创造有利的条件。因此，改变地区水情必须在当地区域规划的基础上进行。

改变和调节农田水分状况是农田水利的基本任务，其措施一般有下列两种。

(1) 灌溉措施　按照作物的需要有计划地将水量输送和分配到田间，以补充农田水分的不足，改变土壤中的养料、通气、热状况等，达到提高土壤肥力和改良土壤的目的。

(2) 排水措施　借修建排水系统将农田内多余水分排泄至一定范围内外，使农田水分保持适宜状态，满足通气、养料和热状况的要求，以适应农作物的正常生长。在盐碱化地区，排水同时具有降低地下水位和排除盐分的作用。

最后必须指出，为有效地改变和调节农田水分状况及其相关的养料、通气、热状况，不断提高土地的肥力，还必须考虑采取水利和农、林等相结合的综合性措施。

第四节　水力发电

一、水电建设的重要作用

利用水流能量进行电力生产，是水资源开发利用的一项重要内容，也是解决我国能源问题的有效途径之一。电力工业建设对于建立现代化技术基础，推进工业发展，实现农业的技术改造，全面提高人民物质、文化生活水平，具有十分重要的作用。

水力发电是利用水的能量发电。水在自然界周而复始地循环，水资源可由自然循环补给，因而水能资源是一种再生资源，不像煤和石油等是不可再生资源。并且，水力发电不会污染环境，发电成本比火力发电低得多。世界各国都尽量开发本国的水能资源，有些国家水力发电所占比重相当高。例如：挪威99.6%，巴西96.2%，冰岛94.3%，新西兰77%，加拿大62%，哥伦比亚78.2%，奥地利61%，瑞士80%，瑞典55%，澳大利亚74.5%。一些较发达的工业化国家水电总装机容量都较大，例如，美国6628万kW，苏联4052万kW，日本2485万kW。

二、我国的水能资源及开发情况

我国有着丰富的水能资源，表1-4是我国水能资源的统计表。由此表可见，我国水能的

表 1-4 全国及各分水系水能资源统计表

水系	水能蕴藏量			可能开发水能资源		
	功率（万 kW）	年能量（亿 kW·h）	占全国（%）	装机容量（万 kW）	年发电量（亿 kW·h）	占全国（%）
全国	67604.71	59221.8	100	37853.24	19233.04	100
长江	26801.77	23478.4	39.6	19724.33	10274.98	53.4
黄河	4054.80	3552.0	6.0	2800.39	1169.91	6.1
珠江	3348.37	2933.2	5.0	2485.02	1124.78	5.8
海、滦河	294.40	257.9	0.4	213.48	51.68	0.3
淮河	144.96	127.0	0.2	66.01	18.94	0.1
东北诸河	1530.60	1340.8	2.3	1370.75	439.42	2.3
东南沿海诸河	2066.78	1810.5	3.1	1389.68	547.41	2.9
西南国际诸河	9690.15	8488.6	14.3	3768.41	2098.68	10.9
雅鲁藏布江及西藏其他河流	15974.33	13993.5	23.6	5038.23	2968.58	15.4
北方内陆诸河及新疆诸河	3698.55	3239.9	5.5	996.94	538.66	2.8

注 表中未包括台湾省。

理论蕴藏量为 6.76×10^8kW，其中可开发的为 3.79×10^8kW，可开发的年发电总量为 1.92×10^{12}kW·h。我国的水能资源居世界首位。其中近期可开发的水能资源为 1.03 亿 kW，年发电量为 4300 亿 kW·h。

1949 年，我国水力发电全国装机容量仅为 16 万 kW，发电量仅为 7.1 亿 kW·h。至 1988 年水电装机容量已达到 3270 万 kW，为 1949 年的 205 倍；水电发电量达到 1092 亿 kW·h，为 1949 年的 154 倍。水电设备容量在总发电容量中的比重，已由 8.6%提高到 28.3%；水电发电量比重已由 16.5%提高到 20%。目前，开发利用率为 5.68%。

统计到 1983 年底，全国已建成大、中、小型水电站近 9 万座，其中 2.5 万 kW 以上的大、中型水电站 81 座。此外，在建的大型水电站有 14 座，其发电容量有 1000 多万 kW。正在规划设计的有 181 个项目，共有 7300 万 kW，年发电量 3260 亿 kW·h。其中，已完成初步设计和可行性研究的大中型水电站有 30 项，共计 3056 万 kW。展望未来，我国的水电建设，前程似锦，大有可为，摆在我们面前的任务是十分光荣和艰巨的。

三、水能计算的基本公式

从物理学我们知道：一个质量 G（kg）的物体，从高处下落 H（m），他所做的功 E 是

$$E = GgH \ (\mathrm{N \cdot m})$$

其中 g 是重力加速度，$g=9.81\mathrm{m/s^2}$。

江河中的水，川流不息地从高处向低处流，也就是不断地在做功。天然河流的水能，基本上消耗在水流内部的紊动摩擦、冲刷河床和搬运泥沙等方面。水力发电就是利用河流这种水能来发电。

水流发电能力的基本计算公式是

$$N = 9.81HQ\eta \tag{1-1}$$

式中 N——水电站出力，kW；

H——水头，即上下游水位差，m；

Q——流量，m^3/s；

η——水电站效率。

利用水能发电，不可避免地要损失一部分能量，例如水流阻力和机械摩擦等。所以，水流发电能力的基本计算公式中，要引入水电站效率η。他的大小和水轮机、发电机的类型、水电站的布置等有关。粗略地说，大中型电站$\eta=0.85\sim0.95$；中小型电站$\eta=0.65\sim0.85$。

电能的单位通常用kW·h（即千瓦小时）来计算，即

$$E=N\cdot T \tag{1-2}$$

式中 E——电能，kW·h；

N——水电站出力，kW；

T——持续时间，h。

四、水力发电措施

水头和流量的数值，直接决定着水能的大小。瀑布、河流急滩段等落差集中的地点，是建造水电站的有利地形。如我国有名的贵州黄果树大瀑布，就蕴藏着大量的水能。

对于天然河流，若须利用他的水能进行发电，必须对他进行控制和改造。这是因为：第一，天然河流的流量变化较大，需要修建水库对径流进行调节，使他符合水电站的用水需要；第二，天然河流的落差大多分散在河流的全长上，为了利用某一河段的水能，必须把这一河段上分散的落差集中起来，形成水电站的水头。

水力发电通常是在河流上筑坝或修引水道，集中河段落差取得水头，并调节径流取得流量，引导水流通过电站厂房中安装的水轮发电机组，将水能转变为机械能和电能，然后通过输变电线路，把电能输入电网或送到用户。

第五节 水 土 保 持

一、水土流失现象的严重性

由于地面被覆不良，水分涵养条件差，降雨时雨水大量流动，侵蚀和冲刷地表土壤，造成水分和土壤流失的现象，叫做水土流失。此外，在一定的条件下，风力对表层土壤的侵蚀也起很大的作用，这种现象叫做风蚀。

地面植被对径流有很大的影响。在暴雨强度不太大时，它能蓄存降雨，抑制水灾发生。一般认为森林可消耗总降雨量的70%～80%，其中林冠截留蒸发约8%，森林植物生理消耗23%，林地地被物和土壤蓄存45%。根据日本资料$1\times10^4m^2$林地涵养水源能力一年大约为$9000m^3$。我国祁连山水源涵养林研究所测得蓄水量为$2991m^3$。苏联帕乌留卡丘什的资料表明，平均每10^4m^2森林增加年径流量$130m^3$。森林雨季能蓄，旱季能吐，能把将要泛滥成灾的降雨，分解为清清细流注入江河，故有“弹性水库”之称。

目前，世界上乱砍滥伐森林到了无以复加的程度。联合国粮农组织估计，自1960年以来，全世界森林面积已缩小了50%。据估计，非洲损失的森林中，70%是由于将森林开垦为耕地造成的。亚洲有50%、美洲有35%也是如此原因。此外，为了烧柴而砍伐森林是植

被破坏的另一个重要原因。发展中国家有3/4人口（20亿人），依赖薪柴和其他传统燃料作为生活能源。我国农户中有一半严重缺少燃料，每年烧掉2万亿kg秸秆和7000万m^3的木材，大片的水源林被破坏，破坏了水源涵养条件。

二、水土流失的危害

水土流失常把地表肥沃的土壤冲走，如黄河中游丘陵沟壑区，每平方公里年平均损失表土5000～10000t。在这些被冲刷的黄土中，每吨含氮0.8～1.5kg、磷1.5kg、钾20kg。

水土流失还使地面被冲刷成许多沟壑。在我国的山西、陕西、甘肃等省，有些地方每平方公里面积上冲沟达到30～50条以上，总长度达2～7km。沟壑发展相当迅速，沟头每年前进5～10m，甚至数10m。沟壑把地面切割成支离破碎不适于耕种的地块，并且常常破坏道路和房屋建筑等。

水土流失必然带来洪灾和旱灾。降雨时大部分雨水流走，雨水径流常常以急骤的山洪形式出现，冲毁村庄和田园；随山洪而下的泥沙和石砾常常压盖大量农田。由于雨水大量迅速流失，必然使旱情经常发生，所谓“大雨大灾，小雨小灾，无雨旱灾”正是这种情况的写照。

在水土流失地区，由于土壤养分流失，土壤性质恶化，旱情加剧，农作物的产量必大大降低。例如，黄河中游某些地区，由于水土流失，粮食平均亩产只有25～30kg，甚至只有十几公斤，人民生活极为贫困。

水土流失还使河流水情及泥沙状况带来不利变化。如黄河三门峡站的最小流量仅200m^3/s，而最大洪峰流量却达36000m^3/s，洪水涨落非常迅速，河水含沙量很大，每立方米水中多年平均含沙量为35kg，最大达590kg。

由于水流含沙量过多，常使河床淤高，湖泊淤塞，使水库，塘堰和渠道等水利工程的效能受到影响，也常使航道和港口受到阻塞。例如黄河下游，由于河床连年淤高，一般洪水位已高出两岸地面10m左右，河堤愈筑愈高，洪水泛滥的危险也就愈来愈大。

三、防治水土流失的重要性

“一个是水，一个是土，水土是立国、生存之本”。

防止水土流失，是改变山区面貌，发展农、林、牧、副业生产和治理江河的一项根本措施，是国土整治的重要内容。水和土是人类赖以生存的条件，古今中外的历史事实证明，水土流失最终将导致严重的灾难。

恩格斯在《自然辩证法》中曾谈到，古代美索不达米亚人、希腊人、小亚细亚人为了取得耕地，把森林伐光，因而导致“水分积聚和存贮的中心也不存在了”，“这些地方今天竟因此成为荒芜不毛之地”；又提到阿尔卑斯山的意大利人，因伐光南坡的松林，“这样就使山泉在一年中大部分时间都枯竭了，而且在雨季又使洪水倾泻到盆地上去”。又如西班牙种植场主在古巴烧山林种咖啡，最终使沃土流失，变成赤裸裸的石山。尼泊尔由于薪柴不足，乱砍森林，结果造成严重的土壤侵蚀，造成河流水库到处是泥流。再如，世界上最大的沙漠——北非洲撒哈拉沙漠，面积达900多万km^2，而在几千年前，它却是北非洲古文化的发源地。在其中部塔西里的扎巴连山谷两旁的洞穴里，现存的5000多幅彩色缤纷的壁画就是例证。今天却变成了几乎占整个非洲大陆1/3的大沙漠，而且还在不断扩大。这就是几千年来不合理的开发、耕作和畜牧方式造成的。

1934 年美国发生巨大的“黑风暴”，横扫美洲大陆，刮走了肥沃的表土，给美国人民带来莫大的灾难。当时美国总统罗斯福由此认识到“毁坏自己土壤的国家，最终必然毁掉自己”，促使国会通过了水土保持法案，依法进行治理。

四、我国水土流失的治理情况

我国山地、丘陵和风沙区占全国土地面积的 70%。在长期的封建统治下，乱砍滥伐，过度放牧，陡峻的山坡被垦为农田，加以耕作技术不合理，使地面被覆遭到破坏，水土流失日益严重。据统计，建国初期全国水土流失面积 150 万 km^2，经农、林、牧、水等几个部门的共同努力，现已初步治理 42 万 km^2，占水土流失面积的 28%。

我国的水土流失以黄河中游的黄土高原地区最为严重，水土流失面积 43 万 km^2，占黄河中游总面积的 70.8%。到 1981 年止，累计治理水土流失面积 7.5 万 km^2，尚有 35.5 万 km^2 没有治理。已经治理的，其标准和质量还不很高。黄土高原水土流失范围广、问题多、任务艰巨，不可能在短期内把水土保持工作全面做好。水土流失是黄土高原生产落后和人民生活贫困的根源，也是黄河下游泛滥成灾、难以治理的症结。因此，水土保持无论从发展当地经济改善人民生活方面，还是从黄河的治理与开发等方面考虑，都是十分重要的，需坚持深入、广泛、持久地开展这一工作。

五、水土保持措施

水土保持措施有如下 3 个方面：

(1) 生物措施　造林、种草，培育植被，禁止滥伐乱垦。

(2) 农业措施　修筑梯田，等高条播，合理耕作等。

(3) 水利措施　修建蓄水池、谷坊、淤地坝、沟头防护等工程，以及引水上山、引洪漫地，防治崩山等。

由于各水土流失区的高程、坡度、坡向、土壤等自然条件和耕作、放牧等人为因素的不同，每块土地的水土流失程度和生产力差异很大。此外，地形、地质和气候条件也各不相同，因此要因地制宜合理利用土地，采取农、林、牧、水等综合治理的水土保持措施。

最后必须指出：水土保持工作是一项群众性的工作，要大力宣传教育群众，要关心群众的利益，在当地政府的统一领导、统一规划下，充分调动群众的积极性，才能推动水土保持工作的进展。

第六节　水　源　保　护

一、水质与水体污染

自然界中纯净的水是不存在的。水汽在空中凝成水滴和下降过程中，吸收溶存了空气中不同的气体和各种飘尘；水降落到地面后，通过地表冲蚀和地下渗流，富集了土壤和岩石中的矿物盐和有机物；自然水体中还生存着各种各样的水生生物。

水体中溶存的各种物理、化学、生物的物质，以及由此产生的特性，称为水质。污染物进入水体中，其含量超过了水的自净能力时，水质变坏，水的用途受到影响，这种情况称为水体污染。

造成水体污染的污染物质，主要来自工业废水、城市生活污水和地表径流。工业废水占污水总量的80%左右。工业废水不仅量大且成分复杂，含有许多有毒物质，是造成水体污染的主要原因。生活污水包括日常生活中冲洗废水和粪便等，除含有碳水化合物、蛋白质和氨基酸、脂肪、尿素、肥皂和合成洗涤剂外，还含有细菌、病毒、寄生虫等，是病原性水污染的主要来源。农田径流含有大量营养物质，有来自家禽家畜的废物，流失的化肥、农药以及农业废弃物。城市径流污染物主要是灰尘和街道积存的淤泥，包括烟囱和汽车排入空气的污染物降落到地面的尘埃。此外，生活垃圾及工业废渣、黑色金属的尾矿等，任意堆放，风吹日晒雨淋，通过地表径流也造成水体污染。

二、水污染的危害

二十世纪以来，人口增长，工业化和城市化以前所未有的速度发展。由于把江河湖泊当成天然排水沟，水质污染成为世界性的问题。泰晤士河、塞纳河、莱茵河等许多著名河流都受到严重的污染。据世界卫生组织估计，1980 年全世界有 13.2 亿人得不到清洁的饮用水。据医学家估计，世界上每四个病人中便有一个是因水污染而致病的。

水污染对人体造成损害，最著名的例子有如“水俣病”。1950 年日本熊本县水俣湾附近渔村，发生一些猫步态不稳，抽筋麻痹，最后跳水自杀，当地称为“自杀猫”。1953 年开始发现一些人口齿不清，步态不稳，面部痴呆；进而耳聋眼瞎、全身麻木；最后神经失常，一会儿酣睡，一会儿兴奋异常，身体弯曲，高叫而死。经查明是一个工厂利用硫酸汞作触媒生产氯乙烯和醋酸乙烯，把大量含汞废水排入水体，通过食物链进入人体和猫体，而引起的慢性汞中毒。又如，日本通川两岸居民长期食用受镉污染的水和农作物，引起肾脏障碍，钙向体外排出。初期病人腰、背、膝关节疼痛，随后遍及全身。数年后骨骼变形，身长缩短，骨脆易折，甚至轻微活动或咳嗽都能引起多发性病理骨折，多的全身骨折达 73 处，病人疼痛时惨不忍睹。此外，一些污染物有致癌作用，病原性水污染还能引起传染性疾病。

水污染还破坏水的功能，使许多水域变成鱼虾绝迹的污水沟。受污染的水产品含有毒物质不能食用。用污染的水灌溉农田使农作物减产，农产品质量下降，土质恶化。水污染使城市和工厂供水水质不能保证，产品质量下降，腐蚀设备，影响人民生活。水污染还破坏景观，造成不良的社会影响。

据 1985 年对全国 9.5×10^4km 河段的调查，其中有 20%受到不同程度的污染。长江干流岸边污染带长达 420km，黄浦江每年黑臭期多达百天以上，还有大运河、北京通惠河、上海苏州河、济南小清河、南京秦淮河……均遭到不同程度的污染。有关部门统计，全国每年有 280 多亿吨未经处理的污水排入江河，因水污染造成的经济损失至少 300 亿元。

实践使世界各国人民逐渐认识到必须加强水资源保护工作，用了巨额资金来治理水污染。如美国 1977 年通过了联邦水污染控制法修正案，要求实现“零排放”，禁止一切污染物排入水体，从 1976 年到 1985 年共投资四千亿美元进行治理。英国泰晤士河经过 30 年的努力，修建了 31000 英里下水道，540 座污水处理厂，每年投资 4.34 亿英镑，使水质得到显著改善，绝迹了 150 年的鲑鱼又回到了泰晤士河，河内鱼类恢复到 100 多种。

资本主义国家走的是先污染后治理的道路，为此付出了巨大的代价。我国在四个现代化的建设中，必须吸取他们的教训，做好水污染的防治，避免走弯路。

三、水质标准和水质监测

为了保护水资源，控制水质污染，维持生态平衡，各国对不同用途的水体都规定了水质标准。水质标准是评价水体是否受到污染、水环境质量好坏的准绳，也是判断水质适用性的尺度。

水质标准分为水环境质量标准、污染物排放标准和各种用水水质标准。

各种用水对水质都有一定的要求。适宜于某种使用的水质，对另一种使用则可能是有害的。例如，水体中若缺少必要的营养物质和微生物，便不适宜鱼类生长，“水至清则无鱼”就是这个道理。但营养物质过多，出现富营养化，也不利于水生物的生长。又如，人体生长发育和维持正常的生理机能需要一些微量元素，如钾、钠、钙、镁、碘、氟等。人除了从食物中得到这些元素外，饮水是重要来源。例如，若饮水中含氟量低于 0.5mg/L 时，儿童龋齿病便增加；可是含氟量大于 1.0mg/L，又会引起氟斑牙病，严重的出现关节疼痛，骨骼变形，关节畸形，造成残废。据研究，如大骨节病等一些地方病，也是由于饮用水中某些元素偏高或偏低所引起的。

在控制水体污染时，必须定期或不定期地检测水体质量的各项指标，掌握污染状况及其变化规律，了解防治效果，及时提出对策和水质预报。水质监测和评价工作是水资源保护的基础工作，水质资料是水资源开发利用不可缺少的基本资料。应通过合理布设监测点，长期积累水质资料，为水资源开发利用及其他科学研究提供依据。

四、水污染的类型

造成水污染的污染物质很多，不同的污染物所形成的污染特征和危害各不相同。水污染按污染物质的类型大致可分为如下一些类型。

（1）病原体污染　生活污水，畜禽饲养场污水，医院、屠宰场、制革及洗毛等废水中含有各种病原体，如病菌、病毒、寄生虫等。饮用和接触受污染的水，可以传播疾病，常见的有痢疾、伤寒、副伤寒、霍乱、小儿麻痹、传染性肝炎、姜片虫病、血吸虫病等。1848 年和 1954 年英国两次霍乱流行，1892 年德国汉堡霍乱流行，每次都死亡 1 万多人，都是河流受病原体污染引起的。

（2）需氧物质污染　生活污水，牲畜污水，食品工业、造纸工业及化学工业的废水中，含有大量的碳水化合物、蛋白质、油脂和木质素等。这些物质本身没有毒性，但在微生物的生物化学作用下容易分解，分解过程中消耗大量的氧，使水中溶解氧减少，影响鱼类和其他水生物的生长。水中溶解氧耗尽后，水体处于厌氧状态，有机物在厌氧菌作用下分解，产生硫化氢、氨和硫醇等难闻气味，使水质更加恶化。需氧有机污染物来源丰富，排放量大，这类污染很普遍，多数河流都受到它的污染。

（3）植物营养物质污染　生活污水，含洗涤剂的污水，食品及化肥工业废水中，均含有磷、氮等植物营养物质。农田施用的氮磷肥料、牲畜粪便，随地表径流进入水体，都使水体增加植物营养物质。水中磷氮含量高时，浮游生物和水生植物大量繁殖。夏季水藻大量出现，水面形成藻花，水呈黄绿色，透明度低，带有腥臭，水体出现富营养化。水生植物枯死后，残骸沉积在水底分解，消耗溶解氧。同时，植物腐烂时产生硫化氢等难闻的气体，使水质不断恶化。

(4) 有毒化学物质污染　主要有汞、镉、铅、铬、钒、钴、砷等，以及一些难分解的有机化合物造成的污染。这些物质在自然状态不易消失，污染物往往通过食物链在人体富集，引起慢性中毒。水俣病和骨痛病就是这类物质引起的公害病，有的还诱发癌症。这些污染物主要来自工业废水；在汽油中添加四乙基铅，汽油燃烧后铅尘排到大气，经雨雪冲淋到地面水体也形成污染。

(5) 无机物污染　包括酸、碱、无机盐类和无机悬浮物污染，主要来自矿山和工业废水。酸污染的腐蚀性很强，可以严重腐蚀排水管道和船只，影响农作物生长。碱污染使农作物枯死，土壤盐碱化。

此外，还有石油污染、热污染及放射性物质污染等等。

值得指出的是：工业中大量燃烧煤炭、石油和天然气，燃烧的烟气中含有大量的二氧化硫和一氧化氮。他们在空中与大气中的水分结合生成硝酸和硫酸微粒悬浮在大气中，随雨雪降到地面，有的雨水甚至像醋那么酸，这种现象称为酸雨。发生酸雨的地区，河流湖泊受到酸污染，使鱼类和水生植物死亡。据联合国环境规划署报告，欧洲和北美大约有500万～1000万 km^2 的地区遭受酸雨的危害，挪威5000个湖泊中1750种鱼类已绝迹。

五、水污染的防治措施

对水污染防治的根本措施是加强对水资源的规划管理，保护水源不受污染，开展对废水的处理及综合利用，以及减少废水的排放量。

(一) 加强水资源的规划管理

水源规划是区域规划、城市规划、工业和农业发展规划的重要组成部分，应与其他规划同时进行，统筹考虑。我国1984年颁布了“水污染防治法”，同时制订了一系列的法令、条例、标准。采用了法律、行政、技术、经济等手段来控制水体污染，规定了防治水体污染的管理制度和职责。我国防治水体污染实行“预防为主，防治结合”的方针，要“全面规划，合理布局，化害为利，依靠群众，造福人民”。

(二) 水源地的卫生防护

为了保护水体不受污染，国家规定禁止向水体排放油类、酸液、碱液或剧毒废液；放射性物质的固体废弃物和废水；以及含汞、镉、砷、铬、铅、氰化物和黄磷等的可溶性剧毒废渣；工业废渣、城市垃圾及其他废弃物。禁止在水体中清洗装贮过油类或有毒污染物的车辆和容器。向水体排放废污水必须遵守国家规定的标准。禁止在江河、湖泊、运河、渠道、水库最高水位线以下的滩地和岸坡堆放、存贮废弃物和其他污染物。

水污染防治法还规定“县以上人民政府可以对生活饮水源地、风景名胜区水体，重要渔业水体和其他具有特殊经济文化价值的水体，划定保护区”，“保护区内不是新建排污口，原有排污口排放污水必须达到排放标准，危害饮用水源的排污口应当搬迁”。

(三) 作好废水利用与处理的统一安排

对废水的处理与利用，必须在统一规划的基础上统一安排，确定工厂与工厂、工厂与市区、城市与乡村之间共同协作方案，研究其协作处理的可能性与必要性。例如，某些工业废水含有某种有用物质，甲厂的废水可能作为乙厂的原料，这就可“变废为宝”；又如甲厂与乙厂的废水混合后，使酸性废水与碱性废水中和，达到处理要求或减轻废水的浓度，降低其危害性；以及利用污水灌溉的可能性等。

（四）废水处理

为了保证江河不受污染，环境保护法规定：工矿企业排放污水必须符合国家规定的排放标准。一般情况下，废污水必须经过处理，达到排放标准才能排放。废水处理的方法很多，各有适用范围，有关知识请参阅有关专著。

第七节　供　水　排　水

本节所讲的供水是指供给城镇人民生活和工矿企业生产的用水，排水是指排除工矿企业及城市废水、污水和地面雨水。供水必须满足用水水质标准，排水必须符合国家规定的污水排放标准。

一、供水与人类生活、生产的关系

水是人类生活、生产不可缺少的物资。古代有不少城市，由于河流变迁水源枯竭，而逐渐湮没。例如我国新疆发现几座古城遗址，就是这种原因造成的。现代，由于工农业生产的发展，对供水要求也更为迫切。一个百万人口的城市，生活用水每天约 4 万 t 以上，而且随着生活水平的提高，用水量继续增大。工农业生产也离不开水，生产 1t 钢需要用水 20～40m^3，生产 1t 纸需用水 200～500m^3，生产 1t 氮肥需水 500～600m^3，生产 1t 玉米需水 600～800m^3，1t 小麦需水 700～1300m^3，1t 稻谷需水 1400～2000m^3。可以说，没有水，现代化生产就无法进行。

二、我国现代化建设对水的需求

建国以来，水利建设为工业和城市供水，成效是显著的。据 1979 年统计，每年为工业和城市提供了用水 570 亿 m^3，与建国初期比较，工业用水增长 12 倍，城市生活用水增长 7 倍（见表 1-3）。

随着国民经济的全面发展，城市用水供需矛盾日益尖锐。全国约有 150 多个城市发生水荒，严重缺水的有青岛、大连、天津、北京、邯郸等城市，主要原因是水源不足。为此修建了引滦入津工程、京密引水工程和引碧入连工程等，为天津、北京和大连的供水提供了保证。

随着工农业生产的发展，人民生活的提高，需要的用水量必然不断增长，见表 1-5、表 1-6。从一些工业化先进国家看，用水量平均年增长率，城市生活用水为 1.4%～5.1%。工

表 1-5　一些国家工农业用水量年增长率

国家	年平均径流量（亿 m^3）	起止年份	年平均增长率（%）			
			总用水量	农业用水	工业用水	城市居民用水
美国	28940	1950～1975	2.3	1.9	2.8	2.2
苏联	43400	1965～1970	3.7	4.1	10.5	4.9
日本	5206	1965～1975	5.4	1.6	12.0	11.5
法国	2000	1965～1970	4.4	2.5	5.4	5.1

表 1-6　　一些国家人均用水量及用水组成

国家	年份	人均用水量 (m^3/年)	比例 (%)			
			生活用水	农业用水	工业用水	其他用水
美国	1975	2340	7.9	48.6	43.5	
苏联	1970	920	4.4	88.1	5.2	2.3
英国	1969	400	22.4	0.3	76.0	1.3
西德	1965	245	20	10	70	
法国	1970	665	11.8	42.5	41.2	4.5
意大利	1970	860	12.0	69	19.0	
加拿大	1968	1070	5.0	13.5	81.5	
印度	1969	600	3.7	95.5	0.8	
中国	1979	476	1.0	88.0	11.0	

业用水为2.4%～6.0%。例如，日本全国总用水量1970年为800亿m^3，1985年增加到1310亿m^3，增加1.6倍。美国全国用水量1970年为5230亿m^3，1985年达到11200亿m^3，增加2.1倍。由此可见，水源开发必须和工农业生产同步发展。

有人分析研究认为，按照工农业总产值翻两番的要求，到2000年我国总需水量将达6500亿～7000亿m^3。如基本按需供给，则仅工业和生活用水方面的日供水能力，就要相当于目前城市自来水厂和工厂自备水井总供水量的2.5倍。

三、过度开采地下水的危害

地下水的开采，也是水资源的利用之一。地下水的流量和藏量是有限度的，若开采量合理，能与自然补给量保持平衡，就可取之不尽；反之，若过量开采，则会导致水源枯竭，引起地面下沉，造成人为灾害。这类现象世界各国都曾发生，如日本东京沿海地区，最近十年内因地面沉降遭受的损失，估计约七百余亿日元，被视为日本城市公害之一。又如墨西哥城本世纪以来已下沉8m。此外，意大利的威尼斯、苏联的莫斯科、英国的伦敦、泰国的曼谷等等，都有不同程度的地面下沉。

我国上海市在1926年就已发现地面沉降，到1965年市区沉降量达1.6m，个别地区达2.7m，形成若干蝶形洼地，建筑物发生不均匀下沉，给人民生活、工业生产、市政交通，带来很大危害。由于后来采用了压缩用水量和人工回灌等综合措施，才有效地控制了地面沉降。

由于盲目超采"向地下要水"，已在我国北方地下造成40多个大漏斗，总面积超过1.5万km^2。其中北京像戳筛子似的一下打了4万眼井，开采量竟比地下水年补给量多出3亿m^3，使市区地下水比建国前下降20多m，造成东郊约600km^2范围发生地面沉降，地下漏斗中心区累计沉降达550mm。

四、节约用水与供排措施

目前很多地方，一方面严重缺水，另一方面却又浪费惊人。在农业用水方面，一些地区仍采用大水漫灌的方法，灌溉用水的有效率一般只有25%～40%；有些灌区，由于田间工程不配套和管理不善，每亩年灌溉用水量竟达1000m^3以上。在工业用水方面，单位产品耗水量要比经济发达国家高出5～10倍，例如工业先进国家炼1t钢只用水3～5m^3，而我国

却需要 $30m^3$ 左右。因此，在农业灌溉上，搞好工程配套，渠道防渗，改变大水漫灌，采用畦灌、喷灌、滴灌、渗灌等节水灌溉技术；在工业上，采用省水新工艺，降低单位产品耗水量，提高水的重复利用率，减少废水排放量等节约用水措施，不仅是必要的，也是有效的。

供、排水措施，应在流域规划和地区规划统一指导下，统一调配水量。反对各自为政，滥肆开采过量取水；严格控制排放污水的水质水量，确保水源不受污染。必要时采取蓄水、调水措施，如建水库、开运河、南水北调等等。

为实现供水，必须修建由水源取水的建筑物，如进水闸，抽水站等，修建沉砂、输水和净化设施以及水塔和配水管道等，将水送到用户。

排水须通过排水沟道将污水、废水集中处理，由排水闸或抽排站排入容泄区。

第八节 水上运输

发展水上运输对物资交流，市场繁荣，促进经济和文化发展是很重要的。水上运输运费低廉，基建费省，运输量大。

我国江河众多，通航里程约 10.9 万 km，而且江河布局有利于水运。大江大河贯通东西，大小支流从南北汇入江河，构成纵横交错的天然河网布局。大多数河流流量丰沛、比降平缓、发展内河运输条件十分优越。而且，多数河流汇入大海，河运与海运可以相衔接；终年不冻，可以四季通航。并且流经物产富庶、人烟稠密地区，有利于人文经济的发展。

我国是世界上最早开凿运河的国家，运用时间也最长。例如邗沟、鸿沟、伍滑、灵渠、南北大运河等，都是我国著名的古代运河。特别是南北大运河，不仅历史悠久，而且直到现在还是世界上最长、规模最大的一条人工河道。大运河的修建，最早在战国时候（公元前 485 年）吴国开成邗沟，即从现在江苏省邗江县瓜洲附近引长江水北上到淮安入淮河，连通了江淮两大水系。公元 605 年至公元 610 年，隋王朝征集数百万人，用了六年时间，开成一条南达余杭、北抵涿郡，全长 2400km 的水运通道，这就是隋代大运河。它将海河、黄河、淮河、长江、钱塘江等水系连接起来了。元代建都北京后，于公元 1289 年及 1292 年，修建了通惠河及会通河，构成了现代南北大运河。船只可以从杭州至通州（即通县），保证了明、清两代的南粮北调。后因黄河决口，大运河已不能全线通航。

内河航运要求河流能经常保持一定的水深，而且水流速度不能太大，否则逆水航行将很困难。内河航运的工程措施是：疏浚和整治天然河道，开挖人工运河，以及修建码头、航标和护岸设施等。内河水道有时为了获得足够的航深和平稳的流速，需修建一系列的节制闸和船闸等建筑物。拦河筑坝的航道需修建过坝建筑物，如船闸、升船机和筏道等。

建国后，通过江河治理、航运建筑物的兴建以及水库枢纽对径流的调节，内河航运的通航里程和运输量不断提高。沿海许多港口进行了大规模的扩建与改建，新建了一些船坞和码头，有的达到现代化国际水平，可接纳大型远洋船舶。并且，有些海轮可直接驶入内河，例如长江就有 1000 多 km 河道可以畅行万吨巨轮。

第九节 渔 业 水 利

渔业又称水产事业，他是从海洋和淡水水域获取各种有经济价值的水生动物和植物的生产事业。海洋渔业和淡水渔业是整个水产事业的两大组成部分。淡水渔业又有两个方面：一是捕捞天然生长的鱼、介、贝、藻等；另一是人工培育养殖。前者称捕捞生产，后者称淡水养殖生产。

我国不仅有广阔的海岸线和星罗棋布的岛屿，而且江河纵横、湖泊众多。加上建国后兴建的水库和广大农村的坑塘，总水面面积约二亿五千万亩，其中目前已具备养殖条件的也在一亿亩左右。另外还有数千万亩稻田，也可以进行副业养鱼。我国地处温带和亚热带，气候温和，水温适宜，鱼类的生长时间长，具有发展渔业生产的良好的自然条件。随着水利建设的发展，将会出现更多的水库、坑塘和沟渠，水域面积将不断增加，我国渔业生产的潜力是很大的。

远在公元前 1200 年的商代，我国就已有从事养鱼生产的记载。池塘养鱼，在春秋战国时代已很繁荣，当时范蠡把积累的养鱼经验，写成世界上第一部养鱼名著《养鱼经》。但由于长期封建社会的束缚，养殖经验得不到总结，养殖技术得不到发展，甚至有关养殖的著作也很少流传，致使我国的渔业生产和其他生产事业一样长期停滞不前。

鱼类一向是人们喜好的食品。鱼除了可供食用外，还可以提炼出高级润滑油、鱼鳞胶、鱼肝油、鸟粪素及咖啡因等工业和医药原料。就是鱼的内脏和骨骼也可以制成鱼粉，作为家禽、家畜的饲料和农业的肥料。发展渔业生产，对于改善人民生活，具有重大的作用。渔业是国民经济中的一个重要部门，因此水利工程建设，必须兼顾渔业生产的利益。

渔业生产具有投资小、收效快、成本低、利润大和增产迅速、稳妥可靠等特点。发展渔业还有综合利用水利工程设施，提高基本建设的投资效益的重大意义。养鱼还有利于农业和渔业的相互促进，以及改善生态卫生的作用。

第十节 水资源的综合利用

水资源的开发利用，对发展国民经济，实现工业、农业、国防和科学技术的现代化，有着十分重要的作用。水利事业有多种目标。不同的目标，对水资源的开发利用，对河流的治理要求，不尽相同。因此，在制订流域规划、开发水利资源时，必须遵循“综合利用水资源”这样一个基本原则。即根据河流的自然条件，近期和远期国民经济发展的需要，全面研究，统筹安排，最合理地利用水资源，尽可能满足国民经济各个部门的需要，尽量避免各种工程措施造成的损失和不利影响，力求以最小的投资和代价，取得国民经济最大的综合效益。

水资源的综合利用，涉及范围广，牵扯因素多，社会经济各地区、各部门利害相关。因此必须在各级政府领导下，全面研究，统筹兼顾，协调关系，进行最优设计，最合理地开发利用水资源。

在我们社会主义国家里，除害兴利，开发利用水资源，兴建水利工程，特别是大中型水利枢纽工程，很少是单一目标的，往往是多目标的综合利用。例如，丹江口水利枢纽工程、刘家峡水利枢纽工程等，都是为了达到防洪、发电、灌溉和航运等多项目标的。

第二章　河川径流和水利工程的基本知识

河川水流是最便于开发利用的水资源。目前，水利工程主要是控制和利用河川水流为国民经济服务。因此，水利工作者必须首先了解河流和水利工程的基本知识。本章主要讲述河流的基本概念和水利工程的一些共同的最基本的知识。例如，水系流域、河床断面、水文要素、泥沙和河床演变概念，以及水利工程的分类和等级划分等。

第一节　河 流 与 流 域

一、河流与水系

(1) 河流　我国大多数河流的水源补给主要依赖于降水。雨水降落至地面后，除下渗、蒸发和洼地容蓄外，其余水量以地面径流的形式汇集成小的溪流，再由溪流汇集成江河；渗入土壤和岩层中的水分，除蒸发外大部分成为地下水，以地下径流的形式也逐渐汇入江河。这种汇集地面径流的天然水道称为河流。

(2) 水系　自然情况下由高向低、由小到大逐渐汇流的河流系统，称为水系。汇流的最末一级，直接流入海洋或湖泊的河流，通常称为干流。汇入干流的河流称为一级支流；汇入一级支流的为二级支流，以此类推。干流及其支流系统即为水系。水系通常用干流的名称来称呼，例如长江水系、黄河水系等。当研究某一支流或某一区域时，也有用支流的名称或区域的名称来称呼的，如汉江水系、淮北水系等。

(3) 水系特征　由于各地区的自然地理条件不同，河流的发育阶段也不相同，因此，各地区的水系形状及其组成特征也各不相同，见图 2-1～图 2-3。不同的水系其汇流条件和暴雨洪水过程是不同的。分析研究水系的组成及其特征，对于了解河流的自然情势是十分必要的。

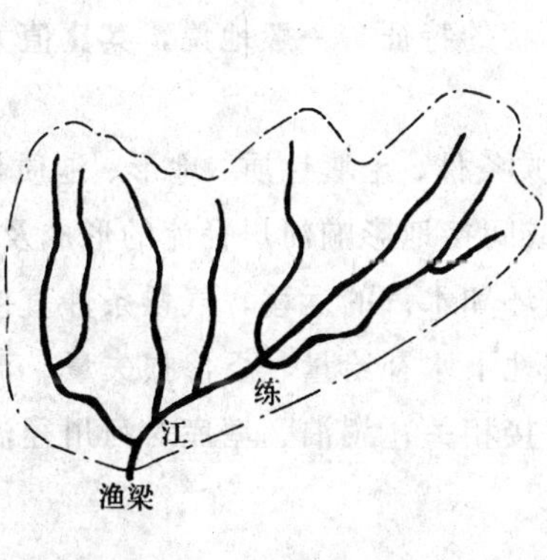

图 2-1　扇状水系

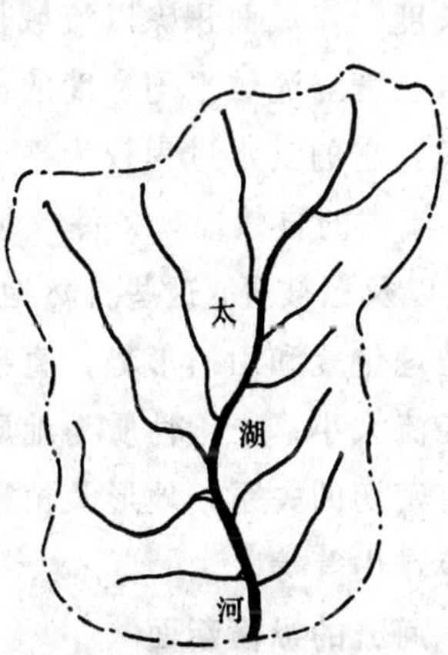

图 2-2　羽毛状水系

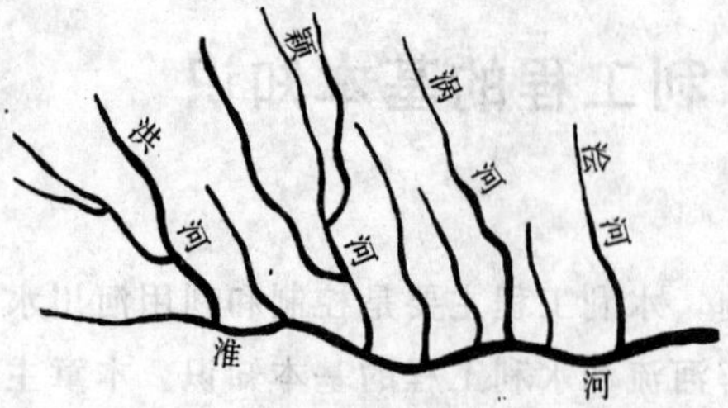

图 2-3　平行状水系

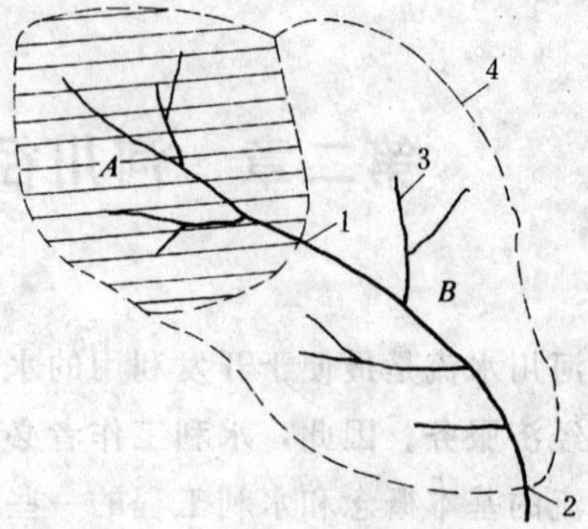

图 2-4　流域示意图

1—断面Ⅰ；2—断面Ⅱ；3—河道；4—分水线

二、流域及其特征

(1) 流域　河流的集水区域，称之为流域。地面高低不平，当地形向两侧倾斜时，降落到地面的雨水分别向两侧流动，雨水分别汇集到不同的两条河流中去。这一地形上的脊线起着分水的作用，称为分水线，或称分水岭。分水线是流域的边界线，可根据地形图勾绘，它一般通过山岭脊背的高处。

(2) 流域面积　流域的分水线和出流断面所包围的面积称为流域面积，其单位为 km^2。流域面积的大小应根据出流断面来确定，如图 2-4 所示。出流断面为Ⅰ时，其相应流域面称为 A（有斜线部分）；出流断面为Ⅱ时，其相应流域面积为 A 与 B 之和，即虚线包围的全部区域的面积。

流域面积是河流的基本特征。一般地说，在自然条件基本相同的条件下，流域面积愈大，径流量也愈大，对径流过程所起的调节作用也愈大。例如，小流域暴雨洪水常常陡涨陡落，而大流域的洪水过程比较平缓；小流域径流变差大，而大流域径流变差较小；一般河流的水量是越往下游越大。

(3)流域的长度和平均宽度　流域长度是指从河源到出口断面流域的几何中心线长度。其求法是，以出口断面为圆心，画出若干不同半径的圆弧交流域边界于两点，则这些弧线中点连线的长度即为流域长度。当流域左右岸的流域面积大致对称时，可用干流的河长作为流域长度。流域面积除以流域长度的数值，即为流域的平均宽度。

流域长度与流域平均宽度的比值，反映流域形状的特征。一般地说，其比值大的，即流域狭长，它的洪水过程较为平缓。

(4) 流域的自然地理条件　包括地理位置、气候条件、土壤性质、地形、地质构造、塘库、湖泊以及植被等。这些自然地理环境都将直接或间接地影响河川径流的形成及其过程。例如，地理位置和山川形势，直接影响内陆水分循环和水汽的运移；气候条件直接和间接地影响径流大小；土壤性质与地质构造，同河流的地下水补给量、下渗损失量、流域冲刷程度等有密切的关系；地形及植被，与暴雨洪水直接相关；湖泊、塘库对河川径流起着均化的调节作用等等。

三、河流的纵横断面

（一）河槽与河谷

河流实质上有两个方面：一是流动着的水；二是水在其中流动的河槽。在枯水期和平水期行水的河槽，叫基本河槽或枯水河槽，习惯上又简称河床。在洪水期才有水通过的叫洪水河槽。

自然河流在其发展与演变过程中，由于水流的侵蚀作用，不断地纵向下切和横向拓宽，逐步发展形成河流两岸的洼谷地形，我们称之为河谷。河槽只是河谷的一部分，即河槽只是河谷底部有河水流过的那一部分。通常河谷由谷底、谷坡、坡麓、谷缘等部分组成。有的河谷还有多级台地，如图 2-5 和图 2-6 所示。

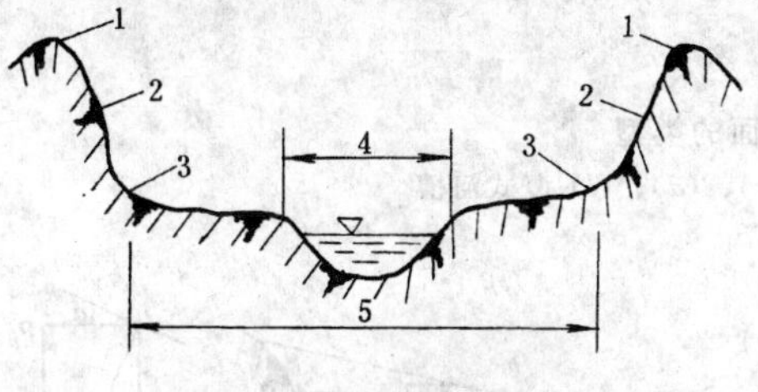

图 2-5　河谷的组成部分

1—谷缘；2—谷坡；3—坡麓；4—河槽；5—谷底

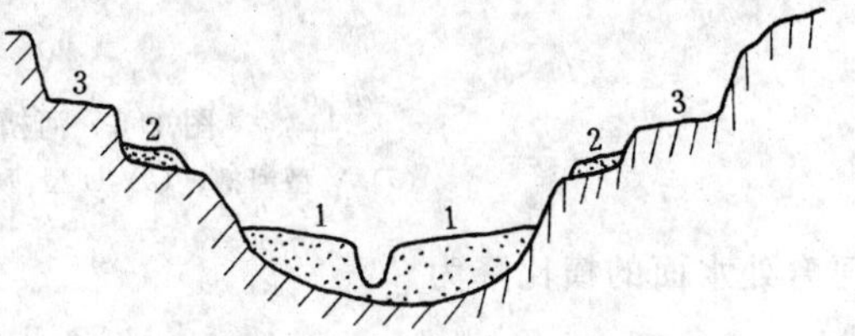

图 2-6　河谷的台地

1—冲积台地；2—综合台地；3—侵蚀台地

河谷的形成和发展，除河流的侵蚀作用外，还有搬运作用和沉积作用。河流的搬运能力取决于流速的大小。一般地说，上游比下游的搬运能力大；洪水期比枯水期搬运能力大。在搬运和沉积的过程中，对泥沙还有显著的分选性。上游河床多为较大的卵石，中游则为细砾石和粗砂，下游仅有沙和泥。河流沉积所造成的地形主要有：冲积扇、淤积平原、三角洲等。

（二）河槽纵断面

河槽最深处的连接线称为溪线或深泓线。沿深泓线逐段量出河长及各点的河底高程，以河底高程为纵坐标，河长为横坐标，可绘出河槽纵断面图，如图 2-7 所示。

从河槽纵断面图上可以得出任一河段的长度、落差和比降。所谓落差是指河段两端的河底或水面的高程差。所谓比降是指河段的落差与相应河段长度之比，即表示单位河长的落差。一般以百分率、千分率或万分率表示。

（三）河槽横断面

河槽中垂直于主流方向的断面，称河槽横断面，或称过水断面。洪水位以下的断面叫洪水横断面，枯水位以下的断面叫枯水横断面或称主槽。

按照水力特性，河槽横断面通常概括地分为单式断面和复式断面两大类，如图 2-8 所示。

横断面的水面通常并不呈严格的水平面，特别是在河弯处，因离心力的作用，在凹岸附近水面高，凸岸附近水面低，见图 2-9。在

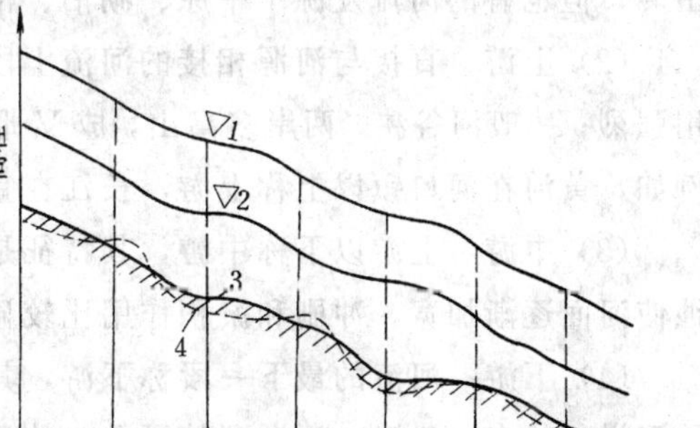

图 2-7　河槽纵断面图

1—洪水位；2—枯水位；3—枯水河床；4—洪水河床

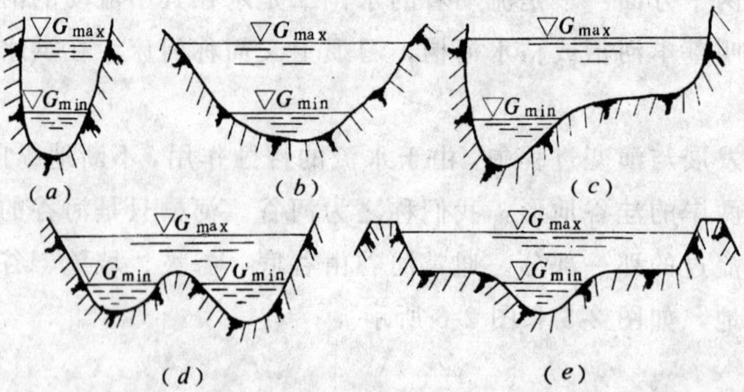

图 2-8 河槽横断面的类型

(*a*) V 型河槽；(*b*) U 型河槽；(*c*)、(*d*)、(*e*) 复式河槽

河弯处水面的横比降为

$$i_c = \frac{\Delta H}{\Delta R} = \frac{v^2}{gR} \tag{2-1}$$

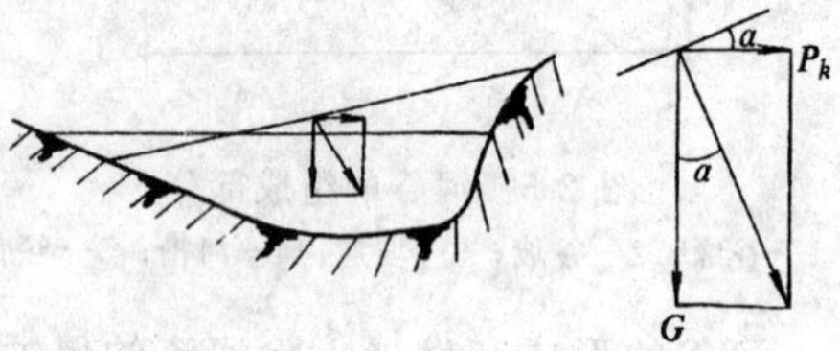

图 2-9 水面横比降

式中 i_c——离心力所引起的水面横比降；

ΔH——在凹岸处的水面超高；

ΔR——两岸曲率半径之差；

R——河弯主流线的曲率半径；

v——断面平均流速；

g——重力加速度，$g = 9.81\text{m/s}^2$。

在顺直河段，也有可能产生横比降，例如在涨水时，中间水面较两岸高，河中的漂浮物向两岸移动；在落水时，中间水面较两岸低，漂浮物向河流的主槽移动。

四、河流的分段

河流按其河谷和河床特点、河床比降、冲淤程度、流速及流量大小、以及水情变化等特点，从上到下一般分为河源、上游、中游、下游及河口五段。

(1) 河源　河流发源的地方叫河源，一般指河流开始的局部地区。一般河流多发源于山岭，但也有的河流发源于平原、湖泊、沼泽或涌泉地区。

(2) 上游　直接与河源相接的河流上段叫上游，其特征是：比降陡，水流急，下切作用强烈；一般河谷狭，两岸多高山，成 V 形河谷；多急滩、瀑布，洪水猛涨猛落变化剧烈。例如，黄河在河口镇以上称上游，长江在宜昌以上称上游。

(3) 中游　上游以下称中游，其特征是：河床比降较平缓，水流下切作用弱，两侧侵蚀使河面逐渐加宽，冲刷和淤积作用比较显著，河床中出现浅滩或沙洲。

(4) 下游　河流的最下一段称下游，其特征是：河床比降平缓，流速小，河床大部分处于淤积状态，浅滩、沙洲到处可见，并且河谷宽，流量大，河道蜿蜒曲折、多汊流。

(5) 河口　河流注入海洋、湖泊，或注入其他河流，其注入口叫河口。由于河口突然扩大，流速降低，加之潮汐的影响，水流中的泥沙大量淤积，形成多汊的河口三角洲。有的河流消失在沙漠中，没有河口，俗称瞎尾河。

第二节　河流的水文特性

一、河流的水文要素

河流的水文要素通常指水位、流量和含沙量三项。

（一）水位

河流中某断面某时刻自由水面的高程叫做水位，以 m 为单位。

高程的起算点称为基面。1956 年我国规定以黄海（青岛）的多年平均海平面作为统一的高程零点基面，称为黄海绝对基面。由于历史的原因，我国各河流沿用的水准零点并不一致。长江采用吴淞零点，黄河及华北各水系采用大沽零点，淮河采用废黄河口零点，东北各水系采用秦皇岛零点或大连零点，华南各水系采用罗星塔零点，各基面互有差别。为了保证水位资料的多年连续性，目前各流域测站原有零点都冻结未变。因此，我们在引用各水文测站的水位资料时，要注意水准零点的统一。

河流中水位变化，可用水位过程线来表示。图 2-10 表示日平均水位的年变化过程，图 2-11 表示短历时的水位变化过程。

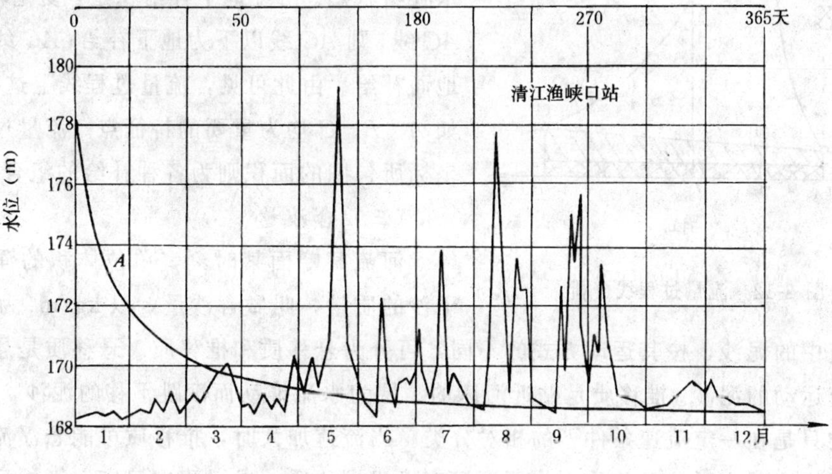

图 2-10　日平均水位变化过程线

（二）流量

某时刻单位时间内，河流流过某断面的水的体积，叫做流量，通常用的单位是 m^3/s。习惯上称“秒立米”，或称“立方米每秒”。

在一定时段内，通过某断面的总水量称为该时段的径流量，如月径流量、年径流量等，通常以立方米为单位。

流量随时间的变化，用流量过程线来表示。与水位过程线相类似，也有日平均流量的年变化过程线和短历时流量变化过程线两种。

流量过程线，在一定程度上反映出流域的气候和自然地理特征。如图 2-12 为某站的一次洪水过程线。在 t_A 时刻以前，因久未降雨，河流全依赖地下水补给。t_A 时刻起，由降雨

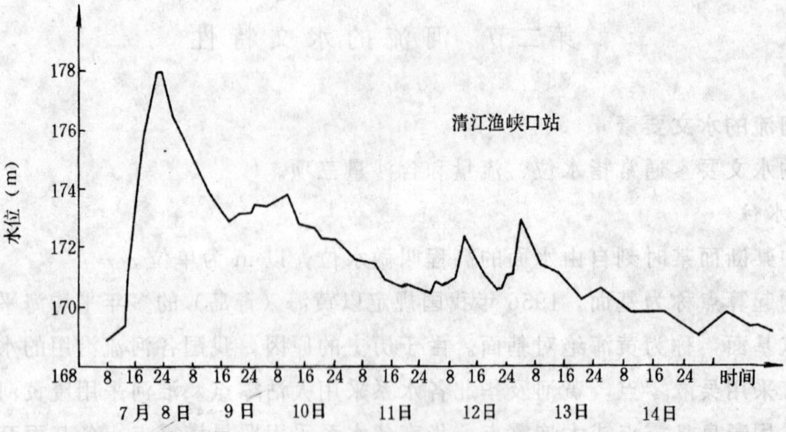

图 2-11　短历时水位变化过程线

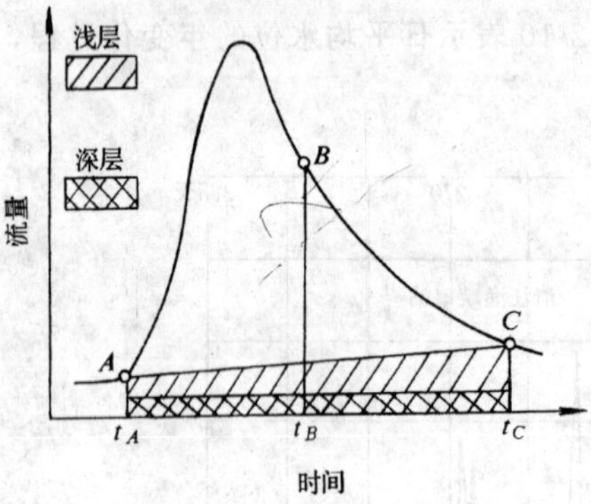

图 2-12　流量过程线分析

形成的地面径流汇入河槽，引起流量起涨。到达 t_B 时刻地面径流停止，但需继续泄退河槽容蓄水量。至 t_C 时刻容蓄水量全部泄出，河流又转入由地下水补给状态。由于地下补给稳定，变化较小。连接 AC 线，则 AC 线以下为地下补给；AC 线以上则为地面补给。由此可见，流量过程线上这些转折点，如 A、B、C 均为重要的特征点。流量过程线和横坐标所包围的面积则为各种补给的组合。

（三）含沙量

河流某断面某时刻，单位体积的浑水中所含干沙的质量，叫做含沙量，以 kg/m^3 为单位。

河流中的泥沙，按其运动方式的不同，可分为悬移质和推移质。悬移质是悬浮在水中随着水流运动的泥沙。推移质是贴近河床的一层为水流推动而滚跳下移的泥沙，必须说明：这种分类只是在一定流速条件下的相对分类。当流速加大时，推移质可能悬浮流动而成悬移质；当流速减小时，悬移质则将下沉河底而成推移质，或淤积在河床上而成河槽的一部分。

泥沙的水文测验，一般是测定悬移质；推移质也可用采样器测验，但精度较差。一般情况下，河流中悬移质的数量多于推移质。

与水流流量情况相类似，我们引入下列有关泥沙的术语。单位时间内通过测流断面的泥沙量叫输沙率，以 kg/s 或 t/s 为单位。在一定时段内通过某断面的泥沙总量称为输沙量，如年输沙量、月输沙量等，以 t 为单位。

（四）水位流量关系

河流中水位变化的原因主要是流量的变化，有的河段水位与流量具有密切的相关关系，甚至可建立水位～流量关系曲线，如图 2-13 所示。据此曲线可推求任何水位的相应流量。

值得指出的是：水位与流量的关系往往不是单值对应。例如在洪水上涨时水面比降大

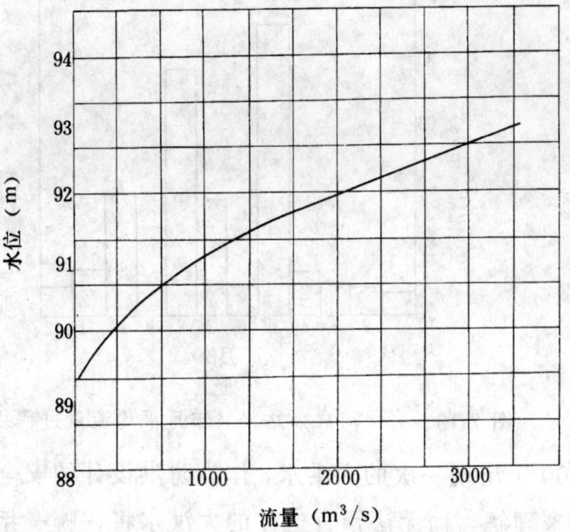

图 2-13　水位～流量关系曲线

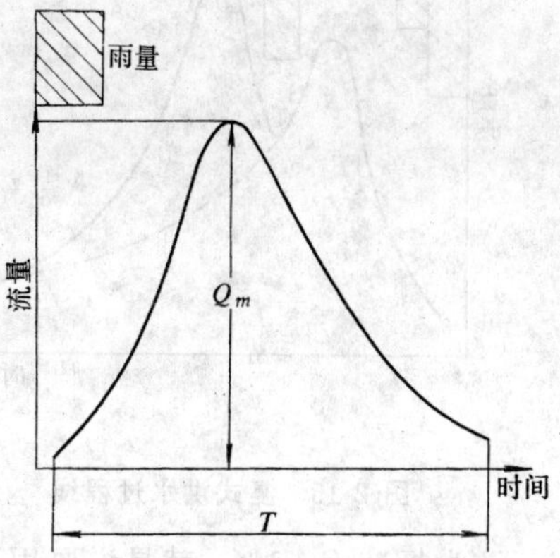

图 2-14　洪水过程线

于稳定流时的水面比降，故其流量大于同水位的稳定流流量；在落水时由于水面比降小于稳定流时的水面比降，故洪水下落时其流量小于稳定流时同水位的流量。并且，在洪水过程中水位最高时的流量不一定是最大值。此外，河流的冲淤变化、潮汐涨落、分水缺口，或受水工建筑物的影响等，都有可能破坏原水位与流量的关系。因此，使用水位～流量关系曲线图时，必须分析其上下游及河床变化的影响，慎重对待。

二、洪水情势

洪水是一项十分重要的水情，它对于水利工程的建设和管理、工矿交通企业的生产、城乡人民的生命财产安全，均有极其密切的关系。因此，认识洪水情势，预估未来的洪水情况，是十分重要的。

（一）一次洪水特性的表示

图 2-14 为一次洪水过程线，其流量的最大值 Q_m，称为洪峰流量，T 称为洪水历时；洪水过程线与横坐标轴所包围的面积 W，即为该次洪水总量，简称洪量。洪峰流量、洪水总量和洪水历时，是表示洪水特性的三个基本要素。

图 2-15 表示两次降雨形成的洪水过程线。第一次降雨形成的洪水过程尚未结束，第二次降雨形成的洪水过程已经到来，形成复式洪水过程线。

（二）洪水系列的统计规律

水文现象是很复杂的，既有普遍性也有特殊性，既有必然性也有偶然性。目前人们还很难根据气候和地理条件预测稍长时间的洪水情况。对洪水情势的认识还只能按统计学原理进行分析，了解洪水现象的统计规律性。

在工程设计中，常用频率 $P=2\%$、1%、0.1%等的洪水（洪峰或洪量），作为防洪标准。所谓频率 $P=1\%$的洪水，就是说平均一百年才出现一次超过它的大洪水，也就是所谓百年一遇洪水。这个 100 年我们称为重现期。重现期 N（年）是频率 P 的倒数，即

$$N=\frac{1}{P}\text{（年）} \tag{2-2}$$

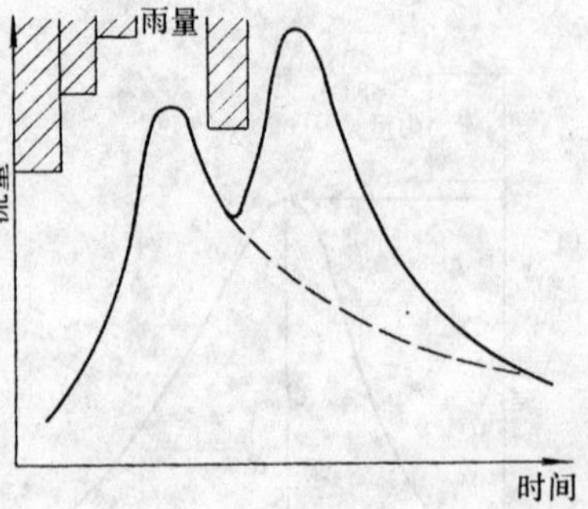

图 2-15　复式洪水过程线

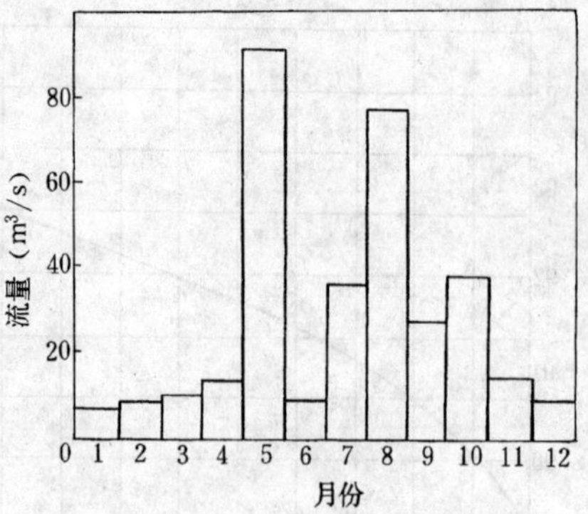

图 2-16　××河××站××年月平均流量过程线

防洪标准 $P=1\%$，就是说要用平均 100 年出现一次的大洪水，作为防洪设计的安全标准。当然这种说法只能从统计原理的角度来理解，而无法预言这样的大洪水将在哪一年出现。

至于各种频率的洪峰流量或洪水总量的数量大小，只能根据多年的实测资料系列，由水文分析计算来确定。

三、径流情势

（一）径流的年内变化

由于气候在年内有明显的周期变化规律，因此径流在年内也有明显的洪枯水季节的交替规律。影响径流的因素很多，而且错综复杂，特别是气象因素的多变性，又造成了径流在年内分配的不重复性。径流的年内分配和其他水文现象一样，具有偶然性和机遇性。

径流的年内分配常用月流量过程线来表示，如图 2-16 所示。横坐标通常以月或旬作单位，其相应的流量应为月平均流量或旬平均流量，这应由工程规划设计的需要而定。

径流的年内分配各年不一样。在工程规划设计中常用选择设计典型年的方法，合理选定某一年份的径流过程，作为确定工程规模和设计工程的依据。例如旱作地区的灌溉工程，往往选定保证率（频率）$P=75\%$相应的年份，作为设计典型年。

在水利计算中，常用保证率的概念。就是以频率 $P=50\%$的年份为平水年，小于 50%为丰水年，大于 50%为枯水年。例如 $P=75\%$，意味着 100 年中平均有 75 年的年径流量等于或大于某值，而大于某值的枯水年，100 年中平均只有 25 年。兴利计算所关心的是枯水年的保证率和重现期，所以当 $P>50\%$时的重现期改用下式计算

$$N=\frac{1}{1-P}\text{（年）} \tag{2-3}$$

例如 $P=75\%$时，$N=4$，即平均每 4 年中有 1 年出现小于该值的枯水流量。

（二）径流的年际变化

河川年径流量随气象条件的多变而各年不同，径流的年际变化同样具有偶然性，其变化情势同样也具有统计的规律性。

对径流进行统计分析时，常应用下列一些特征值来表示径流情势的某一方面。

（1）多年平均径流量　即历年的年径流量的算术平均值。

$$W_0 = \frac{\sum_{1}^{n} W_i}{n} \ (\text{m}^3) \tag{2-4}$$

它表示河流多年情况下的平均来水量的大小。

（2）径流倍比（模比系数）　它是某年的年径流量与多年平均径流量的比值。

$$K_i = \frac{W_i}{W_0} \tag{2-5}$$

根据实测资料，求出各年径流的 k 值后，找出 k 的最大值 $k_{\max}$ 和 k 的最小值 $k_{\min}$，则变幅

$$\Delta k = k_{\max} - k_{\min} \tag{2-6}$$

说明年径流的变化范围。我国主要河流径流年际变化幅度见表 2-1。

表 2-1　　我国主要河流径流年际变化幅度

河流	站名	Q_0 (m³/s)	$k_{\min}=\frac{Q_{\min}}{Q_0}$	$k_{\max}=\frac{Q_{\max}}{Q_0}$	Δk	河流	站名	Q_0 (m³/s)	$k_{\min}=\frac{Q_{\min}}{Q_0}$	$k_{\max}=\frac{Q_{\max}}{Q_0}$	Δk
松花江	哈尔滨	1130	0.34	2.37	2.03	淮　河	南照集	372	0.16	2.64	2.48
辽　河	巨流河	171	0.39	2.02	1.63	长　江	汉　口	24600	0.60	1.38	0.78
永定河	三家店	42	0.42	2.70	2.28	钱塘江	兰　溪	618	0.63	1.51	0.88
黄　河	陕　县	1300	0.48	1.66	1.18						

注　Q_0 表示多年平均流量；$Q_{\min}$ 表示最小年平均流量；$Q_{\max}$ 表示最大年平均流量。

变幅只反映年径流的变化范围，不能反映年径流多年变化的各种情况。在水文学中常用数理统计法来研究径流多年变化的统计规律。

下面举一简单的例子来说明年径流变化的统计规律[1]。

表 2-2 为漳河 25 年的年径流量的实测资料系列。表中可以看出年径流量各年不一，只

表 2-2　　漳河年径流量系列（6 月至次年 5 月）

年　份	1923～1924	1924～1925	1925～1926	1926～1927	1929～1930	1933～1934	1934～1935	1935～1936
年径流量（亿 m³）	14.80	15.00	15.50	8.00	13.80	16.80	10.10	11.64
到该年为止的平均值					13.42			

年　份	1936～1937	1937～1938	1942～1943	1943～1944	1949～1950	1950～1951	1951～1952	1952～1953
年径流量（亿 m³）	11.15	35.50	8.40	28.20	12.60	15.76	14.47	11.22
到该年为止的平均值		15.23					15.45	

年　份	1953～1954	1954～1955	1955～1956	1956～1957	1957～1958	1958～1959	1959～1960	1960～1961	1961～1962
年径流量（亿 m³）	16.62	26.45	22.98	42.73	11.01	17.52	15.33	11.90	14.03
到该年为止的平均值				17.59					16.86

[1] 本例摘自吕元平编《水利工程概论》。

能按统计学原理进行分析。设年径流量的平均值用 $\overline{W}_y$ 表示，则取前5年计算 $\overline{W}_y=13.42$ 亿 m^3；取前10年 $\overline{W}_y=15.23$；20年 $\overline{W}_y=17.59$；25年 $\overline{W}_y=16.86$。一般认为资料系列愈长，代表性愈强，分析的结果也就愈可靠，对规律性的了解也就愈深刻。

为了求年径流的统计规律，将表2-2的资料按年径流量大小的顺序排列如表2-3。表中 m 代表顺序号，n 代表取样观测次数，经验频率的计算公式是根据统计学中子样原理推导出的，我们在此不作深究，只要能理解频率的意义就可以了。例如，$m=5$ 时，$W=22.98$，$P=19.2\%$，说明有19.2%的年份年径流量等于或大于22.98亿 m^3。

表 2-3　　漳河年径流量经验频率计算

顺序号 m	年　份	年径流量 W（亿 m^3）	经验频率 $P=\frac{m}{n+1}\times100\%$	顺序号 m	年　份	年径流量 W（亿 m^3）	经验频率 $P=\frac{m}{n+1}\times100\%$
1	1956～1957	42.73	3.8	14	1951～1952	14.47	53.8
2	1937～1938	35.50	7.7	15	1961～1962	14.03	57.7
3	1943～1944	28.20	11.5	16	1929～1930	13.80	61.5
4	1954～1955	26.45	15.4	17	1949～1950	12.60	65.4
5	1955～1956	22.98	19.2	18	1960～1961	11.90	69.2
6	1958～1959	17.52	23.1	19	1935～1936	11.64	73.1
7	1933～1934	16.80	26.9	20	1952～1953	11.22	76.9
8	1953～1954	16.62	30.8	21	1936～1937	11.15	80.8
9	1950～1951	15.76	34.6	22	1957～1958	11.01	84.6
10	1925～1926	15.50	38.5	23	1934～1935	10.10	88.5
11	1959～1960	15.33	42.3	24	1942～1943	8.40	92.3
12	1924～1925	15.00	46.2	25	1926～1927	8.00	96.2
13	1923～1924	14.80	50.0				

四、人类活动对水文情势的影响

由于水文现象受天气和下垫面各种因素的综合影响，人类活动一旦改变了某些因素，就会引起水文情势的变化。不仅影响径流总量，也影响时程分配。如年径流量及其年内、年际变化，洪水过程线形状等。目前人类活动对径流影响的问题，我们的认识还很不深刻，还有待于进一步实验研究，不断深化认识。

人类活动对径流的影响主要有如下几类：

(1) 农业措施　如大规模的平整土地、修筑梯田、作物品种的变化以及灌溉技术条件等，可改变土壤包气带含水状态，影响产流条件。

(2) 水利措施　大中型水库的修建、河道的整治、水量调配以及流域间的调水措施等，将大大改变汇流条件。

(3) 林业措施　大面积的植树造林，地面植被条件的变化，将改变流域的蓄水产流条件。

(4) 城市与工业措施　大规模的城市与工业用水，将使河川径流减少，排污将影响生态环境等。

人类活动主要是通过改变下垫面情况，直接或间接地引起径流的变化，其作用大致有如下几个方面：

1）改变土壤的入渗能力和蒸发量；

2）改变地面拦蓄径流的能力；

3）加强局部水分循环的作用；

4）改变径流的汇流时间；

5）影响地面径流和地下径流的分配比例及其分配过程。

第三节　河　流　泥　沙

泥沙来源于流域地面及河槽的冲刷。影响河流泥沙的因素主要是自然地理因素，如流域表面的坡度、地质、土壤结构、植被情况等，都影响河流的泥沙含量。此外，降雨强度和雨量大小、河床地形以及人类活动造成水或生态环境的变化，均将影响河流的泥沙运动。

本节主要介绍泥沙特性及其运动的基本规律。

一、河流泥沙特性

（一）粒径与级配

粒径表示泥沙颗粒的大小。由于泥沙颗粒的形状极不规则，实际工作中，对卵石等大颗粒可用卡尺量出它的长轴、中轴和短轴，即它的长度、宽度和厚度，再用算术平均法求出平均粒径。对于中粗泥沙（粒径大于 0.1mm），则用筛分法推求，称筛孔粒径。对细颗粒泥沙（粒径小于 0.1mm），可用移液管法等来推求，称为沉速粒径。

泥沙经过颗粒分析，求出各级粒径 D_i 相应的沙量，并算出它们占总沙量的百分比 ΔP_i，以粒径 D_i 作纵坐标，以小于某粒径的沙量百分数为横坐标，绘出的曲线叫泥沙粒径级配曲线，如图 2-17 所示。

根据粒径级配曲线，可以求出以下几个表示沙样颗粒特性的特征值。

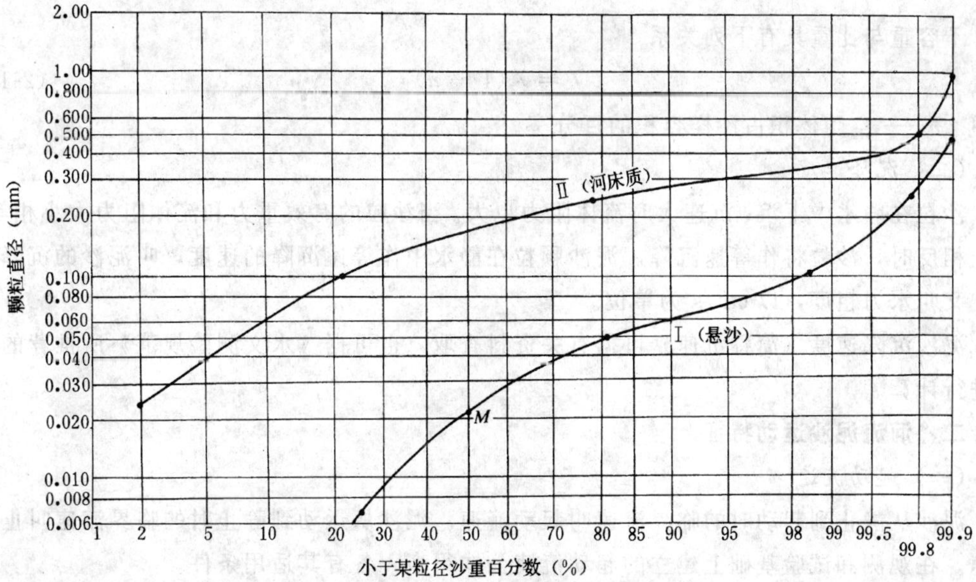

图 2-17　粒径级配曲线

（1）平均粒径 $\overline{D}$　把沙样按粒径大小分成若干组，设各组的上下限粒径为 $D_上$ 和 $D_下$，该组的沙量占总沙样的百分比为 ΔP_i，则

$$\overline{D}=\frac{\sum \Delta P_i D_i}{100} \tag{2-7}$$

而

$$D_i=\frac{D_上+D_下+\sqrt{D_上 D_下}}{3} \tag{2-8}$$

（2）中值粒径 D_{50}　在粒径级配曲线上相应于50%的粒径值叫中值粒径。它表示大于和小于粒径 D_{50} 的沙量各占一半。

（3）均度系数 ϕ　它表示沙样粒径的均匀程度。

$$\phi=\frac{D_{50}}{D_{90}} \tag{2-9}$$

式中　D_{90}——级配曲线上对应于90%的粒径值；

D_{50}——级配曲线上对应于50%的粒径值。

泥沙的粒径级配不仅表示泥沙的粗细组合情况，而且和土壤的物理力学特性，以及在水流中的运动状态密切相关。

（二）比重和干容重

泥沙质量 m_s 与所有沙粒的实有体积 V_s（不包含空隙）之比，叫做泥沙的比重。

$$\gamma_s=\frac{m_s}{V_s} \tag{2-10}$$

泥沙比重随沙粒成分而变，其范围大致在 $2.60\sim2.70\mathrm{g/cm^3}$ 之间。

干容重 γ，指泥沙沙样烘干后的质量与原状沙样的容积（包括泥沙颗粒实体和空隙体积）的比值

$$\gamma=\frac{m_s}{V} \tag{2-11}$$

干容重与比重具有下列关系

$$\gamma=\gamma_s(1-n) \tag{2-12}$$

式中　n——空隙体积占沙样容积的百分率。

（三）沉降速度

沙粒在静水中下沉，沉速大时流体阻力也大。当沙粒的有效重力和流体阻力大小相等、方向相反时，沙粒将作等速沉降。泥沙颗粒在静水中作等速沉降的速度，叫泥沙的沉降速度，又叫水力粗度，以cm/s为单位。

泥沙沉降速度（简称沉速）可据有关资料查取，也可据《水文测验规范》所推荐的公式进行计算。

二、河流泥沙运动特征

（一）起动流速

泥沙从静止到起动时的临界流速叫起动流速。泥沙从运动到静止时的临界流速叫止动流速。在观测和试验基础上建立的起动流速公式很多，各有其适用条件。

习惯上常用下式计算起动流速

$$v_0 = v_{10}h^{0.2} \tag{2-13}$$

式中　h——水深，m；

v_{10}——泥沙在水深 1m 时的起动流速，参阅表 2-4。

泥沙的止动流速与起动流速的比值，有人提出约为 1∶1.2～1∶1.41。

表 2-4　v_{10}与土质的关系表

河床土质	v_{10} (m/s)	河床土质	v_{10} (m/s)	河床土质	v_{10} (m/s)
粉　沙	0.25～0.40	小　砾	0.75～0.90	轻粘壤土	0.55～0.80
极细沙	0.35～0.45	中　砾	0.90～1.10	中粘壤土	0.65～0.90
中等沙	0.45～0.60	大　砾	1.10～1.30	重粘壤土	0.70～1.00
粗　沙	0.60～0.75	沙壤土	0.40～0.70	粘　土	0.65～1.15

（二）沙波运动

沙波又称沙浪，是天然河流中泥沙运动的一种形式，图 2-18 是沙波的纵剖面。沙坡的高度从几厘米到 3～4m，波长有达数 10m 的。

沙波的迎水面流速较大，是冲刷区。波峰以后，流速减小，出现横轴漩涡，部分泥沙沉积在波谷，为淤积区。沙波迎水面冲刷，背面淤积，使沙波大体上呈不变外形，以缓慢速度向下游移动。这一推移过程也是推移质向下游输沙的过程，故推移质输沙率和沙波现象有密切的关系。

沙波是在泥沙起动后出现的。如果流速加大，泥沙运动加剧到某一程度后，沙波会自行消失。所以沙波现象只是泥沙运动某一阶段产生的现象，而不是泥沙运动必然有的现象。

沙波的出现加大了河床的糙率，影响了水流的结构，而水流结构又影响泥沙运动，这种互为因果的现象，对于了解河道水流阻力和水头损失是十分重要的。

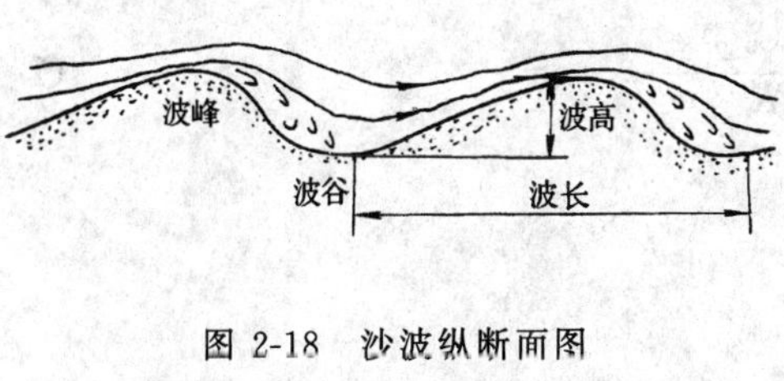

图 2-18　沙波纵断面图

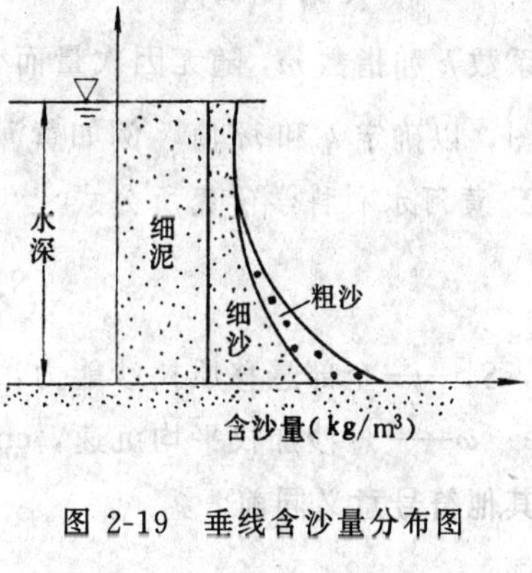

图 2-19　垂线含沙量分布图

（三）悬移质泥沙的分布

悬移质泥沙的含沙量，在垂线方向上的分布是不均匀的，通常水面小而河底大，自水面向河底逐步增加，如图 2-19 所示。泥沙颗粒较细时，沿垂线的分布将较均匀；颗粒越粗，则越不均匀。

悬移质泥沙的横向分布，主要取决于泥沙粒径及颗粒级配，以及河道外形。此外，还与水位涨落、泥沙来源与季节变化等因素有关。例如，细粒泥沙横向分布比较均匀；粗粒

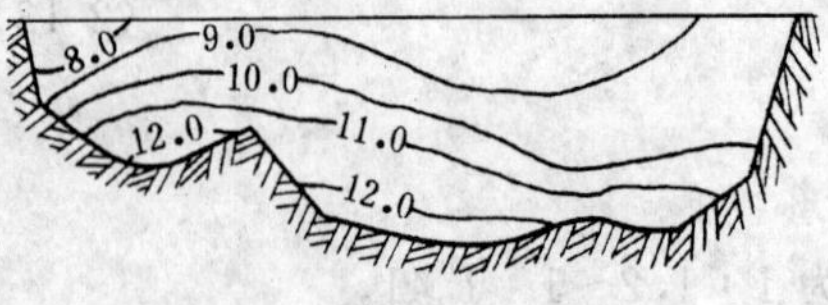

图 2-20 断面等含沙量线

泥沙，特别是与河床质有冲淤变化时，其横向分布是很不均匀的。

由于水流的脉动和紊流能量变化的影响，断面上某一固定位置的水流含沙量也有脉动现象。因此，进行含沙量测验时，要有足够的取样时间，以消除脉动影响。

(四) 水流挟沙能力

河流中悬移质泥沙，在随水流运动的过程中，可能有细颗粒悬浮起来，也可能会有粗颗粒沉积下去。如果下沉的颗粒多于悬浮的颗粒，则河床发生淤积；相反，则河床发生冲刷。如二者相等就说明水流含沙达到饱和，这种饱和含沙量叫做水流挟沙能力。

在天然河流中，推移质的数量一般占的比重不大，并且在水文测验与分析计算中对悬移质和推移质是分别进行的，因此，通常所指的挟沙能力仅指悬移质泥沙而言。

水流挟沙能力是水流、泥沙和河床条件综合影响的结果，是一项十分复杂的课题。目前，研究这个问题大致有两种方式：一是从能量平衡观点建立通用公式；二是从实测资料分析建立经验公式。举例如下。

1. 武汉水利电力学院公式

该院提出的通用挟沙能力公式为

$$S_{*m} = k\left(\frac{v^3}{gR\omega}\right)^m \tag{2-14}$$

式中 S_{*m}——悬沙中床沙质部分的饱和含沙量，kg/m³；

ω——床沙质泥沙的平均沉速，m/s；

v——断面平均流速，m/s；

R——水力半径，m。

系数 k 和指数 m，随无因次量而变化，可据实测资料，在双对数格纸上绘 $S_{*m}\sim\frac{v^3}{gR\omega}$的相关图，以确定 k 和 m 值。例如黄河干流河段的 k 与 m 值平均约为 $k=0.22$，$m=0.76$。

2. 黄河水利科学研究所公式

$$S_* = 1.07\frac{v^{2.26}}{R^{0.74}\omega^{0.77}} \tag{2-15}$$

式中 S_*——全部悬移质挟沙能力，kg/m³；

ω——悬沙加权平均沉速，cm/s；

其他符号意义同前。

第四节 河 床 演 变

一、山区河流与平原河流的特点

(一) 山区河流

山区河流的共同特点是：一般河床下切较深，岸坡陡峻，河身狭窄，河谷断面常呈

"V"型或"U"型，如图 2-21 所示。不同水位时河面宽度变化不大，且平面形态复杂，迂回曲折，极不规则。

在水文方面，由于地势峻陡，暴雨后往往洪水暴涨暴落。并且，洪水流量与枯水流量相差极大，常达百倍千倍；洪水位与枯水位相差也非常悬殊，可达十至数十米。这对于防洪和航运是很不利的。

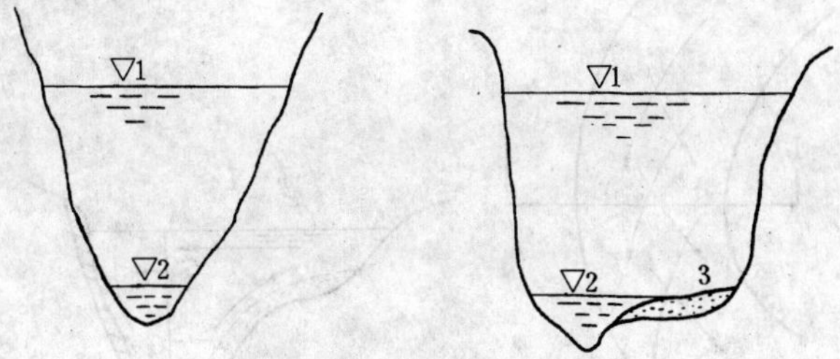

图 2-21 山区河流横断面图
1—洪水位；2—枯水位；3—卵石边滩

山区河流河床多为岩石或卵石组成，一般比较稳定，在可预见的时期内，一般变化不大。并且，河床形态的变化主要取决于河床地质构造的条件，而山区河流地质、地形条件差别较大，难以作共性的研究。故此，河床演变主要是研究平原河道的形态及其变化规律。

（二）平原河流

平原河流（见图 2-22）由于坡降变缓，流速降低，水流挟沙能力减小，河床一般都有不同程度的淤积现象。多沙河流在两岸堤防的挟持下，由于河床不断淤高，形成所谓地上"悬河"，例如黄河下游河床平均高出两岸地面 5～7m。

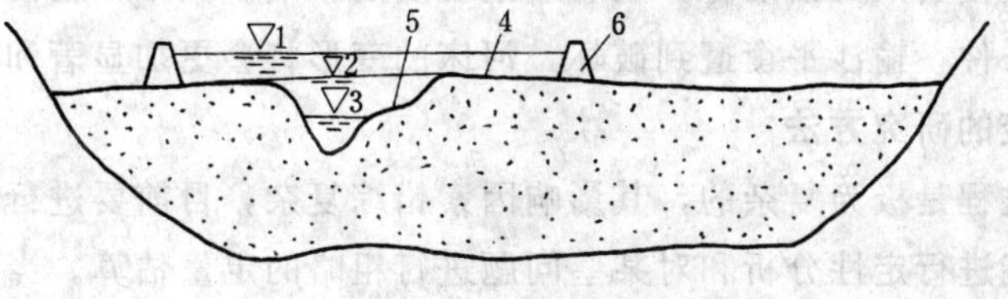

图 2-22 平原河流横断面图
1—洪水位；2—中水位；3—枯水位；4—河漫滩；5—边滩；6—堤防

平原河流由于处在冲积平原上，两岸易于冲刷，稳定性差，因此河床变形较为强烈，河身常常游荡不定。而且不同的河流其河床演变过程很不相同，这是由于每条河流的水情、坡降、地形、地质等条件千差万别的缘故。

二、河床演变的原因

水流对河床作用使河床变形，而河床变形使水流条件发生变化。这种水流与河床相互作用而形成的河床形态及其变化，称为河床演变。

水流中的泥沙对河床演变起着重要的作用，河道的变化是通过泥沙运动来实现的。因此，河床演变的基本规律是以泥沙运动的基本规律为基础的。

河床冲淤变化主要决定于河道水流的输沙能力，而河道水流的输沙能力取决于水力条件和泥沙条件。当水流挟沙量小于输沙能力时，河床发生冲刷，相反则发生淤积。只有当水流的挟沙量与输沙能力基本相当时，才可能使冲淤相对平衡。由于天然河道的水流和含沙量是不断变化的，因此平衡只是相对的暂时的，而不平衡是绝对的。

从地貌上看，河床的纵向变形分为 3 种类型：①侵蚀河床，河床以冲刷下切为主，这主要发生在河流的上游；②稳定河床，输沙量与输沙能力相接近，虽然时有冲淤，但在多

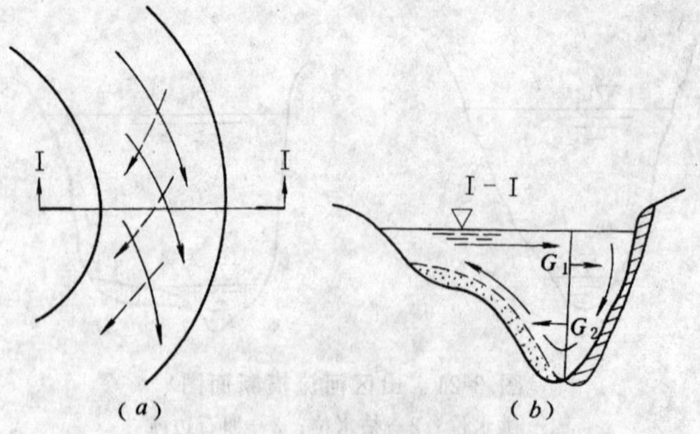

图 2-23　横向环流冲淤示意图

(a) 平面图；(b) 横断面图

年平均情况下接近相对平衡，一般发生在河流的中游；③堆积河床，上游来沙量超过水流的输沙能力，河床以淤积为主，河流的下游一般属这种情况。

河床除有纵向变形外，还有横向变形。造成横向变形的原因主要是环流的作用。在河流弯段，表面水流流向凹岸，河底水流流向凸岸，形成凹岸冲刷而凸岸淤积，如图 2-23。图 (a) 中的实线为表面流，虚线为底层流；图 (b) 表示环流流向及冲淤情况。

影响河床演变的因素很多，对于研究局部河段的短期变形，其主要影响因素有：

1）河段的来水量及其变化情况；

2）河段的来沙量、来沙组成及其变化情况；

3）河段的河床比降；

4）河段的河床形态及地质情况。

此外，植物被覆及人类活动等，也有一定程度的影响。例如，在河道上修建水工建筑物，改变了水流条件，输沙平衡遭到破坏，河床的变形将会更加显著和激烈。

三、河床演变的研究方法

河床演变的过程是极为复杂的，其影响因素错综复杂，目前要进行精确的定量分析尚有困难，一般只能进行定性分析和对某些问题进行粗略的定量估算。当前对河床演变分析常采用以下几种方法：

1）对河流的实测资料进行分析研究；

2）利用相似河段的资料进行类比分析；

3）通过河工模型试验，对河床演变进行预测；

4）进行必要而可能的泥沙运动和河床演变的理论计算。

河床演变分析研究的主要内容包括：来水来沙分析，河床边界条件地质地貌的分析，河道纵向变化的分析以及河道平面变化的分析。所有这些工作，都离不开勘测、调查、研究和收集资料。诸如河道地形图、河势图，附近水文站观测资料，以及有关的历史资料等。只有根据客观的可靠资料，抓住影响河床演变的主要因素，认真分析研究，才能找出其相互联系的内在规律。

四、河床演变的形势

冲积平原上的河道，按其平面形态和演变特性，大致可分为 4 种类型。

(1) 顺直型（边滩平移型）　有些河段河身较直，两岸有犬牙交错的边滩，边滩的对岸为深槽，上下深槽之间为浅滩。这种河段在形态上的最大特点是，尽管在外形上河身比较顺直，但河流的深泓线都是弯曲的，如图 2-24 所示。这样的河段一般都比较短，通常是两岸不易被冲刷，或者有护岸工程限制了河流的横向发展；或是在河弯发展过程中暂时形成的一段直河段。

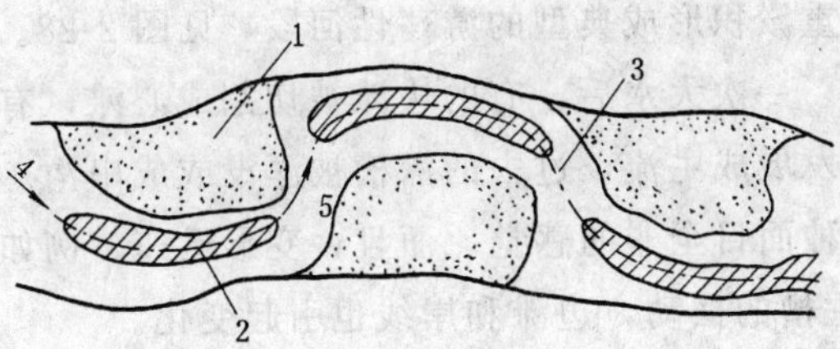

图 2-24　顺直河段平面图
1—边滩；2—深槽；3—深泓线；
4—流向；5—浅滩段

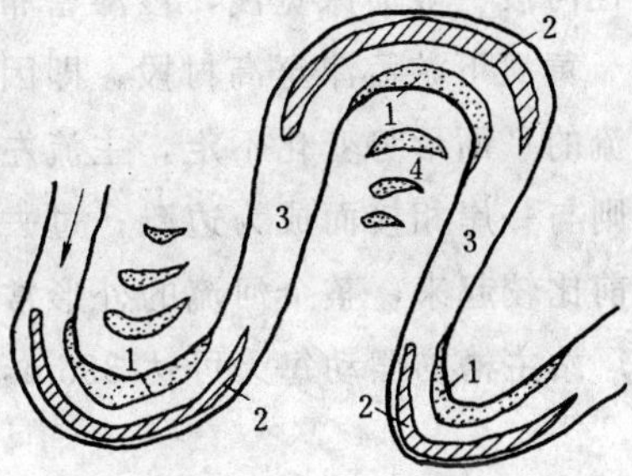

图 2-25　蜿蜒河段平面型式
1—凸岸边滩；2—凹岸深槽；
3—过渡段浅滩；4—河漫滩迂回扇

这种顺直型河段总的形势是，在洪水期边滩被淹没，水流比较顺直；在低水期河床仍然是弯曲的。由于河岸不易被冲刷，河弯不易发展，边滩在水流作用下逐渐向下游移动，整个河势慢慢向下游移动。原边滩处逐渐变为深槽，而原深槽处则逐渐变为边滩，浅滩和深泓线的位置很不稳定。这种演变对航运和引水都非常不利。例如，原深槽处的取水口会因边滩下移而堵塞，造成取水困难；边滩下移还将造成航道不稳定。

(2) 弯曲型（蜿蜒型）　这类河段河身蜿蜒曲折，深槽靠近凹岸，凸岸有边滩，弯道之间有较短的浅滩段，如图 2-25 所示。在弯道中由于环流的作用，水流淘刷凹岸，而凸岸淤积。这种冲淤变化，使弯曲河段愈来愈弯曲，逐渐形成为环状的河道，如图 2-26 所示。

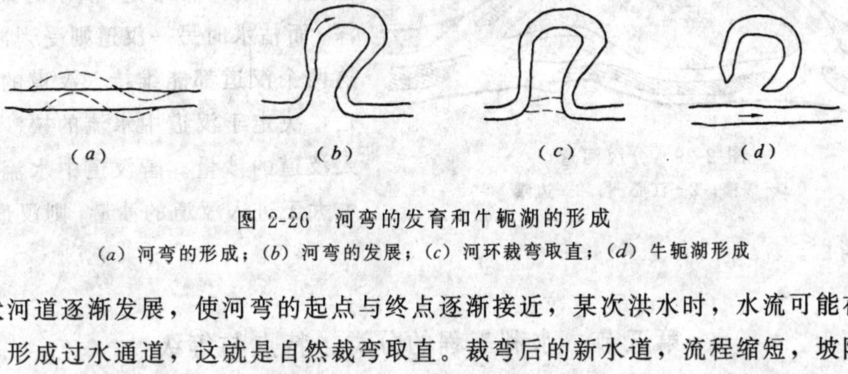

图 2-26　河弯的发育和牛轭湖的形成
(*a*) 河弯的形成；(*b*) 河弯的发展；(*c*) 河环裁弯取直；(*d*) 牛轭湖形成

环状河道逐渐发展，使河弯的起点与终点逐渐接近，某次洪水时，水流可能在环套颈部冲开，形成过水通道，这就是自然裁弯取直。裁弯后的新水道，流程缩短，坡降和流速增大，挟沙能力也增大，逐渐冲刷发展为新的河道。原来的环状河道将被淤积成为牛轭湖。

弯曲河段，深槽和边滩比较固定，水深也较大，一般地说，对取水和航运有利。但过于弯曲的河道，由于水流顶冲，对防洪与航运很不利。

值得注意的是：弯曲型河段不仅外形迂回曲折，而且具有蜿蜒蠕动的动态特征，河湾逐渐向下游移动，如图 2-27 所示。

图 2-27　河弯向下游移动示意图

(3) 游荡型　多沙河流进入平原后，由于河道突然开阔，坡降变平，流速减缓，形成泥沙大量堆积。而且，河漫滩物质多为新近堆积的泥沙，土质疏松，极易冲刷。若遇洪水猛涨猛落，水沙条件变化快而大，往往形成河床游荡。游荡性河段一般河床宽浅，沙滩密布，汊道交织，河床变形迅速，主流摆动不定。

黄河下游孟津至高村段，即因泥沙严重淤积形成典型的游荡性河段，见图2-28。该段河流的平面形势变化不定，主流左右摆动。一次大水后，有的边滩被切割成心滩，有的心滩则与一岸相接而成为边滩；过去的汊道发展成主流，过去的深槽被湮没或成串沟。和大水前比较起来，整个河流的外形常给人一种面目全非的感觉。而且，变形迅速。例如黄河秦厂站主槽的摆动每天可达395m，随着主槽的摆动，边滩和岸线也引起变化。

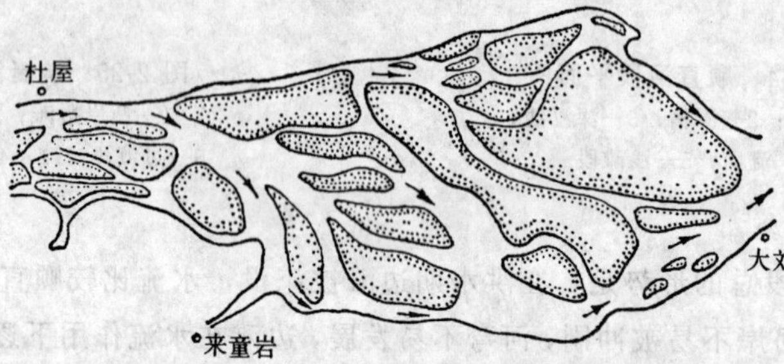

图2-28 黄河游荡性河段示意图

这类河段，对防洪、航运及取水均十分不利，必须进行整治。

(4) 汊道型　大的江河常有汊道（见图2-29），长江中下游河段大部分属于汊道型。汊道形成的条件是河面宽广，有心滩稳定发展的条件；并且洪水与枯水时主流不一致，常常是，洪水时某一汊道加深，而枯水时另一汊道则受到冲刷，因而这两个汊道都能维持。汊道的发展与消亡，决定于汊道中水流的挟沙能力与进入汊道的沙量。若汊道中水流的挟沙能力大于进入汊道的沙量，则汊道发展；否则汊道消亡。

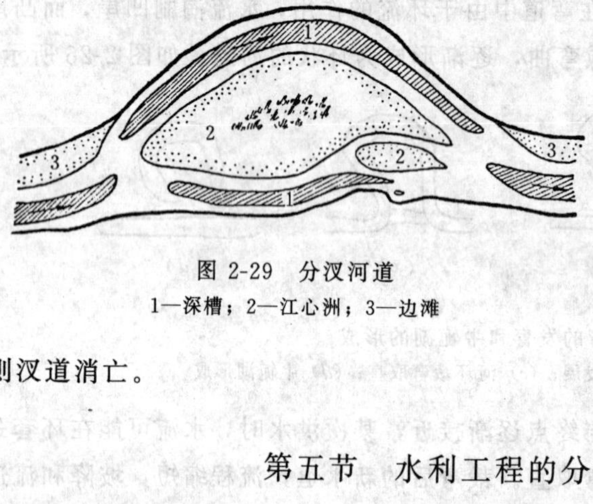

图2-29 分汊河道

1—深槽；2—江心洲；3—边滩

第五节 水利工程的分类、特点与等级

对自然流域进行控制和改造，以达到兴利除害目的而修建的工程叫**水利工程**。一项水利工程往往由一些不同的建筑物组成，这些建筑物叫**水工建筑物**。由一些不同用途的水工建筑物组成的，共同协作的工程综合群体，则称为**水利枢纽**。

一、水利工程和水工建筑物的分类

（一）水利工程的分类

水利工程一般按照它所承担的任务进行分类。例如：防洪治河工程，农田水利工程，水力发电工程，供水工程，排水工程，水运工程，渔业工程等。一个工程如果具有多种任务，则称为综合利用工程，即综合利用水资源的工程。

水利枢纽大多按其作用和特征进行分类，如蓄水（水库）枢纽，取（引）水枢纽，电站厂区枢纽等。

（二）水工建筑物的分类

水工建筑物按其用途可分为一般性水工建筑物与专门性水工建筑物。

凡可应用于各种水利工程的建筑物称为**一般性水工建筑物**。根据建筑物的作用又可分为如下几种：

(1) 挡水建筑物　用以拦堵水流，如闸、坝、堤防等。

(2) 泄水建筑物　用以宣泄多余水量，如溢洪道、泄洪洞、排水闸等。

(3) 取水建筑物　用以引取水量，如进水闸、取水塔、抽水站等。

(4) 输水建筑物　用以输送水流，如渠道、渡槽、涵洞、隧洞、管道等。

(5) 整治建筑物　用以整治河道、保护河岸及稳定河槽，如护岸工程、导流堤、丁坝、顺坝和拦排沙建筑物等。

应当指出的是，有些水工建筑物所起的作用并不是单一的。例如，溢流坝既是挡水建筑物又是泄水建筑物；水闸既可挡水又能泄水，还可作为灌溉、发电和供水的取水建筑物。

凡只应用于某一种水利事业部门的水工建筑物，称为**专门性水工建筑物**，大致有如下一些类型。

(1) 水电站建筑物　如电站厂房、前池、调压室及压力管道等。

(2) 水运建筑物　如船闸、升船机、筏道、码头、港口等。

(3) 农田水利建筑物　灌、排渠系及其建筑物，如分水闸、节制闸、量水堰等。

(4) 给、排水建筑物　如自来水厂的给水管道、抽水站、滤水池、水塔以及排除污水的下水道等。

(5) 渔业建筑物　如鱼道、升鱼机、鱼闸、鱼池等。

水工建筑物按使用的时间不同，又分为永久性建筑物和临时性建筑物。在运用期间长期使用的建筑物叫**永久性建筑物**；仅在施工期间使用，如围堰和导流建筑物等，称为**临时性建筑物**。

永久性建筑物按其重要性又分为主要建筑物和次要建筑物。**主要建筑物**系指失事后将造成下游灾害或严重影响工程效益的建筑物；**次要建筑物**系指失事后不致造成下游灾害或对工程效益影响不大，并易于修复的建筑物。

二、水工建筑物的特点

水工建筑物的主要特点是它在水中工作。由于水的作用，使水工建筑物工作条件复杂，施工条件困难，并且失事后果严重。

（一）水工建筑物工作条件复杂

(1) 水压力　建筑物挡水后，水对建筑物将产生静水压力。其中，水平水压力将促使建筑物变形或向下游滑动。此外，还有动水压力（如波浪压力、地震水压力）和水动压力（冲击力和脉动水压力），严寒地区还将有冰压力。

(2) 渗流　地基和建筑物体内的渗流，将产生浮托力和渗透压力。渗流还可能引起地基土壤的渗透变形，或侵蚀可溶性的岩层。渗流量过大还将造成大量漏水。

(3) 冲刷　高速水流将对建筑物和下游河床产生冲刷，还可能使建筑物产生振动或气蚀现象。

(4) 侵蚀　冻融循环等风化作用将降低建筑物的耐久性。当水有侵蚀性时，水的化学作用会溶蚀混凝土或砌体中的游离石灰质，使建筑物遭到破坏。

(二) 水工建筑物施工条件困难

水工建筑物一般要在水下施工，其施工条件困难和复杂得多，主要有下列问题：

1) 施工导流是水工建筑物施工中一项重要而艰巨的工作，施工期间要保证建筑物基坑及施工设施不被洪水淹没；

2) 水工建筑物往往要进行较深的地基开挖和复杂的地基处理，而且往往有大量的地下水；

3) 施工受自然条件影响大，气温过高或过低，雨季过长，都将给施工带来不利影响；

4) 由于洪水对施工的威胁，往往要抢在洪水到来之前完成某些关键性工程；

5) 水工建筑物一般工程量较大而工期较长，一座大中型水库要数年才能建成；

6) 由于时间紧任务大，往往需要采用先进的施工技术和大型施工机械，并要求建立科学的管理体制和严密的规章制度等。

(三) 水工建筑物失事的后果严重

水工建筑物的设计与施工，与当地的地形、地质、水文及施工条件等因素紧密相关。而这些因素又千差万别，有的情况还相当复杂。因此必须根据当地的具体情况，实事求是按科学规律办事，确保工程安全，避免给国民经济带来不应有的损失。

水利工程由于投资大，对国民经济的影响也大，它的失事必然带来比较严重的后果。关键性工程，特别是大中型水库的大坝，万一失事，将给人民的生命财产和国家经济建设带来巨大的灾难。例如，1963 年意大利的瓦依昂拱坝，由于库岸发生大滑坡，在 30～60s 时间内滑下 2.7 亿～3 亿 m^3 的土石方，使库中 5000 万 m^3 的水被挤向上下游，最大飞溅高度达 250m 以上。倾泻而下的水体以 150m 的浪高通过拱坝坝顶冲向下游，从滑坡开始到下游地区被冲毁，总共只经历了 7min，毁灭了一座城市和几个小镇，死亡 3000 人。因此，对水工建筑物必须充分重视勘测、试验和研究分析工作，以高度负责的精神，精心设计，精心施工。

三、水利工程的分等和水工建筑物的分级

根据长期生产实践的经验，为了使工程建设做到安全与经济的合理统一，把水利工程和水工建筑物划分成不同的等级，规定不同的设计标准。这种分等分级区别对待的原则，正是我国多快好省建设社会主义的经济政策体现。

我国《水利水电枢纽工程等级划分及设计标准》(SDJ12—78) 规定，水利水电枢纽工程按照其规模、效益和在国民经济中的重要性，以及失事所造成的危害性，划分为五等，如表 2-5 所示。水工建筑物则按照其所属工程的等别，及其在工程中的作用和重要性，划分为五级，如表 2-6 所示。

表 2-5　　水利工程分等指标

工程等别	工程规模	分等指标				
		水库总库容（亿 m^3）	防洪		灌溉面积（万亩）	水电站装机容量（万 kW）
			保护城镇及工矿区	保护农田面积（万亩）		
一	大（1）型	＞10	特别重要城市、工矿区	＞500	＞150	＞75
二	大（2）型	10～1	重要城市、工矿区	500～100	150～50	75～25
三	中型	1～0.1	中等城市、工矿区	100～30	50～5	25～2.5
四	小（1）型	0.1～0.01	一般城镇、工矿区	＜30	5～0.5	2.5～0.05
五	小（2）型	0.01～0.001			＜0.5	＜0.05

表 2-5 中的总库容系指校核洪水位以下的水库库容；灌溉面积系指设计灌溉面积；分等指标中有关防洪、灌溉两项系指防洪或灌溉工程系统中的重要骨干工程。

表 2-6　　水工建筑物分级标准

工程等别	永久性建筑物级别		临时性建筑物级别
	主要建筑物	次要建筑物	
一	1	3	4
二	2	3	4
三	3	4	5
四	4	5	5
五	5	5	

综合利用的水利工程，根据表 2-5 的指标分属几个不同的等别时，整个枢纽工程的等别应按其中最高的等别确定。枢纽中的水工建筑物，如该建筑物同时具有几种用途时按最高等别确定其级别；如该建筑物仅有一种用途，则按该项用途所属等别确定其级别。

建筑物的级别，在某些情况下，经过论证，可以适当提高或降低。

不同等级的工程，在以下诸方面有不同的要求。

1）勘测调查资料的深度与广度；

2）防御洪水标准；

3）稳定和强度的安全系数；

4）材料的强度和耐久性；

5）设计计算方法的精确程度；

6）施工质量标准；

7）运行的可靠性；

8）管理和观测的要求等。

第六节　水库与径流调节

拦河筑坝，形成水库，是人类改造自然的巨大工程。河川的天然径流，与人类对水资源的利用要求，往往不相适应。水库建成后拦蓄上游的来水，不但可以防止洪水灾害，还可利用蓄水和抬高的水位，进行灌溉、发电、航运、供水，发展水产养殖和旅游事业等。水库的作用就是按照人类生活和生产的需要，人工地重新分配河川径流，除害兴利，充分发挥水资源的综合效益。

组成水库的水工建筑物群，称为蓄水枢纽。

一、水库的特征水位和相应库容

水库的水面高程，称为库水位。库水位以下的蓄水容积，称为库容。根据库区地形图，可量测绘制库水位与其水面面积的关系曲线，进一步可绘制库水位与库容的关系曲线，如图 2-30 所示。这两条曲线是水库的两项重要的特性资料，是水库调节演算的基本依据。

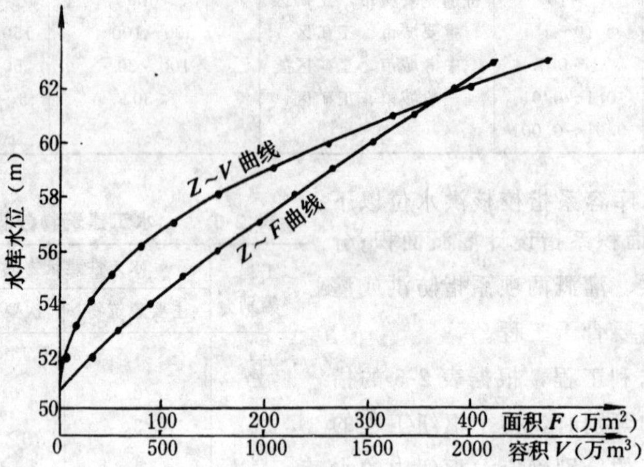

图 2-30 库水位与水面积、库容关系曲线

水库的总库容可分为死库容、兴利库容和防洪库容三部分，它与水库的各种特征水位的对应关系，如图 2-31 所示。

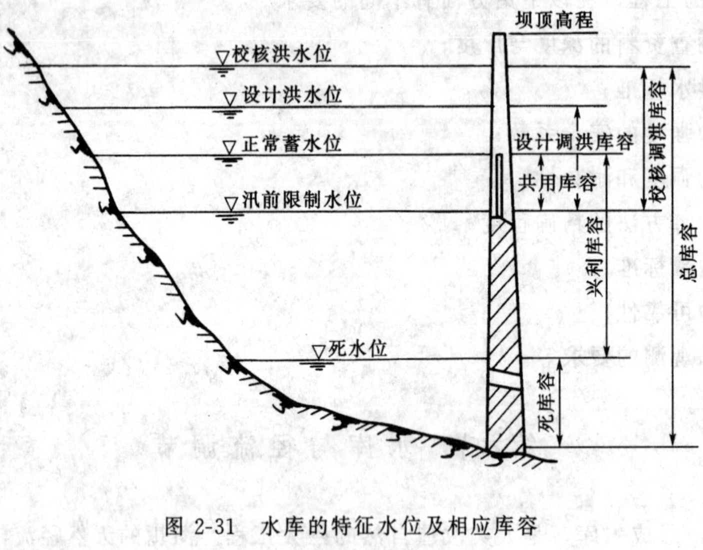

图 2-31 水库的特征水位及相应库容

(一) 死水位

正常运用情况下允许的最低水位叫死水位。死水位以下的库容叫死库容。

各水利事业部门对水库的最低水位都有一定的要求。例如，水电站为了保证取水口在枯水期能引进必须的发电流量和保证最低的发电水头，要求水库水位不得低于某一高程；灌溉为了在需水期能保证引取所需的流量，也要求库水位不得低于某一限制水位；其他如航运、水产养殖及旅游等部门，都要求水库在正常运用时不得低于某一定水位。当然，确定水库死水位时还应考虑泥沙淤积的影响。

（二）正常蓄水位

正常蓄水位是最高的兴利水位。正常蓄水位与死水位之间的水层深度，称为水库的工作深度；两者之间的库容，称为兴利库容。

正常蓄水位是水库的一个十分重要的特征水位，它关系到水库的综合效益、枢纽工程的投资、施工技术的选择和施工期限的长短、水库的淹没与浸没损失的大小。同时，它还影响着枢纽总体布置的合理性与可能性。因此，应从政治、经济、技术等方面，经多方案分析论证后，慎重地确定水库的正常蓄水位。

（三）汛期限制水位与设计洪水位

汛期限制水位是水库在汛期允许蓄水的上限水位；设计洪水位是水库遇到设计洪水时允许达到的最高水位；校核洪水位是水库遇到校核洪水时允许达到的最高水位。

设计洪水位、校核洪水位与汛期限制水位之间的库容，分别称为设计调洪库容和校核调洪库容（或称防洪库容）。校核洪水位以下的库容，称为总库容。正常蓄水位与汛期限制水位之间的库容，既是兴利库容，又是防洪库容，因此称为共用库容或重复库容。

设计洪水位和防洪库容的决定，与溢洪道的型式和尺寸、下游安全泄量等有关，对水库规模及大坝的主要尺寸、防洪效益等都具有很大影响。因此，必须周密分析、充分论证、综合比较后确定。

水库的特征水位和相应库容的确定，称为水库规划。水库规划与河流的水情、国民经济各部门的要求和建设投资等条件有关，应采用多方案比较后，合理确定。

二、径流调节概念

由于水文现象的复杂性，河流的天然来水同人类生产、生活的用水需要是有矛盾的。为了解决来水和用水的矛盾，修建水库将河道天然来水按防洪、兴利要求重新进行分配，称为径流调节。其中，提高枯水期的供水量，为满足灌溉、发电及工矿、城镇用水等兴利要求而进行的调节，称为兴利调节；拦蓄洪水、削减洪峰流量的调节，称为防洪调节。

水库来水和用水都是随时间变化的。水库由空到满再到空，循环一次所经历的时间，称为调节周期。按调节周期的长短，可分为多年调节、年调节和日调节等。

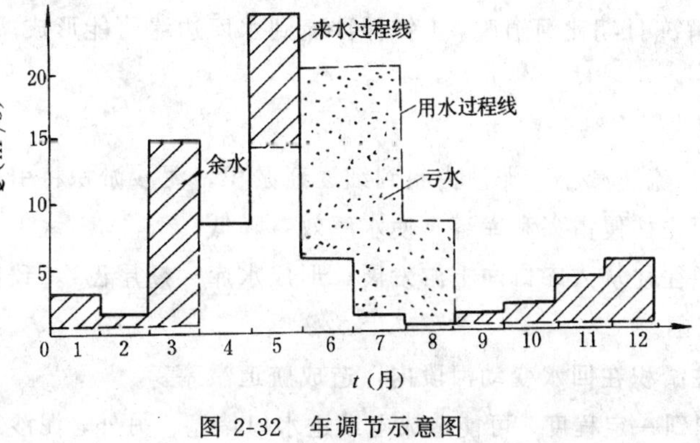

图 2-32　年调节示意图

(1) 年调节　将汛期多余水量存蓄于水库内供枯水期使用，调节周期为一年，这种运用方式称为年调节，如图 2-32 所示。这是最常见的调节方式。

(2) 多年调节　如果水库容积相当大，可以把丰水年的水量全部或部分蓄留在水库内，供枯水年使用，这种运用方式称为多年调节。

(3) 日调节　在一日内，把少发电或不发电时的水量蓄存起来，以适应多发电时用水量的需要，这种只能将上游一日内的来水量进行调节的运用方式，称为日调节。

第七节　水库对周围环境的影响

水库调节河川径流，有利于防洪、灌溉、供水、发电等水资源的综合利用，能促进国民经济的发展，对社会环境产生积极和影响，甚至可能变荒漠为良田，使生态环境发生良性变化，这正是我们改造自然的基本目标。但是，水库对周围环境的影响也有不利的一面，我们必须认真研究水库对周围环境的作用，尽可能减免其不利影响。

1. 库区淹没

水库会造成库区淹没，因此对于水库特征水位的确定应持慎重态度，特别是影响到重要城镇、工矿企业、交通线路或文化古迹时，要根据国民经济利害得失，全面衡量研究决定。

2. 上游地下水位上升

地下水位上升可能带来一些不利后果。例如：①可能引起耕地盐碱化，造成农作物减产，土地荒废；②侵蚀建筑物的基础，使地基承载力减小，甚至地基下陷，促使建筑物倒塌；③地下水出露，使洼地成沼泽，滋生蚊虫恶化卫生；④使地下矿藏开挖困难。

3. 库岸坍塌

岸坡浸水使土壤内摩擦角和粘着力减小致使岸坡失稳，加之风浪冲刷，常使岸坡坍塌。黄土地区库岸坍塌甚为严重，不仅毁坏耕地，而且增加水库淤积。更有甚者，如意大利瓦依昂拱坝由于库岸滑坡，大量土石方骤然入水，产生涌浪翻越坝顶造成严重事故。

4. 回水上延

坝前挡水抬高水位，在上游形成回水曲线。回水影响的范围要比库内坝前水位直接影响的范围大。特别是洪水时水位高流量大，回水影响范围更大，致使水库上游扩大淹没区。另外，由于水库解冻日期比河道晚，上游浮冰流到水库边缘可能形成冰坝，使水位壅高，甚至泛滥成灾。

5. 泥沙淤积

水流入库后，流速减小，泥沙由粗到细逐渐淤积。泥沙淤积将引起以下问题：

1) 泥沙淤积往往侵占兴利库容，使水库效益降低。

2) 泥沙淤积往往从入库口向上游发展，形成水库“翘尾巴”，致使回水上延，水位抬高 ，扩大淹没范围。

3) 泥沙往往淤积在回水变动河段内，造成航道淤塞。

4) 水库淤积到一定程度，可能造成电站进水口堵塞。另外，泥沙还可能使水轮机等过流部件严重磨损。

5）由于悬移质泥沙颗粒很细，有可能吸附大量的污染物质，降低水体的自净能力。泥沙沉积使某些污染物质富集，加重水质污染。

6. 水温变化

水库内水的年平均温度，随水深的增加而降低，而且愈深水温变化愈小。水库深处水温较低，深层取水灌溉对农作物生长不利。

7. 水质变化

在蒸发量较大的水库中，水中含盐量将显著增加，其他矿物质的浓度也将增大。如果库水被污染，将直接影响农业灌溉和城市供水。

8. 生态环境变化

水库能调节地区小气候，能减轻夏季燥热和冬季严寒的程度。水库改变了自然条件，使生物的生存条件起了变化。例如库水中有机质含量增加，有利于浮游生物的繁殖，给鱼类的生长创造了有利条件；另一方面，水库也为蚊虫和钉螺的繁殖提供了条件，可能造成疾病传播，因此必须注意卫生防护。

9. 诱发地震

水库蓄水后，可能诱发地震，在地震区筑坝建库，应注意对建筑物采取加固措施。

10. 引起下游水情变化

水库调节径流，一般说是使其更有利于人类的生产和生活，但若处理不当也可能带来下述某些不利影响：

1）由于泥沙在水库内淤积，出库水流含沙量减小，破坏了原来的输沙平衡状态，造成对下游河床的冲刷。可能使原有的护岸、码头、桥梁等建筑物的基础受到淘刷，影响建筑物的安全；也可能使下游原有引水工程，由于水头降落，取不到足够的水量；也有可能因河道水位下降，地下水位随之降低，致使土地干燥，井水干涸；还有可能使水电站因尾水降低、引起水轮机气蚀。

2）在水库冲淤排沙时，出库水流含沙量过大，可能造成下游河道的淤积。

3）由于水库的调节，出库的流量过程线与建库前差别较大，可能促使下游河床调整，引起主流深槽的摆动，致使引水建筑物或码头脱离水流。

4）水电站担负尖峰负荷，致使流量和水位变化过大，可能影响下游的通航条件。

总之，水库对下游河道的影响很大，必须十分重视。要充分发挥其有利作用，尽可能减免其不利影响。最后还应注意：为了鱼类的生存，维护生态平衡，下游河道不应使其干涸断流。而且，应保持一定的地下水位。

环境影响评价是水利工程建设前期工作的一项重要内容。环境影响评价既重要又复杂，现在的科学技术水平，还很难准确预计。因此在设计中要对可能产生的影响，进行试验、研究分析，从而做出正确的论断。

第三章 防洪治河工程

河流对于人类的生产和生活有着密切的关系，诸如防洪、灌溉、航运、供水、气候和环境等，莫不与国民经济紧密相关。随着社会经济的发展，人类对河流除害兴利的要求日益提高，治理河道也是现代化建设的重要部分。

河道整治工程，简称治河工程。它和其他水利工程一样，必须根据国民经济各部门对河道的要求，进行全面规划，综合治理。

防止洪水灾害是治河的首要任务。防洪对河道的要求大致有两个方面：一是河道必须能安全宣泄可能发生的设计洪水流量；二是要防止水流冲刷，致使河岸崩塌，危及堤防、村庄和城镇安全。一般来说，解决一条河流的防洪问题，需要采取各种防洪措施配合运用。例如水库、堤防、分洪、整治河道等，才能达到经济合理的效果。修筑堤防及整治河道是防洪综合措施的一个重要方面。在水土保持和水库调节还不能充分发挥作用并保证防洪安全的时候，治理河道仍是防洪的主要措施。整治河道、控制流势对确保堤防安全非常重要。本章将以防洪为主来论述河道整治。

河道整治的目的除防止洪水灾害外，有时还有航运、取水、保护滩地等方面的要求。河道整治的目的不同，具体措施也不尽相同。如以防洪为目的的河道整治，多用修建护岸工程和控导工程的办法，来保护河岸，控导河势。以航运为目的的河道整治，多用枯水整治建筑物来保证航行安全。

河道整治时必须注意上下游、左右岸统筹兼顾，除害与兴利相结合，以达到综合治理的目的。

第一节 堤 防 工 程

堤防是一种挡水建筑物，主要作用是阻挡水流泛滥造成灾害。在江河两岸修建堤防，其目的在于束范洪水，使其顺利下泄。

远在四千多年以前，我国就已开始修筑堤防，来保护河流两岸的土地和村庄。目前以及将来相当长的时期内，堤防仍然是我国各江河平原河段防洪的主要措施之一。

一、堤防的分类及堤防断面

堤防依照它的作用不同可以分为遥堤、缕堤、格堤、越堤、月堤等，如图 3-1 所示。

遥堤离河槽较远，用以防御较大的洪水；缕堤距河槽较近，用以防御较小洪水，并起束水作用。遥堤一般断面较大，故也叫大堤；缕堤断面较小，且多由乡村群众主办，故又称为民埝或生产堤。连接遥堤和缕堤的横向堤防叫格堤，其作用是防止缕堤溃决时水流顺遥堤而下，使大片滩地被冲，同时对防护遥堤也起一定作用。越堤和月堤是从缕堤或遥堤引出的月牙形堤防。当河槽变动远离堤防时，则筑越堤争取耕地；当河槽变动逼近堤防，而河岸保护又有困难时，则筑月堤退守新线。

堤身多用土石料筑成，断面为两边具有一定坡度的梯形断面。为了增加边坡的稳定，有时在堤的一侧或两侧修建戗台。有的地方风浪较大，土堤易被冲刷破坏，常用石料或混凝土块修建护坡。在堤防靠河着溜处，往往需修建坝、垛和护岸工程来保护堤防的安全。在交通要道处，为了上下堤方便，还需修建辅道（又称马道）。堤的各部分名称如图 3-2 所示。

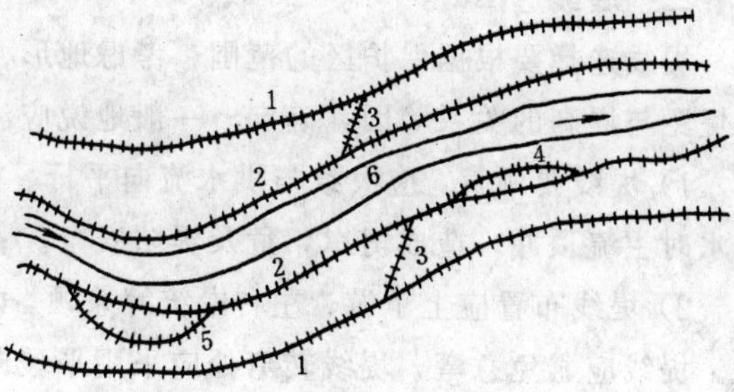

图 3-1 堤防布置示意图

1—遥堤；2—缕堤；3—格堤；4—越堤；5—月堤；6—河槽

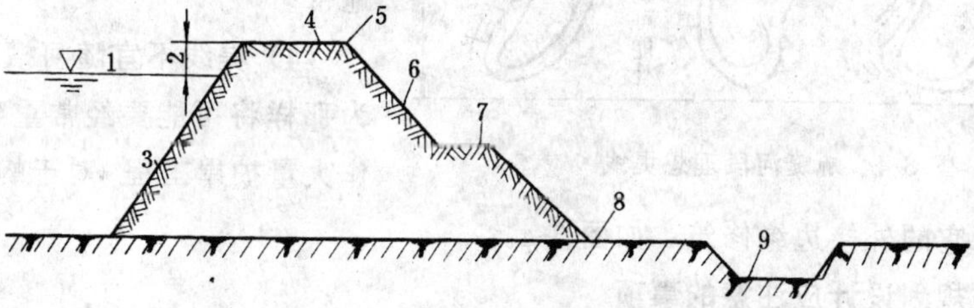

图 3-2 堤防断面名称

1—设计洪水位；2—超高；3—迎水坡；4—堤顶宽；5—堤肩；6—背水坡；7—戗台；8—堤脚；9—取土坑

堤顶宽度应由运用安全、防洪抢险及交通要求而定。在汛期，往往要利用堤顶进行运输及储备料物，堤顶必须有足够宽度。黄河大堤堤顶宽一般为 7～10m。

堤的边坡因土质不同而不同，一般沙性土较平缓。背水坡较迎水坡平缓，且背水坡的坡度往往采用分级变坡。图 3-3 为淮河淮北大堤的横断面图。

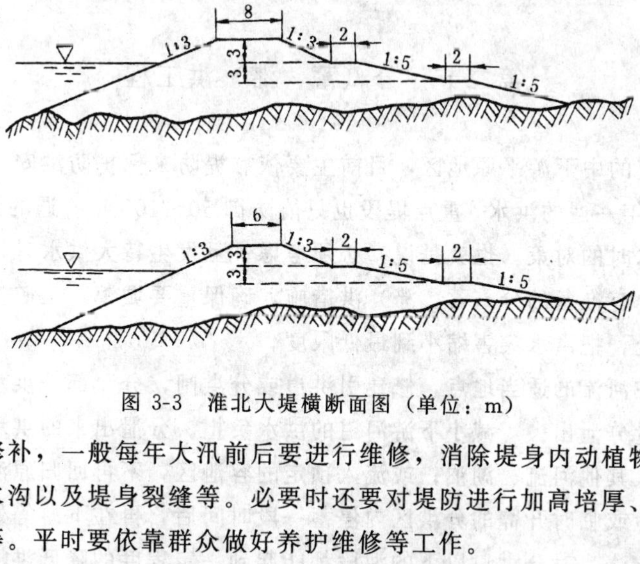

图 3-3 淮北大堤横断面图（单位：m）

堤防要每年修补，一般每年大汛前后要进行维修，消除堤身内动植物或人为造成的洞穴、雨水冲刷的水沟以及堤身裂缝等。必要时还要对堤防进行加高培厚、整修险工、补种草皮及防浪树木等。平时要依靠群众做好养护维修等工作。

二、堤线选择

堤线选择要根据保护区的范围，考虑地形、河势发展、洪水流势、堤基土质、造田以及堤距与堤高的关系等因素确定。一般地说应注意以下几点：

1）堤线要顺直，应大致与洪水流向平行。在河弯处，堤防不宜离凹岸河槽太近，以防洪水时主流顶冲，造成坍岸，危及堤防安全。

2）堤线布置应上下游、左右岸统筹兼顾。两岸间堤距应大致相等，不宜突然缩小或放大。堤线应避免急弯，堤线转弯处应采用平缓曲线相连接。

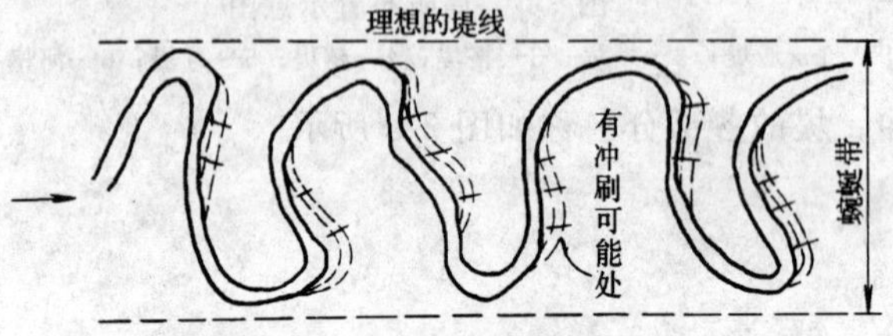

图 3-4　蜿蜒河段理想堤线

3）堤防应建在比较稳定的岸滩上，尽可能沿高地定线，以减小工程量，并尽量避免通过湖泊、沼泽或淤泥地带。

4）堤线不宜随河槽迂回曲折，因为那样将可能要经常重建堤防，或须作大量护岸工程。对于蜿蜒性河段，理想的堤线是沿它的外接边缘修筑，如图 3-4。

三、堤防规划设计应注意的事项

堤防规划设计的任务主要是：选择设计标准，推求修堤后河道的水面曲线，并据以选定堤距、堤高，进行堤防断面的设计。

修筑堤防必须注意它对自然环境的影响。如：

1）修筑堤防必然抬高河道水位，同样频率的洪水，上游将增加淹没。

2）修筑堤防切断了堤内土地、城镇的排水出路，要注意解决两岸的排涝问题。

3）万一堤防溃决，造成的损失比未修堤时更大，因此要注意安排出现超标准洪水时的对策，预防万一堤防溃决引起大面积的灾害。例如可考虑在长堤段后增建格堤，以减少淹没损失。

第二节　分（蓄、滞）洪工程

我国主要河流的中下游平原地区，目前主要依靠堤防来保护防洪安全。现有堤防一般只能防御 10～20 年一遇的洪水，重点堤段也只能防御 50～100 年一遇的洪水，因此必须考虑出现超标准洪水时的对策。也就是说，必须考虑一旦发生特大洪水时，如何给洪水找出路，采取有计划、有准备的分（蓄、滞）洪措施，确保重要城镇、工矿企业及江河沿岸广大地区的防洪安全，把洪水灾害缩小到最低限度。

分洪工程是在河流的适当地点，修建引洪道或分洪闸，分泄部分洪水，将超过河道安全泄量的洪峰流量分泄出去，减小下游河道的洪水负担。分泄出来的洪水可以通过分洪道直接入海；或流入其他河流、湖泊；或流入预定的容泄区，不再回归原河道；也可在河道附近的湖泊、洼地或临时开辟的分洪区内停蓄一段时间后，再在下游等处流入原河道。无论是哪一种分泄方法，对分洪口以下的河段都能起到一定程度的降低洪峰水位的作用。例如，长江上的荆江分洪工程和黄河上的东平湖分洪工程，都曾发挥过巨大的作用。图 3-5 是荆江分洪工程的示意图。

在分洪口可设置分洪闸，用闸门控制进洪；也可设置溢洪堰，当洪水超过下游安全泄量时自由溢流。此外，对于正常年景不启用，只在遭遇特大洪水的非常情况下才使用的分洪口，可采用临时扒口的方法。当然，这只是一种非常性措施，只在特殊情况下采用。

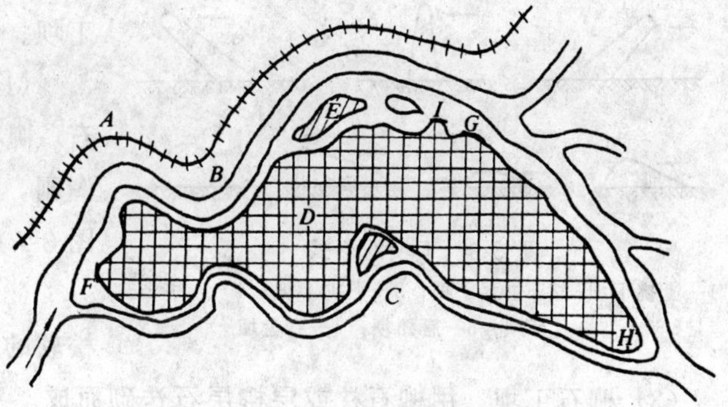

图 3-5 荆江分洪工程示意图
A—荆江大堤；B—荆江；C—虎渡河；D—分洪区；
E—安全区；F—进洪闸；G—泄洪闸；
H—节制闸；I—扒口吐洪

分洪闸一般情况下不开闸放水，保障分洪区的农业生产，也保存分洪区的蓄洪能力。只有当洪水涨到一定程度，下游河段有危险时，方开闸放水。河水下降后，再将所蓄洪水排入河内或其他承泄区。泄洪闸往往设在蓄洪区最低处，以便排水。为了尽量发挥蓄洪区的作用，要尽可能及时放空所蓄洪水，准备迎接下一次的较大洪水。

在蓄洪区内还需兴建灌排系统，以便在干旱时引水灌溉，在多雨时排除内涝积水。蓄洪区内的居民点应该设在较高地区或四周有强固围堤的安全区，也可在较大堤防或小块高地上设立安全台，便于居民临时避水。在蓄洪区内，可建筑临时生产棚供垦殖时居住。

较理想的蓄洪垦殖区应具备下列条件：

1）有可利用的湖泊、洼地，容积大，淹没损失小；周围高地多，既可减少堤防工程量，又易建立安全区。

2）作物生长季节能与洪水季节错开，如北方河流夏秋是汛期，冬春种小麦就可以错开，称为一水一麦。

3）位置应接近被保护区域，因为分洪的作用在分洪口附近最显著。

4）进洪、泄洪最好修建闸门，以利控制使用。

第三节 河道整治建筑物

河道整治所用的水工建筑物叫做河道整治建筑物，简称河工建筑物。河道整治建筑物按其型式和作用分为丁坝、顺坝；锁坝、护坡和导流屏等五类。

一、丁坝

丁坝是从河岸伸向河槽，坝轴线与水流方向正交或斜交的坝形建筑物。与河岸相接的一端习惯上叫做坝根，伸向河槽的另一端则叫坝头，中部叫做坝身。

丁坝的种类很多，按坝轴线与水流方向的交角分，有上挑丁坝、垂直丁坝和下挑丁坝 3 种；按坝身形式又可分为一般挑水坝、人字坝、月牙坝、雁翅坝、磨盘坝等。如图 3-6 所示。

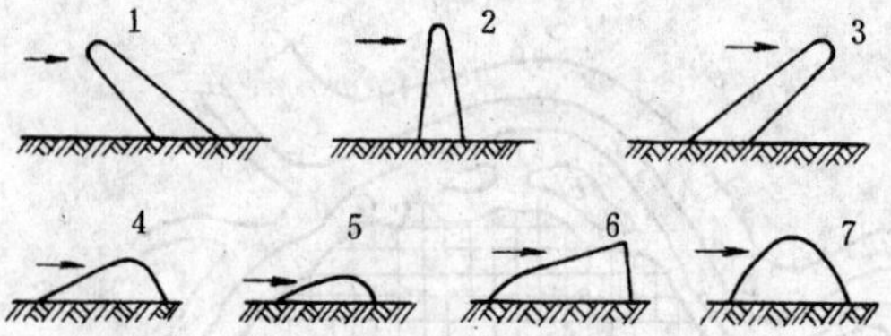

图 3-6 丁坝的形式

1—上挑丁坝；2—垂直丁坝；3—下挑丁坝；4—人字坝；5—月牙坝；6—雁翅坝；7—磨盘坝

按构筑材料的不同，丁坝又可分为：土丁坝、抛石丁坝和柳石丁坝。

(1) 土丁坝 用土料作坝身，外部用块石、柳石枕等耐冲材料围护起来。为了防止淘刷，可用沉排、柳石枕、抛石等护底，如图 3-7 所示。

(2) 抛石丁坝 用块石抛砌而成，在较松软的基础上，可用沉排作底。

(3) 柳石丁坝 用柳石枕或层柳层石迭砌而成。

丁坝是使用较广泛的一种河工建筑物，主要作用为：

1) 束狭河床。多用于航道整治工程中，束狭浅滩河床以加大航深。此时所有的丁坝一般为淹没于水下的上挑丁坝。此种丁坝可促成丁坝之间的淤积。丁坝长短视需要而定，既可作成不透水的，也可作成透水的。

2) 保护河岸。如果所保护的河岸是包括堤身在内的洪水河岸，应修建高于洪水位的下挑丁坝。此种丁坝的水流情况较好，丁坝的长短可视需要而定。

如果保护的是漫长的滩岸，可采用顶部与河漫滩齐平的、在洪水时淹没的垂直丁坝。此种丁坝的水流情况优于下挑丁坝，丁坝之间的河岸冲刷也不如淹没下挑丁坝严重。

无论束狭河床或保护河岸，往往需要联合使用若干个丁坝，坝与坝之间的距离一般约为坝身长度的 1.5 倍。

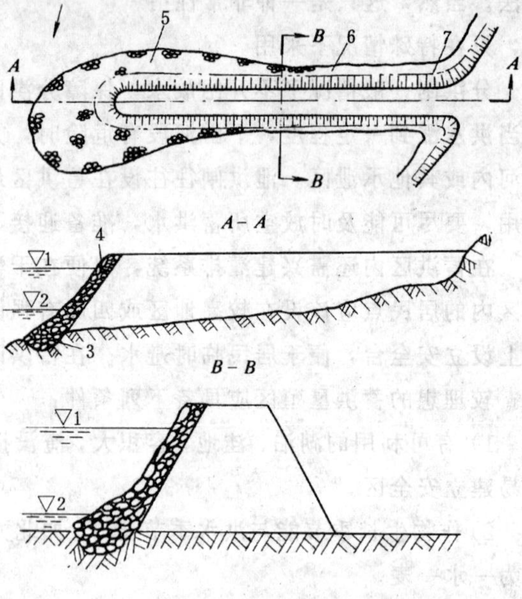

图 3-7 非淹没土丁坝

1—洪水位；2—枯水位；3—抛石护根；4—砌石护面；5—坝头；6—坝身；7—坝根

二、顺坝

顺坝是顺水流方向沿整治线修建的坝形建筑物，上游坝根与河岸相连，下游坝头与河岸之间留有缺口。顺坝一般用来束狭枯水河床，以增加航深，或引导水流流向所需要的方向，以改善水流情况。顺坝与丁坝不同，一般都是淹没在水中的，坝身比较长。顺坝的结构与丁坝基本相同，既可作成不透水的，也可作成透水的。顺坝与河岸之间往往用格堤相连，以便加速顺坝与河岸之间的淤积。如图 3-8 所示。

三、锁坝

锁坝是与两岸相接的坝形建筑物。锁坝一般用于堵塞汊道。锁坝既可是透水的也可是不透水的，构造与丁坝也基本类似。

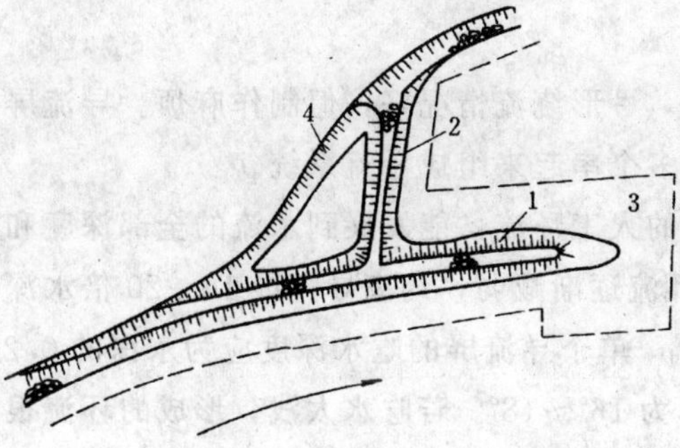

图 3-8　顺坝与格堤布置

1—顺坝；2—格堤；3—沉排；4—河岸

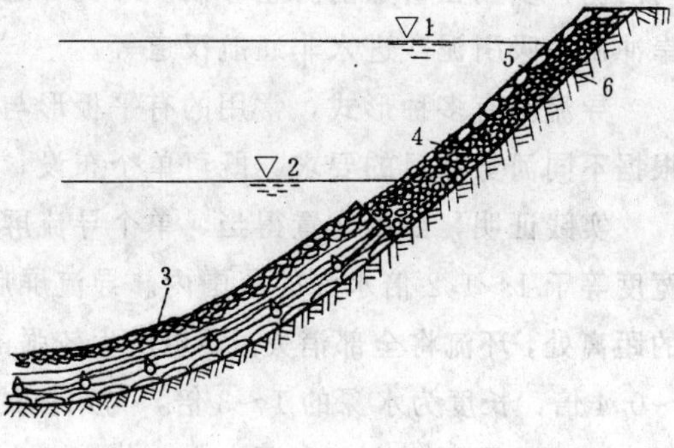

图 3-9　沉排护岸

1—洪水位；2—枯水位；3—沉排；4—抛石棱体；

5—砌石护面；6—碎石垫底

四、护坡与护底

护坡、护底是用抗冲能力强的材料覆盖在河岸边的护岸工程，它不改变水流的运动情况。既可单独使用，也可与丁坝、顺坝等结合使用，多用于保护河道的凹岸。

护坡与护底的材料与结构型式很多，一般水上部分多用干砌石，而水下部分多用抛石、沉排、柳石枕或石笼等来保护。在采用沉排或柳石枕时，水上水下之间多用抛石体来衔接。图 3-9 为沉排护岸示意图，图 3-10 为砌石护坡坝的断面示意图。

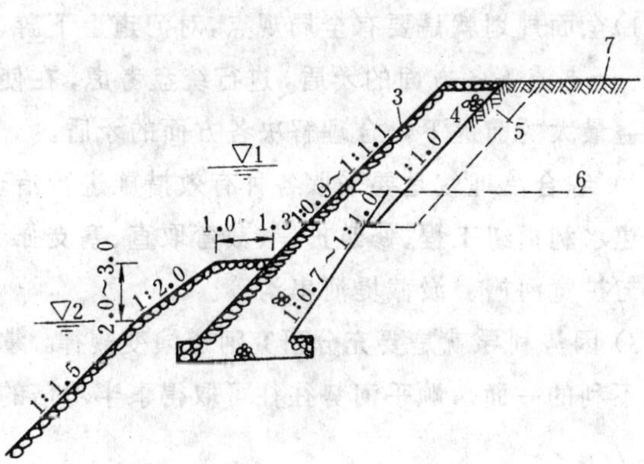

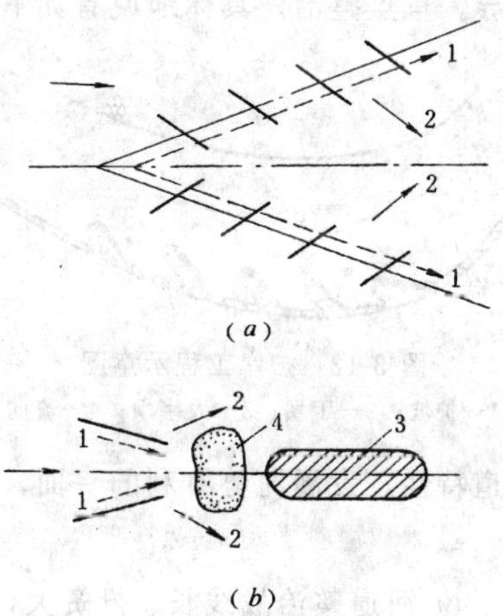

图 3-10　砌石护坡坝

1—洪水位；2—枯水位；3—砌石护面；4—腹石；

5—红土；6—原坝顶；7—新坝顶

图 3-11　导流屏平面布置

(*a*) 水面导流屏；(*b*) 河底导流屏

1—河底流向；2—水面流向；3—桥墩；4—淤积

五、导流屏

导流屏是一组漂浮在表层或沉没在底层的导流建筑物。它能改变水流的结构，形成人工环流，控制泥沙运动的方向，从而控制河床的冲淤变化。图 3-11 (*a*) 为一组飘浮在水中表层的导流屏，导流屏入水深度约为水深的 1/4～1/3。其作用为使表层清水趋向中央，而底层挟沙较多的水流分向两侧，可用以疏浚河道增加航深。图 3-11 (*b*) 为一组沉没水中底层的导流屏，其高度约为水深的 1/3～1/2，作用是使河底泥沙趋向中央，而表面清水则分向两侧，多用在桥墩前防止冲刷。导流屏还可用于防止泥沙进入渠道，疏浚浅滩，防止河岸冲刷，吸引泥沙进入非通航汊道等。

导流屏有多种形式，常用的有平板形与弓形，弓形绕流情况好，但制作麻烦。导流屏根据不同河势和目的要求，既可单个布设，也可多个串起来组成导流系统。

实践证明，如果布置得当，单个导流屏激起的人工环流，能发展到水流的全部深度和宽度等于1～1.2倍水深的范围内。导流屏后，环流逐渐减弱，约离导流屏10～20倍水深的距离处，环流将全部消失。要想产生较强的环流，单个导流屏的吃水深度应为水深的0.2～0.4倍，长度为水深的1～3倍，与水流的交角为16°～18°。若吃水太浅，形成的环流很弱，环流发展不到全部水深中去。若交角太大，形成的环流虽然较强，但衰减快；交角太小，形成的环流强度将显著降低。并且长度与交角也应保持一定的关系，一般说交角越大，长度宜相应小些。

第四节　河道整治的基本方法

河道整治首先要有规划，也就是说要在确定整治目标的前提下，考虑国民经济各部门的基本要求，制订出总体计划安排。通常河道整治规划，主要是为防洪和航运服务，有时须兼顾引水和滩地利用等要求。河道整治规划的基本原则是：全面规划，综合治理，因势利导，重点整治。具体地说有如下几点要求：

图 3-12　护岸工程示意图
1—护坡；2—丁坝；3—人字坝；4—流向

1)全面规划就是要有全局观点，对河道上下游、左右岸、干支流等各方面的矛盾，进行统盘考虑，在使整体利益最大的前提下，合理解决各方面的矛盾。

2) 综合治理就是要采取各种有效措施进行治理，如兴建水利枢纽工程、修筑护岸、裁弯取直、塞支强干、疏浚与扩宽河槽、淤截堤河串沟等。

3) 因势利导就是要充分研究河道演变规律，掌握河道特性，发展河势有利的一面，限制其不利的一面。顺乎河势往往可取得事半功倍的效果。

4) 河道整治战线长、投资大，难以在短期内全面奏效。因此实施时必须分清主次，按轻重缓急有重点地进行，选择控制性河段及关键性工程首先进行。

不同的整治目的，要求控制的河槽是不同的。例如防洪要求控制洪水河槽，而航运主要要求控制枯水河槽。河道整治时应根据整治目标，确定设计治导线、设计流量及相应水位，并应注意洪水河槽、中水河槽和枯水河槽三者之间相互关系和影响。

一、护岸工程

平原河段由于两岸多系砂质土壤，极易遭受水流冲刷，特别是河流弯道的凹岸水流顶冲的地方，冲刷最为强烈。河岸冲刷是河床演变的一个重要方面，因此研究河岸冲刷，不能局限于遭受冲刷的局部地区，必须考虑整个河道的演变趋势。在规划河岸冲刷的防护措施时，也不能局限于防护受冲刷的局部地区，应同时考虑附近河段的整治。

通常采用的护岸建筑物有护坡护底和丁坝等，其一般布置原则如下：

1）护岸工程应按河道整治线布设，所控制的长度必须大于河岸被冲刷的长度，防止主流顶冲位置变动时在上下游引起冲刷。

2）弯曲河道的凹岸和港口河岸，应尽可能用护坡建筑物保护，以免恶化水流形势而影响航行。

3）在河道宽阔、水流横向摆动大、变化剧烈的游荡性河段上，应该用较长的丁坝挑流，稳定河势，而用短丁坝及护坡保护河岸。

4）在河道狭窄、水流横向摆动不大的河段，则应以短丁坝及护坡护底工程保护河岸。在变化不激烈的河段上应以护坡护底为主保护河岸。

5）必要时可在受冲刷河岸的对岸，切边滩或开引河，来减轻被冲刷的程度。还可用植柳和沉树等方法来保护河岸不受冲刷。

二、浅滩的整治

平原河流多系泥沙淤积河床，靠河岸的地方往往有边滩，边滩与边滩之间连有砂埂，在砂埂处往往形成浅滩，妨碍船只航行，如图 3-13 所示。

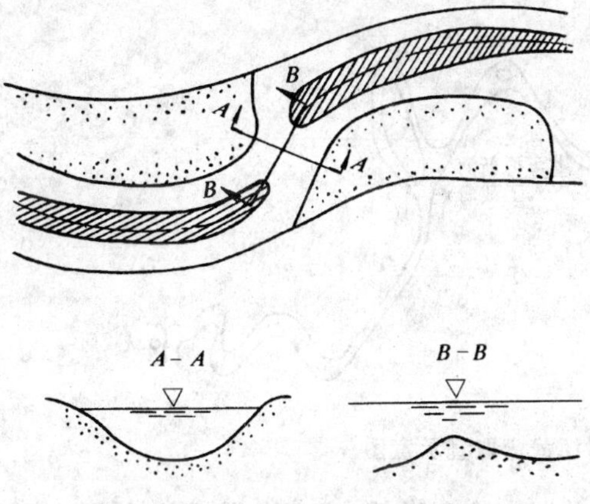

图 3-13　浅滩的一般形式

整治浅滩，主要是利用丁坝、顺坝等整治枯水河槽。根据河道的具体情况，护滩固槽，堵塞支沟，束窄河身，增加浅滩水流的冲刷能力，保持通航深度，如图 3-14 所示。

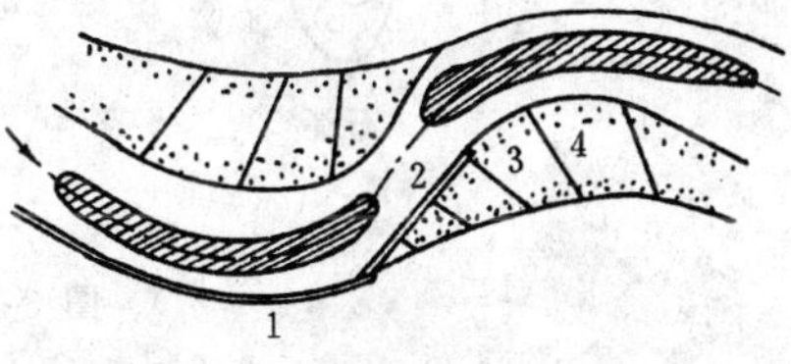

图 3-14　浅滩整治示意图

1—护坡；2—顺坝；3—格堤；4—丁坝

整治浅滩也可用疏浚的办法，用挖泥船在航道上把妨碍航行的泥沙挖掉。疏浚时关键在于选择挖槽，应使挖槽与河底流向基本一致，这样可以减少回淤。采用疏浚的办法改善航道，虽然费用省、见效快，但常常回淤，往往每年都要进行疏浚。

三、弯曲河道的整治

弯曲河道深泓线比较稳定，一般是有利于航运和取水的。但弯曲河道处在不断变化中，凹岸总是冲刷，凸岸总是淤积，这给防洪、取水和航运等带来不少问题，因此对弯道往往需要加以控制。有些弯道很不规则，水流紊乱，航行不便。还有些弯道蜿蜒曲折，既不利于航运，也妨碍洪水通过，这种弯道更需进行整治。

整治弯道的措施，可归纳为如下三类：

（1）控制平顺规则的河弯　用各种护岸工程加固凹岸，不使弯道继续发展而恶化。但需注意上下游河势的影响，应考虑上下河段的整治，不能局限于一个河弯的防护。

（2）修整不规则的河弯　根据平顺河弯的曲率半径，规划出整治线（新的岸线）。用丁坝、顺坝、格坝等控制河道循依新的平顺的岸线，如图 3-15 所示。

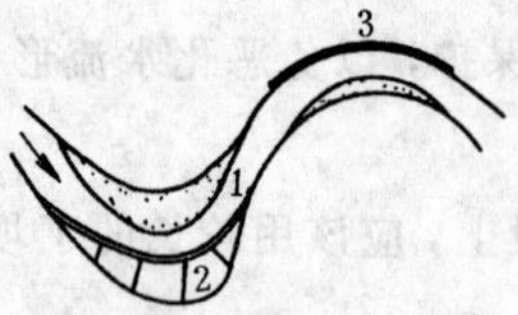

图 3-15　弯道修整示意图

1—顺坝；2—格坝；3—护坡

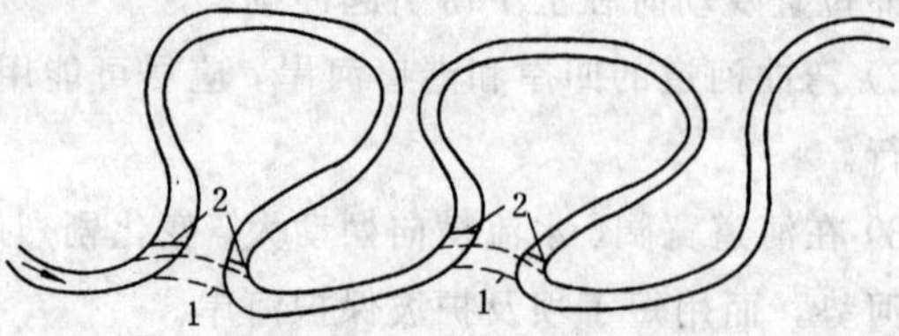

图 3-16　裁弯取直示意图

1—引河；2—锁坝

（3）裁弯取直　对过度弯曲的河道裁弯取直，如图 3-16 所示。新挖引河轴线最好成曲线形，首尾两端必须与上下游河道的深泓线平顺衔接，必要时进口处需筑导流坝。

裁弯取直可降低上游洪水位，减少航运里程，消灭急弯，保护城镇等。例如，我国长江荆江河段中洲子及上车湾两处裁弯，在当地防洪控制流量条件下，中洲子新河进口上游 42.6km 处降低洪水位 0.59m，如图 3-17 所示。

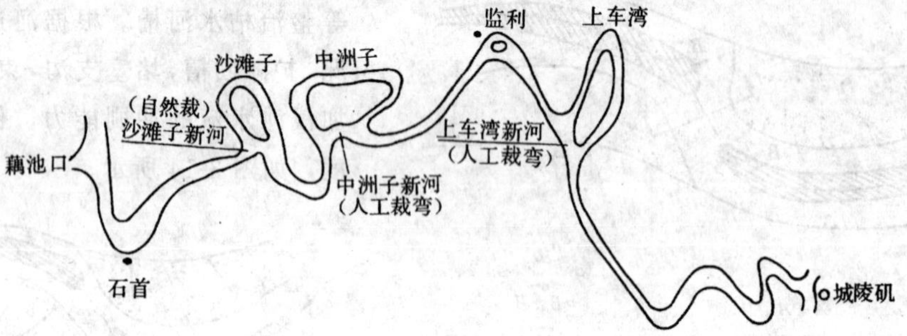

图 3-17　下荆江裁弯取直示意图

裁弯取直后，一般下游会产生淤积，而上游水位会降低，并且加快了洪水流动速度，可能使下游洪水位抬高。这些对防洪和航运等的可能不利影响，在设计时必须予以注意。

四、分汊河道的整治

分汊河道由于流量分散，往往水深较浅，不利于航运。并且汊道往往处在发展和湮没的变化过程中，也影响河岸的稳定。汊道整治必须根据国民经济各部门的要求，以及汊道的发展变化趋向，因地制宜采取适当措施，大致可分以下几种情况：

1）汊道情况基本良好，既满足航运要求，也满足防洪要求，但有逐渐恶化的倾向，这时应采取稳定汊道的措施。例如，用护坡或丁坝加固汊道的河岸，用箭坝固定江心洲的首部和尾部，如图 3-18 所示。

2）为了维持一条汊道的通航，避免淤积，可用塞支强干的办法，即用锁坝堵塞另一条汊道。锁坝的位置在首尾及中部均可，但放在汊道末端较好，因为这样可以加速汊道淤积，如图 3-19 所示。

3）当要求的通航汊道不能满足要求时，除在汊道中进行必要的疏浚外，应在汊道进口

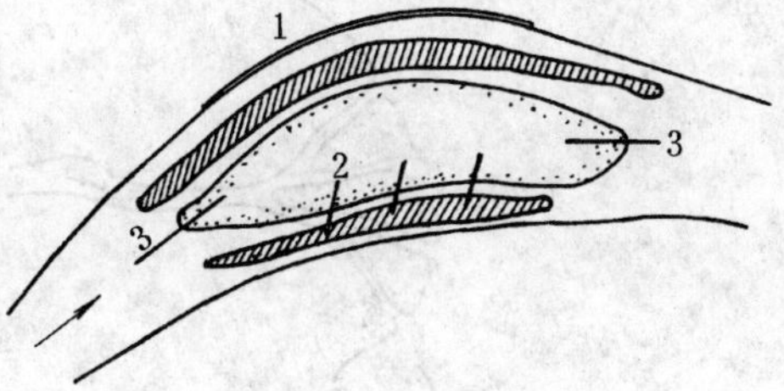

图 3-18　汊道整治示意图

1—护坡；2—丁坝；3—箭坝

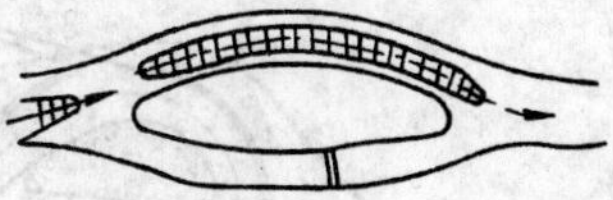

图 3-19　塞支强干示意图

处筑导流坝，以加大进入被治汊道的流量。为了使另一汊道在流量减小的情况下不被淤积，可修筑束狭工程。为了避免在江心洲尾部产生淤积环流，应在江心洲尾端修筑箭坝。箭坝末端处的水流方向应基本上与河岸平行。

五、游荡性河道的整治

游荡性河道河槽宽浅，水流散乱，主流摆动不定，河床变化迅速。游荡性河道是一种很坏的河道，对防洪、航运及引水等各个方面都十分不利，因而必须加以整治。

为防洪而进行的整治工程主要有：堤防工程防止洪水漫溢；护岸工程防止堤防被冲决口；控导护滩工程控制流势，保护滩地，防止冲刷坍塌，以致危及堤防安全。此外，滩面和浅滩治理也很重要。由于泥沙淤积，常常存在各种各样的浅滩和串沟，洪水期水流漫滩后，主流可能顺堤河串沟行洪，威胁防洪安全。因此对堤河串沟必须进行堵塞，必要时在洪水期利用高含砂水流进行放淤，使滩面串沟淤平，避免主溜靠堤，确保防洪安全。

整治河道的控导护滩工程，其基本布设原则如下：

1）用植树及其他措施，加固沿河滩地。

2）沿中水河槽设置护滩工程，限制水流漫溢，加大水流对主槽的冲刷能力。

3）随着河槽的冲刷，采取各种整治工程，使游荡性河段逐渐向弯曲性河段发展。

图 3-20 为游荡性河道的整治示意图。

六、河口整治

河流在入海口，由于流速减缓，泥沙沉积，河床不断抬高，河口不断延伸，往往形成河汊众多的扇形三角洲河口。而在海潮较强的地方，由于落潮时的冲刷作用，往往形成喇叭形河口。河口的基本形势如图 3-21 所示。

河口整治的目的主要是为了航运和防洪。就航运来说，由于水流扩散且受潮汐，海流、风浪的影响，往往多淤善变，水深不足。就防洪来说，河口严重淤积，河水宣泄不畅，加上海潮、风浪影响，水位上升往往很大，容易泛滥成灾。此外，河口滩地的围垦及渔业等往往也需要进行河口整治。

以防洪为目的的河口整治，主要是在河口两岸建筑有足够高度且坚固的堤防，并需要建筑坚固的护岸工程，以防止海潮和海浪的侵袭破坏作用，必要时应在平行岸线方向建筑防浪堤。为了使泥沙在岸边落淤，有时也在与岸线近乎垂直的方向修建丁坝。

以航运为目的的河口整治，主要是选择一条合适的通航汊道，进行必要的整治。选择

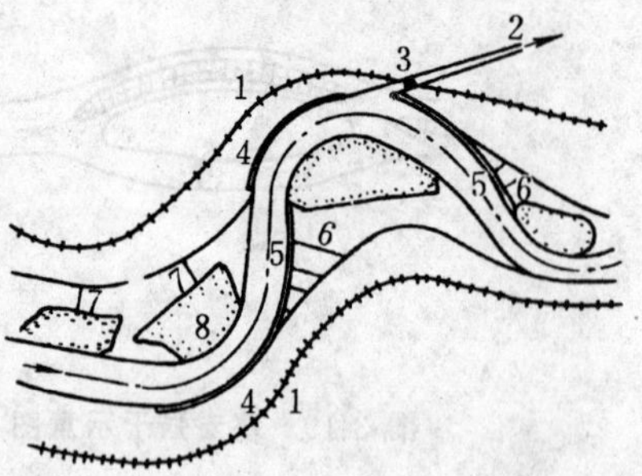

图 3-20　游荡性河道整治示意图

1—堤防；2—引水口；3—取水闸；4—护坡；5—顺坝；6—格坝；7—锁坝；8—江心滩

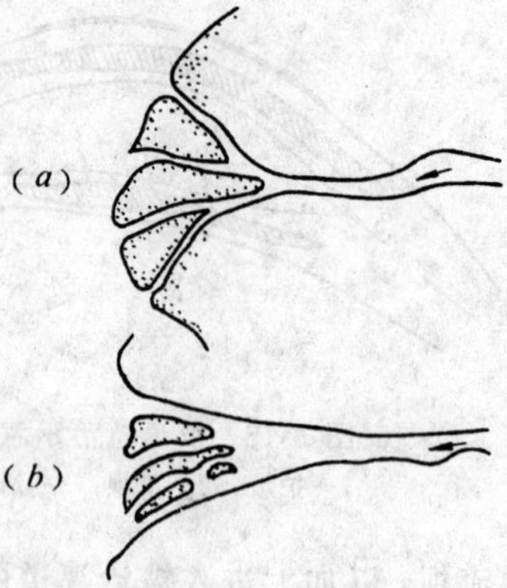

图 3-21　河口形势图

(a) 三角洲河口；(b) 喇叭形河口

的通航汊道应是河床稳定，口外海流较强，并流入深海滨的河汊。航道出口应选在地形陡峻、水深较大的海岸处。对通航河汊要整治其低水河槽，并降低河口拦门沙高程，以满足通航要求。整治低水河槽的办法与一般平原河道相同，即建筑一些低水丁坝，束狭低水水流。降低河口拦门沙高程的办法，通常是疏浚及修建导流堤。导流堤的作用是使水流沿着它流动，增大对泥沙的推移力，在拦门沙上冲出一条深水航道。导流堤有时兼有防浪或阻止漂沙的作用。导流堤的方向、位置、长度与高度等，与海流的流向、强力风向、泥沙运动的方向等因素有关，本书不予深入讨论。

第四章　农田水利工程

农田水利工程的基本任务是：调节农田水分状况，促进农业增产。灌溉和排水是农田水利的两项基本措施。

农田水分状况，不仅影响着农作物的水分供应，同时还影响着农田的养料、热、通气和土壤中微生物活动情况，以及田间小气候等植物外界环境。此外，对土壤的形成过程和发育，也有着重要的影响，也就是说，直接影响着土壤的肥力条件。

必须指出，调节农田水分状况的水利措施，必须和先进的农业技术措施相结合，使作物生长的各项要素及外界环境，均能符合丰产的要求，才能达到丰产的目的。

第一节　灌排制度与灌排流量计算

一、灌溉制度与排水制度

为了取得农作物丰收，必须进行适时适量的灌溉和排水。不同地区、不同作物、不同年份、不同的自然条件和栽培技术，所要求的灌溉制度和排水制度是不相同的。灌溉制度是指在一定的自然条件和耕作条件下，某种作物在整个生长过程中（包括播前），需要的灌水次数，每次灌水适宜的时间，以及每次灌水需要的水量。一次灌入农田单位面积的水量叫做灌水定额，作物全生育期（包括播前）各次灌水定额的总和称为灌溉定额。同样，排水制度的具体内容也有排水次数、排水时间、排水定额和排水总定额。排水定额是单位面积农田一次排出的水量。

灌溉制度随作物种类、品种、自然条件及农业技术措施和灌水技术不同而不同，必须根据当地的具体条件分析研究确定。通常采用总结群众丰产经验、灌溉试验资料和田间需水量计算等方法来确定，参见表 4-1、表 4-2。

表 4-1　河南冬小麦灌溉制度

典型年	灌水次序	生育期	灌水时间（月、旬）	灌水定额（m^3/亩）	灌溉定额（m^3/亩）
湿润年	1	越冬	12 月上	45～50	135～150
	2	拔节	4 月中	45～50	
	3	灌浆	5 月中	45～50	
一般年	1	越冬	12 月上	45～50	185～205
	2	返青	3 月上～3 月中	45～50	
	3	拔节	4 月中	50～55	
	4	抽穗	5 月中	45～50	
干旱年	1	越冬	12 月上	45～50	240～265
	2	返青	3 月上～3 月中	45～50	
	3	拔节	4 月中	50～55	
	4	抽穗	5 月上	45～50	
	5	灌浆	5 月中	55～60	

表 4-2　陕西（关中）夏玉米灌溉制度

典型年	灌水次序	生育期	灌水时间（月、旬）	灌水定额（m^3/亩）	灌溉定额（m^3/亩）
湿润年	1	播　前	6 月上	45～50	130～145
	2	拔节孕穗	7 月下	45～50	
	3	抽穗开花	8 月上	40～45	
一般年	1	播　前	6 月上	45～50	155～170
	2	拔节孕穗	7 月下	40～45	
	3	抽穗开花	8 月上	40～45	
	4	乳　熟	8 月中～8 月下	30	
干旱年	1	播　前	6 月上	45～50	185～200
	2	幼　苗	7 月上～7 月中	30	
	3	拔节孕穗	7 月下	40～45	
	4	抽穗开花	8 月上	40～45	
	5	乳　熟	8 月中～8 月下	30	

二、灌溉方法

常用的灌溉方法有以下几种。

(1) 畦灌　将农田用土埂分成许多小畦田，见图 4-1。一般畦长 30～50m，畦宽 2～4m，应取播种机宽的整数倍。畦田地面应平整，一般坡度 0.001～0.0025，以利水流均匀散漫，入畦单宽流量 3～6L/(s·m) 左右。畦灌管理较简便，多用于小麦、大麦、谷类等。畦灌的缺点是灌水过程中容易破坏土壤的团粒结构，干时表土易结成硬盖。

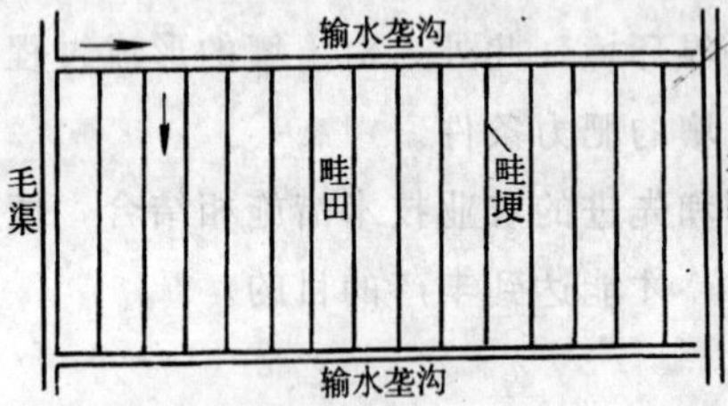

图 4-1　畦灌示意图

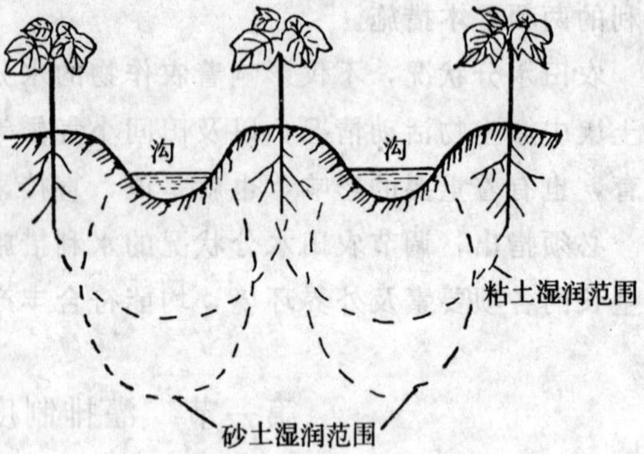

图 4-2　沟灌示意图

(2) 沟灌　在农作物行间开挖灌水沟，见图 4-2。灌水沟断面呈梯形，一般上口宽 20～40cm，深约 8～25cm，沟长 30～120m，坡度一般为 0.005～0.02 左右。沟的间距等于作物行距或行距的两倍。入沟流量一般 0.2～1.5L/s。沟灌适用于宽行距的中耕作物，如棉花、玉米和蔬菜等。沟灌不会破坏作物根部的土壤结构，可以使作物根部得到适宜的水分和通气条件。

(3) 淹灌　用土埂将农田隔成格田，平原地区每块格田一般约 1～5 亩，山区和丘陵区只能随地形变化划分成较小格田。格田淹灌水深一般为 20～30cm。格田表面应平整，其田面高差不得超过最小淹灌水深。此法多用于水稻灌溉和冲洗灌溉。

(4) 喷灌　利用有利地形傍山引水取得压力水头，或用水泵加压，压力水通过管道输送到田间，经喷头喷射到空中，散成细小水滴，像降雨一样进行喷洒灌溉，见图 4-3。喷灌对地形适应性强，润湿均匀，灌溉水有效利用系数高，但投资较大。

(5) 渗灌　利用地下渗水管道或下垫透水层把水引入田间耕作层下面，由毛细管作用自下而上湿润土壤。这种方法灌水质量好，蒸发损失少，少占耕地，便于机耕；但容易淤塞、检修困难、投资较大。

(6) 滴灌　用管道系统将水输送到每棵作物近旁，水由滴头滴在作物根部附近来润湿作物根系的土壤。这种方法非常省水，可使土壤湿度保持最优状态，但投资较高。

三、灌排流量的计算

田间灌水量或排水量常需将其换算成灌溉或排水的流量，换算的基本公式如下：

$$Q_{净} = \frac{Am}{t} \tag{4-1}$$

式中　$Q_{净}$——要求输水的净流量；

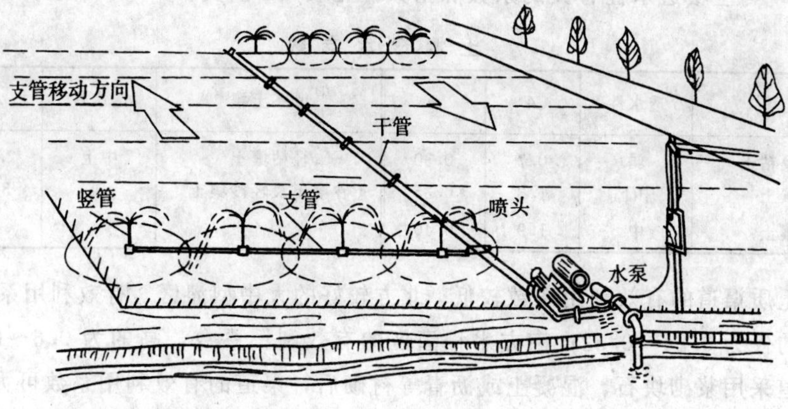

图 4-3　喷灌系统示意图

A——灌溉或排水的农田面积；

m——灌水定额或排水定额；

t——一次灌水或排水的延续时间。

当 A 为单位面积时，则

$$q_{净} = \frac{m}{t} \tag{4-2}$$

$q_{净}$为单位面积上的灌水流量或排水流量，分别称之为灌水率或排水率。

运用上述公式必须注意单位的一致。例如，当灌溉面积以亩计，灌水定额以 mm 计，灌水时间以 d（24h）计时，则

$$Q_{净} = \frac{666.7A \times \frac{m}{1000}}{86400t} \times 1000 = \frac{Am}{129.6t}\ \text{L/s}$$

灌溉渠道在输水过程中，会因渗漏和蒸发而产生输水损失，计入输水损失以后的输水流量称为毛流量。

$$Q_{毛} = Q_{净} + s = Q_{净} + \sigma l Q_{净} \tag{4-3}$$

式中　s——渠道的输水损失；

σ——每千米长渠道的输水损失，按净流量的百分率计；

l——渠道长度，km。

净流量与毛流量的比值称为灌溉水的有效利用系数。

$$\eta = Q_{净}/Q_{毛} = \frac{1}{1+\sigma l} \tag{4-4}$$

各渠道的有效利用系数是同一时间渠道流出的流量 $Q_{净}$ 与进入该渠的流量 $Q_{毛}$ 的比值。全渠系的有效利用系数是同一时间放入田间的流量 $Q_{净}$ 与渠首进入的流量 $Q_{毛}$ 的比值。

渠道的输水损失，与渠床土壤、水文地质条件、渠道工作制度、渠道流量、过水断面、地下水埋深等因素有关，一般应通过实测确定。无实测资料时也可按下式估算。

$$\sigma = AQ_{净}^{-m}\% = 0.01AQ_{净}^{-m} \tag{4-5}$$

式中　σ——每千米长渠道的输水损失，按净流量的百分率计；

$Q_{净}$——渠道的净流量，m^3/s；

A、m——与土壤透水性有关的系数和指数，见表 4-3 所列。

表 4-3　　土壤透水参数

渠系土壤	透水性	A	m	渠系土壤	透水性	A	m
重粘土及粘土	弱	0.7	0.30	轻粘壤土	中上	2.65	0.45
重粘壤土	中下	1.3	0.35	砂壤土及轻砂壤土	强	3.4	0.50
中粘壤土	中	1.9	0.40				

一般土质渠道的有效利用系数较低。北方较好的大中型灌区，有效利用系数为 0.55～0.65，差的仅为 0.24～0.32；南方水稻灌区的有效利用系数，高的为 0.6～0.8，低的约 0.35。渠道采用浆砌块石、混凝土或沥青等衬砌后，渠道的有效利用系数可大大提高。

第二节　灌排渠系的布置

一、灌排渠道系统

平原地区旱作农田一般的灌溉排水系统，布置形式如图 4-4 所示。

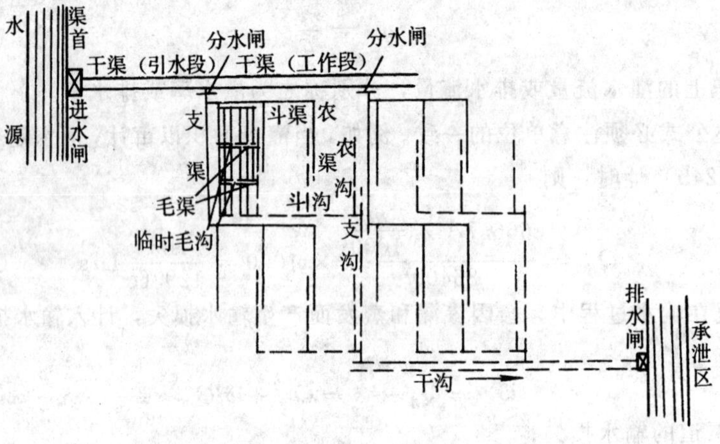

图 4-4　灌溉排水渠道系统示意图

灌溉渠道一般分为干渠、支渠、斗渠、农渠、毛渠五级。如果灌区范围很大，渠道级别可以加多，例如加总干渠、分干渠、分支渠等。若灌区很小，渠道也可以少于五级。在机耕的条件下，农渠以下的渠沟为临时性的田间调节网。由最末两级固定渠道所围成的田块，长约 600～1200m，宽约 200～400m，是农田耕作灌水的基本单位，称为机耕灌水方或条田。在尚未实行机耕的地区，毛渠仍作为固定的田间渠道。灌溉渠道应布置在较高的位置，以使渠内水面高于所灌溉的土地。

排水部分一般由干、支、斗、农四级沟道所组成，应布置在较低位置，要求沟内水面低于田面。必要时，沟内水面应满足降低地下水位的要求。

二、渠系的布置

渠系布置应根据当地的地形、地质、居民区、交通线路及原有各种工程设施的情况，以及山、水、田、林、路统一规划的原则，分析对比选用最优方案进行布置。一般地说，应尽量考虑以下各点：

1）灌溉渠道应尽可能布置在灌区的较高地带，以争取较多的自流灌溉面积。排水沟道尽可能布置在灌区的最低地带，以争取最大的排水效果。

2）渠线要尽可能短、直、平顺，少占地、少拆迁，土方量要小，建筑物要少，工程费用要省。

3）渠线要尽可能避开难工险段，诸如高地、深沟、滑坡地带、强透水地带，以及岩石破碎地带等。

4）灌、排系统要同时统一布置，避免互相干扰。尽量不要打乱原有排水系统，同时要尽可能地利用原有工程设施。

5）注意与行政区划相结合，尽量使各用水单位有独立的引水口。并应考虑机耕、土地规划和用水管理的方便。

6）适当考虑综合利用，尽量做到一水多用。要考虑当地居民和企业的用水和排水要求。

7）要考虑远景规划的要求，尽可能将近期计划和远景规划相结合。

8）为适应地形变化，渠道需要采用弯道时，弯道半径不宜小于5倍的水面宽度，否则应采取防冲措施。衬砌渠道的弯道半径以不小于2.5倍水面宽度为宜。

三、配水方式

渠道配水方式有两种：①轮灌，即上一级渠道向下一级渠道，分组轮流供水；②续灌，即上一级渠道向所有下一级渠道同时供水。轮灌渠道水量集中，输水时间短，水量损失少，便于和农业措施相结合；缺点是渠道过水能力要加大，增加了渠道工程量。续灌则相反。

配水方式应根据灌区实际情况，因地制宜地选定。一般情况下，大中型灌区的干、支渠多采用续灌，斗、农渠多采用轮灌。轮灌组的划分，应尽量做到面积集中且基本相等，以便配水，使各单位受益均衡，便于调配劳力。

四、渠道的设计流量

渠道的设计流量是渠道需要通过的最大流量。小型灌区，在不具备灌溉模数图表时，可通过调查了解典型年（干旱年或中等干旱年）用水高峰时一次最大灌水定额和相应灌水延续时间，以及渠系水有效利用系数，用下面的公式推算渠道的设计流量。

（1）续灌渠道流量推算　可按下式计算：

$$Q=\frac{\alpha mA}{3600Tt\eta}\ \mathrm{m^3/s} \tag{4-6}$$

式中　α——主要作物种植比数（占控制灌溉面积的比数）；

m——作为需水量紧张时期的一次灌水定额，m^3/亩；

A——该渠道控制的灌溉面积，亩；

T——该次灌水的延续时间，d；

t——每天灌水时间，一般自流灌区用24h，提水灌区用20～22h；

η——渠系水有效利用系数，可据相似灌区经验确定。

（2）轮灌渠道流量推算　若某渠与其同级的渠道被划分为N个轮灌组，则该渠道的设

计流量为

$$Q=\frac{\alpha mAN}{3600Tt\eta} \tag{4-7}$$

式中 N 为与该渠道同级的各渠道轮灌组数，其它符号的意义同前。

五、渠道水位衔接的推算

为满足自流灌溉的要求，渠道水位应从灌溉田面开始，由下级渠道逐级向上级渠道推算。一般按下式进行水位推算：

$$H_x=A_0+h_0+\sum Li+\sum\Delta h \tag{4-8}$$

式中 H_x——某渠道对上一级渠道要求的水位，m；

A_0——起点（参考点）田面高程（m），参考点通常选在离渠首最远、地面又较高的地方，但当沿渠地面坡度较水面比降大时，参考点应选在渠首附近；

h_0——参考点要求的灌水深，一般取 0.10m；

L——各级渠道长度，m；

i——各级渠道纵坡；

Δh——通过建筑物的水头损失，可参考表 4-4 选用。

表 4-4 渠道建筑物水头损失最小数值（m）

渠别	干	支	斗	农	毛	渠别	干	支	斗	农	毛
进水闸	0.1～0.2	0.05～0.1	0.05～0.10	0.05	0.05	渡槽		0.10～0.15			
节制闸	0.05～0.1	0.05～0.1				倒虹吸		0.2～0.5			

第三节 渠道断面设计

一、渠道设计应满足的条件

（一）渠道不冲、不淤，或者冲淤平衡

渠道中的流速必须小于渠道土壤的允许不冲流速，大于允许的不淤流速。多泥沙河流引水灌溉渠道应力求做到冲淤平衡。

(1) 渠道的临界不冲流速　它决定于下列因素：①渠道土壤的性质；②渠道的流量、过水断面尺寸及其水力要素，水深、水力半径和渠床糙率等；③水中含沙量及其性质；④渠道的弯曲及平整情况等。

当水力半径 $R=1.0$m，水中含沙量小于 0.1kg/m³ 时，允许不冲流速可参考表 4-5 选定。

表 4-5 粘性土质的不冲流速（m/s）

土　质	轻壤土	中壤土	重壤土	粘　土
干容重为 1.3～1.7t/m³	0.60～0.80	0.65～0.85	0.70～1.00	0.75～0.95

注　当 $R\neq1.0$m 时，表中所列数值乘以 R^a。指数 a 值依据下列情况采用：①各种大小的砂、砾石和卵石及疏松的砂壤土、粘土 $a=\frac{1}{3}\sim\frac{1}{4}$；②中等密实的和密实的砂壤土、壤土及粘土 $a=\frac{1}{4}\sim\frac{1}{5}$。

黄土地区浑水渠道的不冲流速可按西北水利科学研究所的经验公式估算：

$$v_{不冲} = cR^{0.4} \tag{4-9}$$

式中 c——系数，根据渠床土壤而定，对于粉质壤土 $c=0.96$；砂壤土 $c=0.86$。

(2) 渠道的临界不淤流速　引作灌溉的水中若含有较多的泥沙，在渠首应采取必要的措施，使推移质及较大的悬移质泥沙（$d>0.10\sim0.15$mm）不要进入渠系。已经进入渠系的细粒泥沙，则应全部带到田间。如果这些泥沙沉积在渠道中，就会使渠道的输水能力减小，增加清淤困难。

浑水渠道的不淤流速应根据渠道水流的挟沙能力确定。渠道水流的挟沙能力与流速、水力半径、泥沙粒径及沉速等有关，一般可根据各地区经验公式进行计算。

黄委会水科所根据河南省人民胜利渠的条件和资料（含沙量为 1.32～83.8kg/m³，悬移质泥沙加权平均沉降速度为 0.0085～0.32m/s)，求得简化的不淤流速公式如下：

$$v = cQ^{0.5} \tag{4-10}$$

式中 c——系数，当 $Q>10\text{m}^3/\text{s}$ 时，$c=0.2$；$Q<5\text{m}^3/\text{s}$ 时，$c=0.4$；当 $Q=5\sim10\text{m}^3/\text{s}$ 时，c 值随宽深比（b/h）而定，若 $b/h>20$，则 $c=0.2$；$b/h<20$，则 $c=0.4$。

为了防止滋生杂草，渠沟的设计流速一般应不小于 0.3～0.4m/s。

(二) 渠道应有稳定的渠床

为了使渠道稳定，不仅要保证渠道全线各断面上不发生冲刷和淤积，同时还要保证渠道在平面上的稳定，使其不发生左右摇摆，即局部地冲刷渠床两岸。

随着渠中水深 h 的增加，临界不淤流速将不断加大（逐渐接近不冲流速）。如果水深过大，则很容易发生冲刷。因此，为了在流量加大时保持渠道不冲不淤的稳定流速，应当较多地增加渠底宽度，即当流量愈大时，a（b/h）值应愈大。

不冲不淤的渠道一般具有宽而浅的断面，通过的流量愈大，宽深比值亦愈大。渠道的宽深比 a 值可如下取用：

$Q<1.0\text{m}^3/\text{s}$ 时，$a=1\sim2$；

$Q=1\sim3\text{m}^3/\text{s}$ 时，$a=1\sim3$；

$Q=3\sim5\text{m}^3/\text{s}$ 时，$a=2\sim6$。

在大型渠道中，为使主流不向左右摆动及发生局部冲刷和淤积，应使 $a\leqslant12$。

许多学者提出了满足不冲不淤稳定条件，或冲淤平衡条件的渠道断面的设计方法，读者可参阅有关文献。

渠道设计，除应满足以上条件外，还应满足下述条件：①有足够的输水能力；②渗漏损失小；③施工、管理、运用方便；④工程造价小；⑤满足综合利用对渠道结构的要求。

二、渠道的水力计算

灌溉和排水渠道通常按明渠等速流进行水力计算：

$$Q = \omega c\sqrt{Ri} \tag{4-11}$$

式中 Q——渠道流量，m³/s；

ω——渠道过水断面积，m²；

i——渠道纵坡；

R——水力半径，m；

c——谢才系数，可按满宁公式计算：

$$c=\frac{1}{n}R^{1/6} \tag{4-12}$$

式中 n——渠床糙率，按表 4-6 采用。

表 4-6 渠床糙率 n 值

流量范围（m/s）	土质渠床特征	糙率 n 灌溉渠道	糙率 n 泄水渠道
$Q>25$	平整顺直，养护良好	0.020	0.0225
	平整顺直，养护一般	0.0225	0.025
	渠床多石，杂草丛生，养护较差	0.025	0.0275
$Q=25\sim1$	平整顺直，养护良好	0.0225	0.025
	平整顺直，养护一般	0.025	0.0275
	渠床多石，杂草丛生，养护较差	0.0275	0.030
$Q<1$	渠床弯曲，养护一般	0.025	0.0275
	支渠以下的固定渠道	0.0275	
	渠床多石，杂草丛生，养护较差	0.030	

三、渠道的纵坡

在进行渠道水力计算、设计渠道的纵横断面时，正确地选定各级渠道的纵坡是一个极为重要的问题。影响渠道纵坡的因素很多，如灌区的地形条件、渠线所经地区的地质和土壤条件、渠中水流泥沙含量以及地面坡度等。

据渠道一般设计经验，在地面坡度较大、含沙量较多时，干渠可以采用较大的纵坡。如陕西省泾惠、洛惠、渭惠各灌区的干渠纵坡都在 1/2000～1/2500 左右，这样可使渠道不发生淤积。但自水库引水灌溉时，为避免冲刷，干渠的纵坡不宜过陡，一般可采用 1/3000～1/5000。在地势平坦的灌区，干渠的纵坡可以采用较小的数值，约 1/5000～1/8000。沿海平原地区干渠纵坡约 1/10000～1/15000。

干渠上下段随着输水流量的减少，干渠纵坡可以分段设计，一般使各段纵坡逐渐加大，以避免渠道的淤积。

支渠以下各级渠道的纵坡，往往更须结合灌区的地面坡度，同时由于渠道的流量逐级减小，所以纵坡也应逐级增大。除地形过于平坦的地区外，一般选用的范围为：

支渠　　1/1000～1/3000

斗、农渠　　1/200～1/1000

四、渠道的横断面

土质渠道的横断面型式，一般有挖方渠道、填方渠道和半挖半填渠道 3 种，分述如下。

(1) 挖方渠道　其典型断面形式如图 4-5。

土渠断面必须保持边坡稳定，防止坍塌。稳定边坡系数取决于土壤条件、水文地质条件、护面结构、渠中水深以及填挖方的高度等。

挖方渠道渠岸以下的最小边坡系数，可采用表 4-7 中所列数值。

深挖方渠道渠岸以上部分边坡系数，一般地要有充分论证，也可参考表 4-8 拟定，必要时根据具体情况进行稳定计算决定。

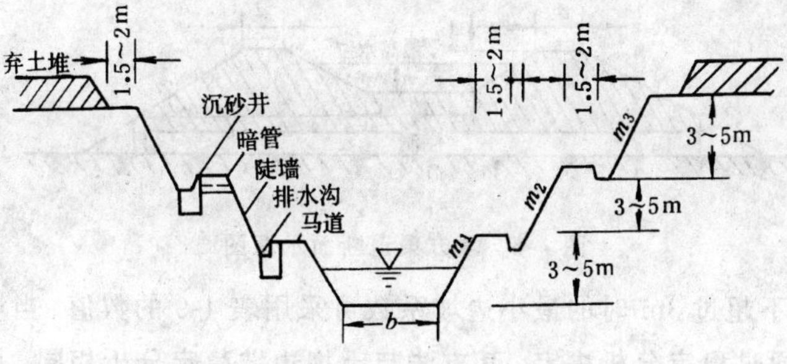

图 4-5 挖方渠道断面图

表 4-7 挖方渠道的边坡系数

土质	灌溉渠道			退水渠道
	水深＜1m	水深 1～2m	水深 2～3m	
稍胶结的卵石	1.00	1.00	1.00	1.00
夹砂的卵石和砂石	1.25	1.50	1.50	1.00
粘土、重壤土、中壤土	1.00	1.25	1.50	1.00
轻壤土	1.00	1.25	1.50	1.25
砂壤土	1.50	1.50	1.75	1.50
砂土	1.75	2.00	2.25	1.75

表 4-8 渠岸以上容许边坡系数

土的类型	密实度或土状态	边坡高度	
		＜5m	5～10m
粘土重粘土	坚硬	1∶0.35～1∶0.50	1∶0.5～1∶0.75
	硬塑	1∶0.50～1∶0.75	1∶0.75～1∶1.00
一般粘性土	坚硬	1∶0.75～1∶1.00	1∶1.00～1∶1.25
	硬塑	1∶1.00～1∶1.25	1∶1.25～1∶1.50
次生黄土	锹挖容易	1∶0.5～1∶0.75	1∶0.75～1∶1.00
马蓝黄土	锹挖较难	1∶0.3～1∶0.5	1∶0.5～1∶0.75
离石黄土	镐挖	1∶0.2～1∶0.3	1∶0.3～1∶0.5
干城黄土	镐挖困难	1∶0.1～1∶0.2	1∶0.2～1∶0.3
碎石土	胶结的		1∶0.3
	密实的		1∶0.5
	中等密实的		1∶0.75～1∶1.10
	松散的		1∶1.25

当渠道的挖方深度超过 5m 时，每隔 3～5m 应修一平台，平台宽 1～2m。当渠道挖方深度超过 10～12m 以上时，不仅修筑费工，保持边坡的稳定也较困难。因此，应考虑修建涵洞来替代明槽。但在黄土高原地区挖方深度可允许达 20～25m。

(2) 填方渠道 填方渠道的断面形式如图 4-6。

填方渠道应尽可能采用透水性小的壤土填筑，并夯压密实。为了预防填方渠道沉陷，施工时须预留沉陷值 10%左右。

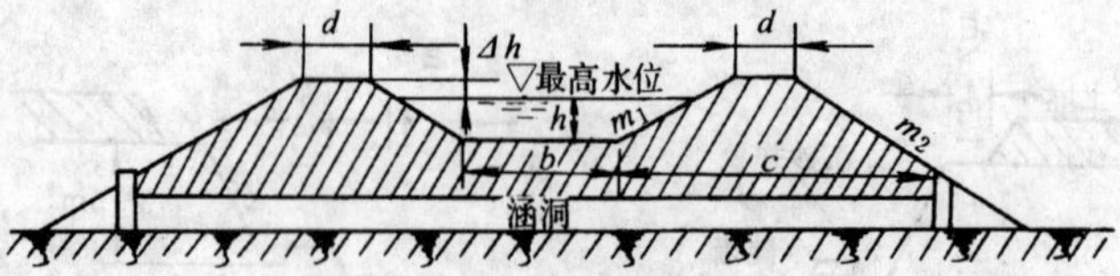

图 4-6 填方渠道断面示意图

填方渠道堤高不超过 3m 时的最小边坡系数可采用表 4-9 的数值。当填方高度在 3m 以上时，渠道边坡应通过稳定分析决定，其方法与土坝边坡稳定分析相同。填方高度大于 5～10m 时，每增 5m 应加戗台一道，宽度不应小于 0.5m。

渠堤超高一般为 0.3～1.0m，见表 4-10。

表 4-9　填方渠道的边坡系数

土质	渠道流量 (m^3/s)							
	$Q>10$		$Q=10\sim2$		$Q=2\sim0.5$		$Q<0.5$	
	内边坡	外边坡	内边坡	外边坡	内边坡	外边坡	内边坡	外边坡
粘土、重壤土、中壤土	1.25	1.00	1.00	1.00	1.00	0.75	1.00	0.75
轻壤土	1.50	1.25	1.25	1.00	1.25	1.00	1.00	1.00
砂壤土	1.75	1.50	1.50	1.25	1.50	1.25	1.25	1.00
砂土	2.25	2.00	2.00	1.75	1.75	1.50	1.50	1.25

表 4-10　渠堤超高 (m)

流量 (m^3/s)	>50	50～30	30～10	10～1	<1.0
超高 (m)	须另加波浪超高	0.6	0.5	0.4	0.2～0.3

渠堤堤顶宽一般为 1～3m，但当 $Q<0.5m^3/s$ 时，可用 0.5～0.8m。若结合道路布置，应按道路等级确定。

(3) 填挖方渠道　半挖半填渠道断面形式如图 4-7。

填挖方渠道，最好使断面上的挖方与填方相等，挖方数比填方数略大更好，这样可节省工程量。

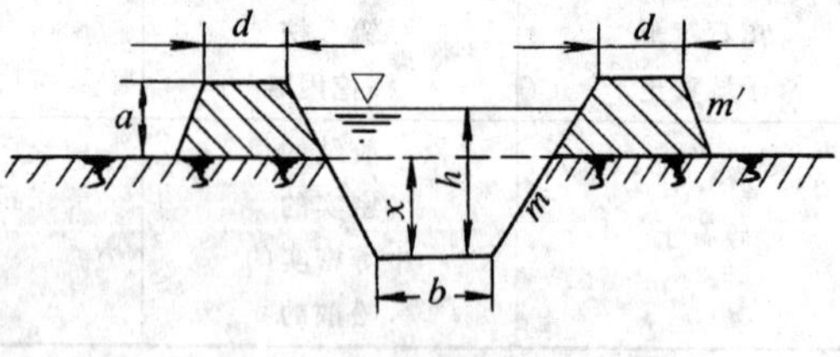

图 4-7　填挖方渠道示意图

五、渠道的纵断面

渠道纵断面设计，包括沿渠地面高程线、渠道正常高水位线、渠道最低水位线、渠底高程线、堤顶高程线以及渠道的纵坡等，如图 4-8。渠道的纵断面设计必须和横断面设计结合进行。

如果沿渠有各种渠道建筑物，则必须估算水流通过这些建筑物的水头损失，并在图上标定建筑物的位置。建筑物的类型在图上用统一图例标示，图例见图 4-9。

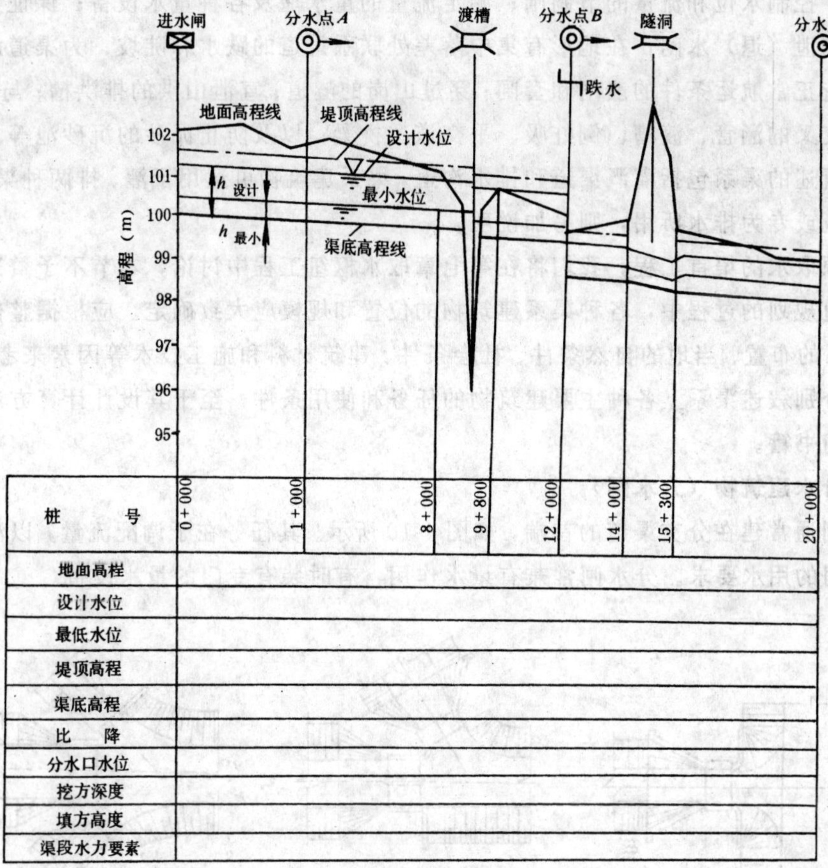

图 4-8　渠道纵断面示意图

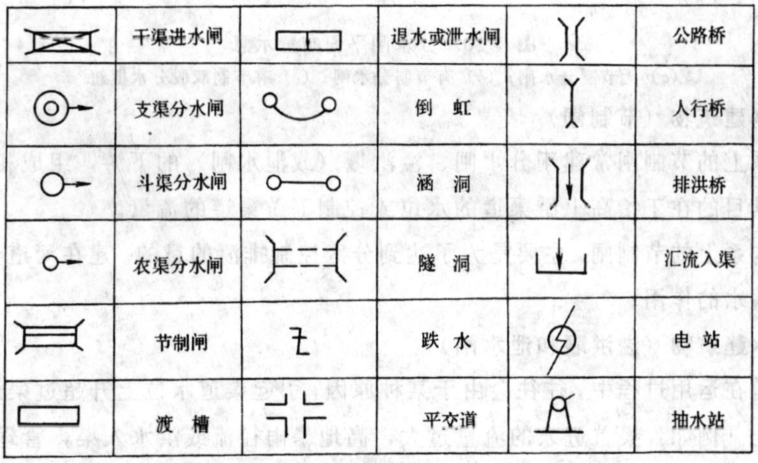

图 4-9　渠系建筑物图例

第四节　渠 系 建 筑 物

渠道上的建筑物统称渠系建筑物。渠系建筑物的种类很多，例如：调配流量的进水闸和分水闸；控制水位和流量的节制闸；测定流量的量水堰及各种量水设备；保证渠道安全的溢流堰和泄（退）水闸；在地形有集中落差处联系渠道的跌水和陡坡；为渠道水位局部变化处创造正常航运条件的船闸和套闸；穿过山岗的隧道；宣泄山洪的排洪槽；与道路、溪流、谷地交叉的涵管、渡槽、倒虹吸、平交道、桥梁；以及防止泥沙的沉砂池等。

本节所述的渠系包括灌溉渠道和排水沟道，渠系建筑物可适用于灌、排两种渠道情况，如专为灌溉或专为排水所用，则另加说明。

自水源取水的渠首工程，我们将在第七章取水枢纽工程中讨论，本节不予赘述。

在渠道规划的过程中，各种渠系建筑物的位置和规模应大致确定。应根据整体规划的要求、渠系的布置、当地的自然条件、社会条件、建筑材料和施工技术等因素来考虑决定。

下面分别叙述渠系上各种主要建筑物的任务和使用条件，至于其设计计算方法则请参阅有关专门书籍。

一、分水建筑物（分水闸）

分水闸通常建在分支渠道的首端，如图 4-10 所示。其任务在于调配流量，以满足灌溉或其他部门的用水要求。分水闸常兼有量水作用，有时装有专门的量水设备。

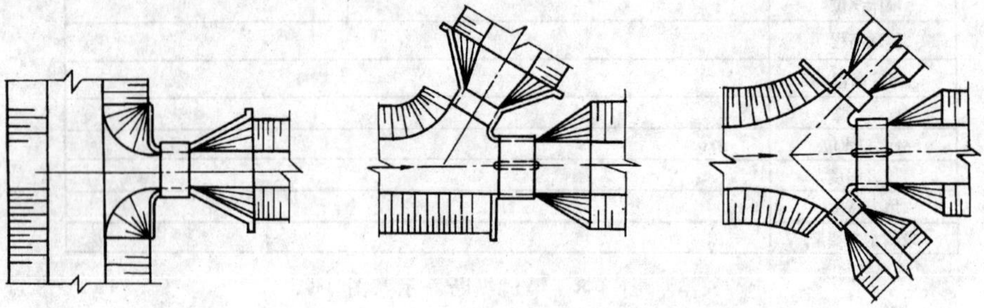

(*a*) (*b*) (*c*)

图 4-10 分水闸平面布置示意

(*a*) 无节制分水闸；(*b*) 有节制分水闸；(*c*) 有节制双股分水枢纽

二、节制建筑物（节制闸）

灌溉渠系上的节制闸常建于分水闸、溢洪堰（或泄水闸）的下游，组成相互结合的建筑物枢纽。其目的在于抬高上游渠道的水位或控制下游渠道的流量。

在排水沟系上的节制闸，主要是为了达到分区控制排渍的目的。建在河道上的节制闸，往往还要起蓄水的作用。

三、泄水建筑物（溢洪堰和泄水闸）

灌溉渠道在运用过程中，往往会由于某种原因，引起渠道水位上升超过渠道安全水位，影响渠道安全。例如：渠首进入的流量过大，高地暴雨径流或洪水入渠，管理调节不当以及渠道被阻塞等。为了保证渠道安全，防止决溢，须在渠道上修建泄水建筑物。

泄水建筑物通常修建在渠道上的关键性地方，例如：①干渠渠首闸的下游或干渠引水段的末端；②特别危险渠段的上游（地质情况欠佳的旁山渠段或高填方渠段）；③重要建筑的前面（如渡槽及倒虹吸等）；④配水渠的分水枢纽上游；⑤可能有大量雨水流入的渠段的下游等。

泄水建筑物大体上有如下两种型式：一种是旁侧溢流堰，如图 4-11 所示，当渠道水位高于溢流堰顶时，多余水量自动泄入退水道；另一种是渠道旁侧的泄水闸，由人工控制必要时将水泄入退水道，如图 4-12 所示。

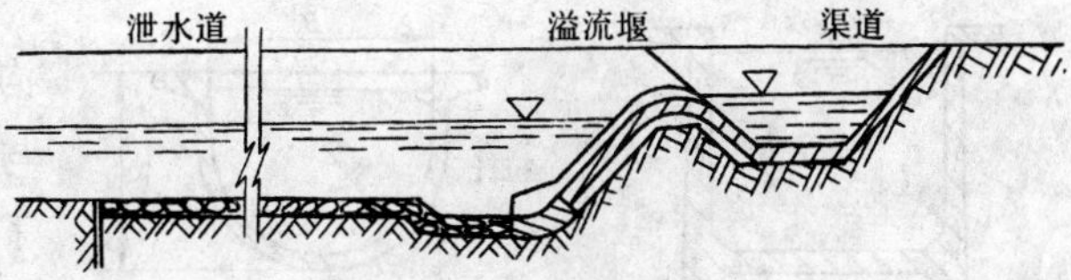

图 4-11 旁侧溢流堰

图 4-12 旁侧泄水闸

四、交叉建筑物

当渠道穿越山岗、河流、山谷、道路、低洼地带，或与其他渠道交叉时，必须修建交叉建筑物。常用的交叉建筑物有：隧洞、渡槽、倒虹吸、涵洞、桥梁、排洪槽和平交道等。

(1) 隧洞 隧洞是渠道穿越山岗的建筑物。渠道隧洞多为无压隧洞，断面形状多是上圆下方的门拱形。山岩较好时洞顶多不衬砌，个别地段可用喷锚支护。为了水流平顺，减小糙率，一般过水部分多用浆砌石衬砌。

(2) 渡槽 渡槽又名过水桥。它是渠道跨越河流、山谷、洼地、道路或其他渠道的高架输水建筑物。渡槽的结构与桥梁基本相似，由上部槽身与下部支承两部分组成。下部支承可以是墩台、排架或拱形结构。图 4-13 是一梁式渡槽的纵剖面图，上部槽身断面多为矩形（图 4-14）或 U 型（图 4-15），多用浆砌石或钢筋混凝土建造。

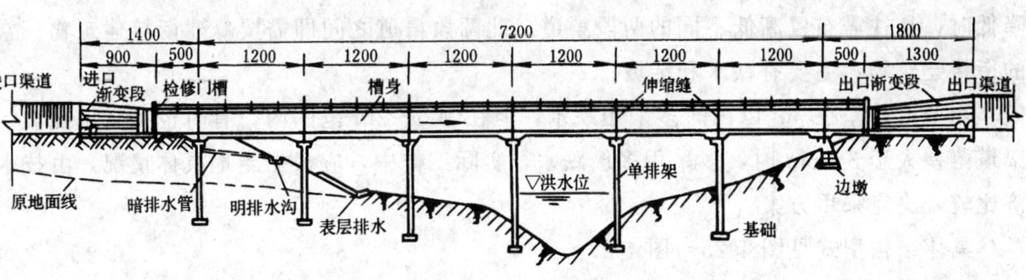

图 4-13 梁式渡槽纵剖面（单位：cm）

(3) 倒虹吸 倒虹吸实质上是两端连接明渠而中间向下弯的压力水管。在渠道穿越公路、河流或山谷洼地时常采用它，其布置形式通常有三种：

1) 竖井式倒虹吸。图 4-17 是穿越公路的竖井式倒虹吸，这种型式构造简单，进出口一般用砖石或混凝土砌成矩形断面的竖井。管身为圆形或矩形，现场浇筑多采用矩形断面，预制安装则多用钢筋混凝土圆管。

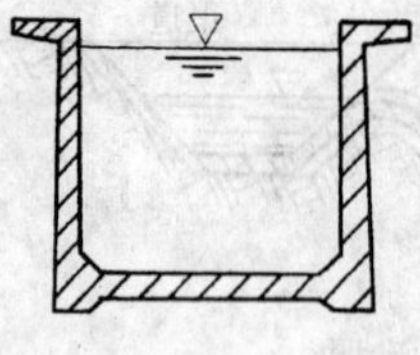

图 4-14 矩形槽

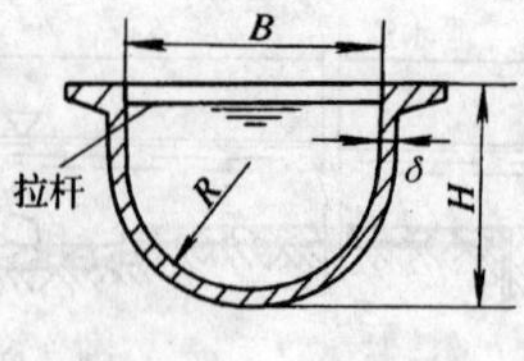

图 4-15 U 型槽

2）斜卧式倒虹吸。图 4-18 是穿越河沟的斜卧式倒虹吸，进出口做成渐变段与渠道相连接，然后顺斜坡设置管道。为了管道在斜坡上不致于滑动，一般斜坡坡度 1∶1.5～1∶2，并在管道转弯处设置镇墩。斜管式水流较为畅顺，实际工程中采用较多。

3）桥式倒虹吸。图 4-19 是横跨河谷裸露的倒虹吸，在管道转弯处应设镇墩，以保持管道稳定。当跨越的河谷或洼地比较宽阔时，宜采用此种型式。

（4）涵洞　其构造比较简单，是一种应用最广泛的交叉建筑物。当渠沟相交或渠道与道路相交，而彼此高低相错时，常可采用涵洞作交叉建筑物，如图 4-20 和图 4-21 所示。

涵洞因用途、工作条件及建筑材料的不同，而有不同的型式。

1）圆形涵洞。多为钢筋混凝土预制管安装的涵洞。

2）箱形涵洞。为四面封闭的钢筋混凝土结构，见图 4-22。此形适用无压或低压涵洞，适应地基的不均匀沉陷性能较好。

3）盖板式涵洞。侧墙及底板多为浆砌石或混凝土结构，盖板多为钢筋混凝土结构，盖板简支在侧墙上。当跨度小时也可采用条石作盖板。底板结构有分离式和整体式两种，前者适用于地基较好，后者适用于地基较差的情况，见图 4-23。

4）拱形涵洞。常用的拱圈有平拱和半圆拱，见图 4-24。平拱拱圈受力条件较好，但拱脚水平推力较大。半圆拱的水平推力较小，但拱圈受力条件比较差。

（5）桥梁　当渠道与道路交叉，而道路路面较渠道水位为高时，常须修建桥梁以利两岸交通。一般人行便桥净宽 1.5～2.0m，简易公路桥净宽 4.5m，双车道公路桥净宽 7m。

五、衔接建筑物

为了渠道的不冲不淤，渠道纵坡必须控制在一定范围内。在地面坡度过陡或地形突然降低时，往往需布置高低不同的两段渠道，此两段渠道之间即需要修建衔接建筑物。常用的衔接建筑物，主要有跌水和陡坡。

当渠道落差在 3m 以内时多采用跌水，但在 1.5～3m 范围内，有时也可采用陡坡。当渠道落差大于 3～5m 时，多采用多级跌水，实际工作中，应根据当地具体情况，由技术经济比较，决定采用方案。

具体结构型式见图 4-25～图 4-27。

六、量水建筑物

为了有计划地调配水量，合理灌溉和按方收费，以及测定渠道用水的有效利用系数，在干渠渠首、各级配水渠的首端、各灌水区的进水口处以及泄水渠上，应设置量水建筑物或量水设备。

大型渠道上测流（流量 5～10m^3/s 以上），可用普通水文测验方法，用流速仪来观测。在小型渠道上，往往利用分水闸门的开启高度及水位差来测量过水流量。在较小渠道上可设专门量水设备，例如量水堰、量水喷嘴和量水槽等。

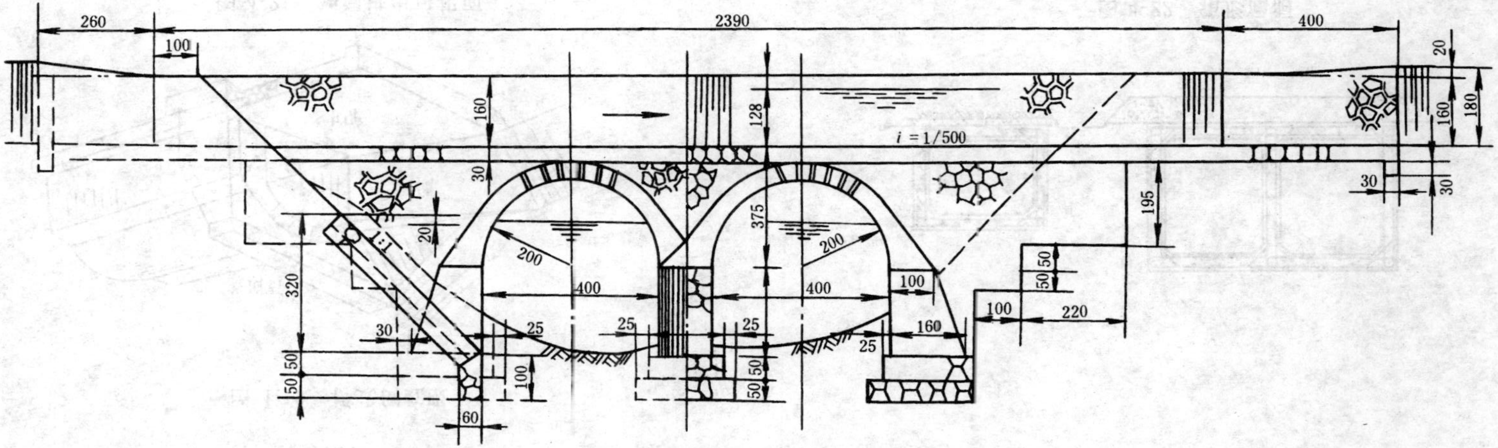

图 4-16　拱式渡槽(单位:cm)

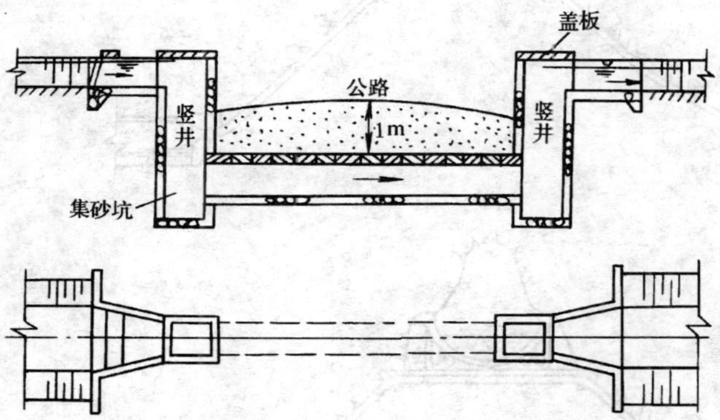

图 4-17　竖井式倒虹吸

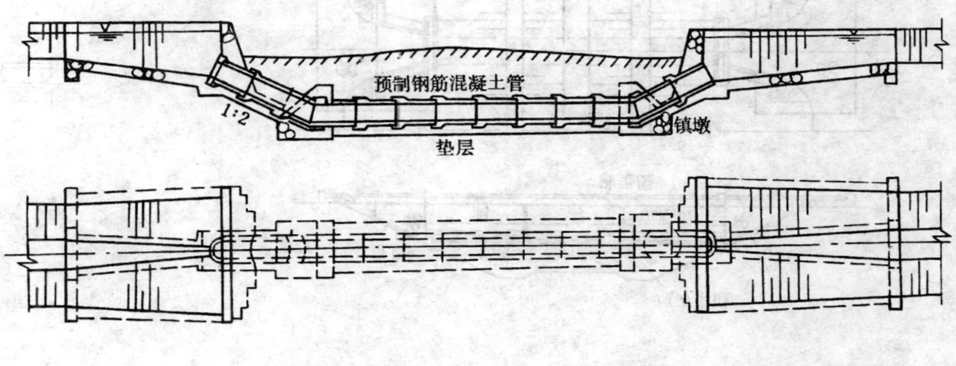

图 4-18　斜卧式倒虹吸

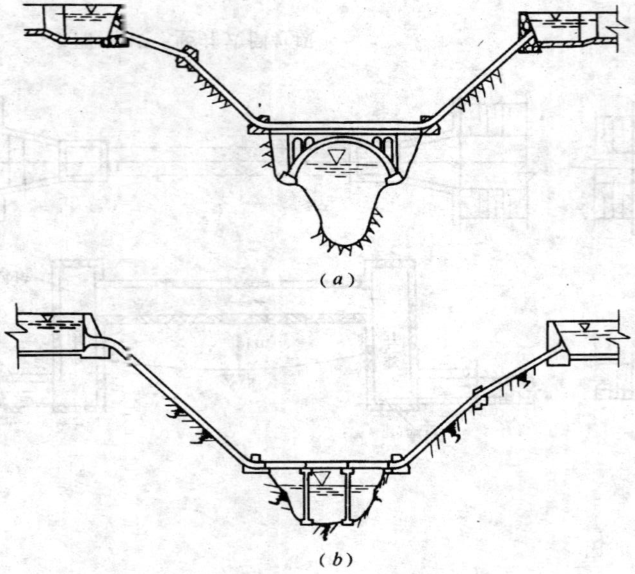

图 4-19 桥式倒虹吸

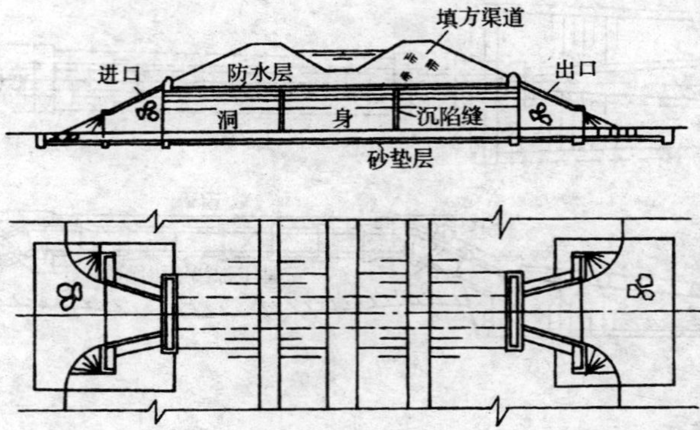

图 4-20 填方渠道下的涵洞

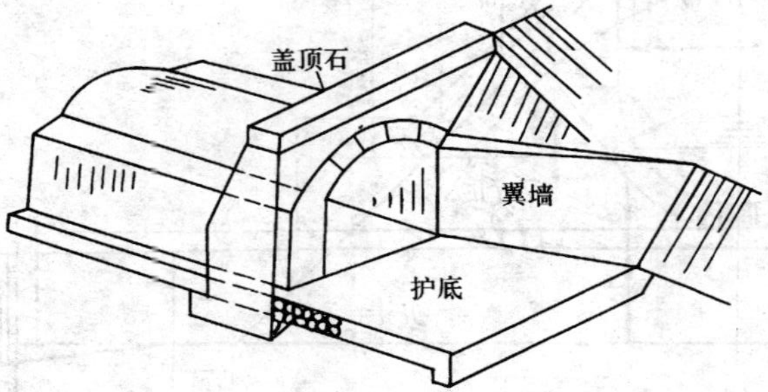

图 4-21 涵洞进出口扭面

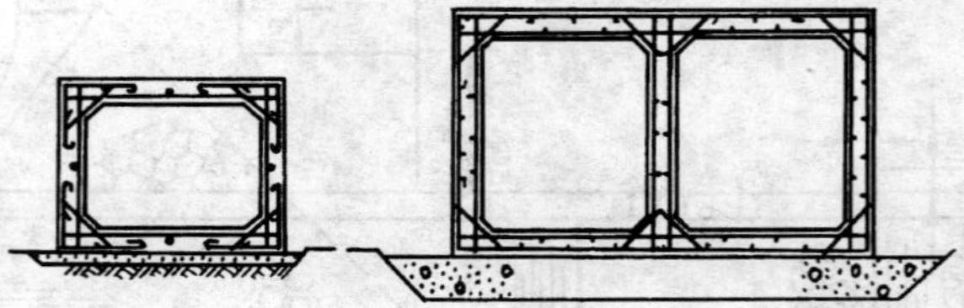

图 4-22 箱形涵洞

1. 量水堰

梯形量水堰（图 4-28）的过水能力一般为 5～1500L/s，三角形量水堰（图 4-29）的过水能力一般为 0.8～64L/s。这种设备的优点是精度高、成本低、观测方便。缺点是抬高了上游水位，不适用于纵坡小、含沙量大的渠道。

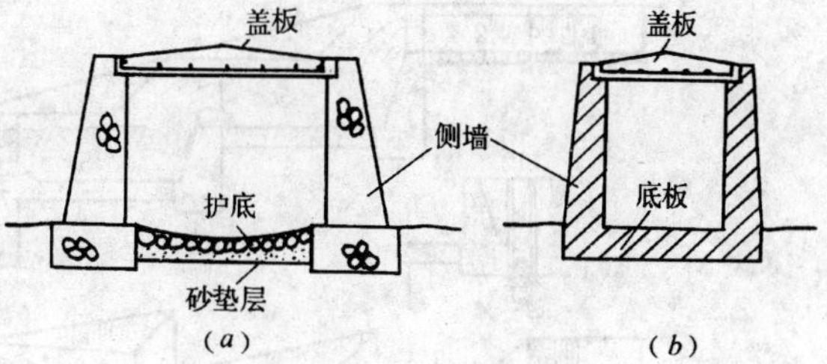

图 4-23 盖板式涵洞

(a) 分离式底板；(b) 整体式底板

2. 量水喷嘴（图 4-30）

过水能力一般为 7～450L/s，水头损失小，适用于纵坡小、含沙量大的渠道。

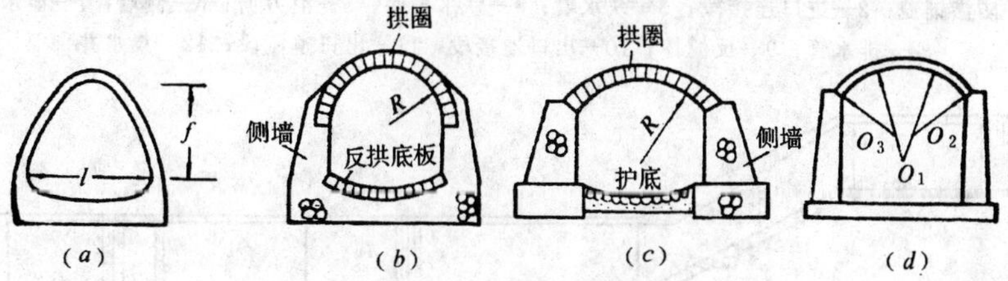

图 4-24 拱形涵洞

(a) 高拱；(b) 半圆拱；(c) 平拱；(d) 三心拱

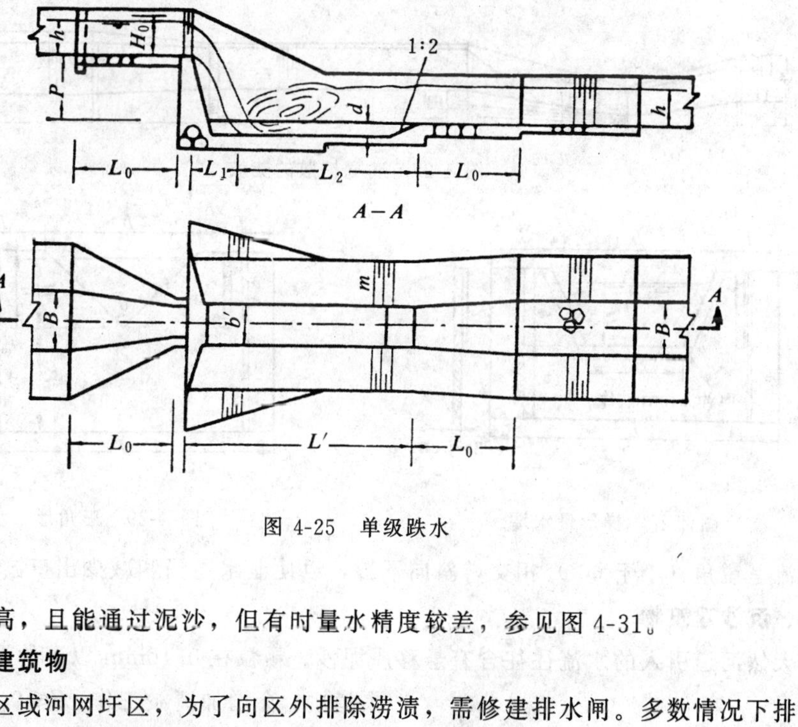

图 4-25 单级跌水

3. 量水槽

它壅水不高，且能通过泥沙，但有时量水精度较差，参见图 4-31。

七、排水建筑物

在平原灌区或河网圩区，为了向区外排除涝渍，需修建排水闸。多数情况下排水闸具有双重任务，当外河水位上涨时，关闸挡水防止外水倒灌；而外水低于内水（或排水沟水位）时，开闸泄水排除内涝。排水闸有时也起拦蓄渍水的作用。

排水闸一般修建在渍水低洼地带和外河水位较低的地方，并且力求使排水沟道最短，以减小土方数量和水头损失。排水闸下游尾渠的出口，应设置在河流的凹岸或直岸，并应使

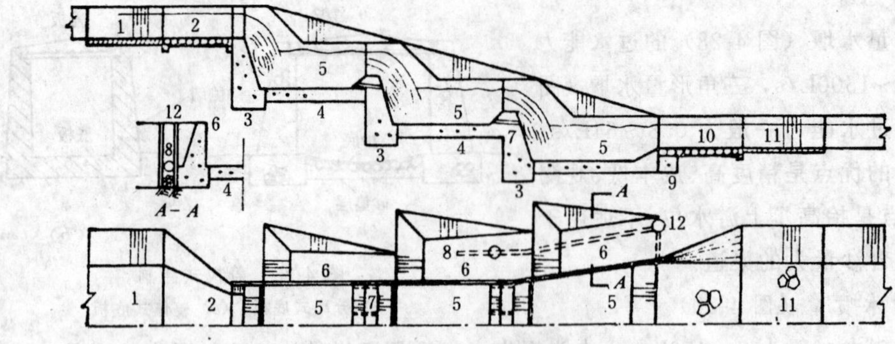

图 4-26　多级跌水

1—防渗铺盖；2—进口连接段；3—跌水墙；4—跌水护底；5—消力塘；6—侧墙；7—泄水孔；8—排水管；9—反滤体；10—出口连接段；11—出口整流段；12—集水井

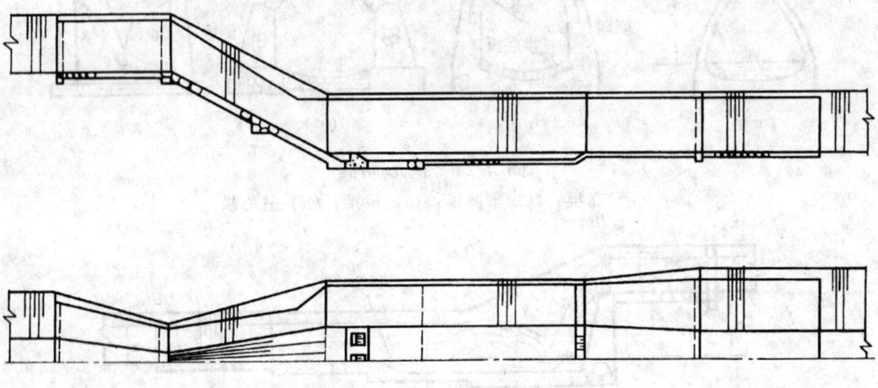

图 4-27　底宽扩散的陡坡

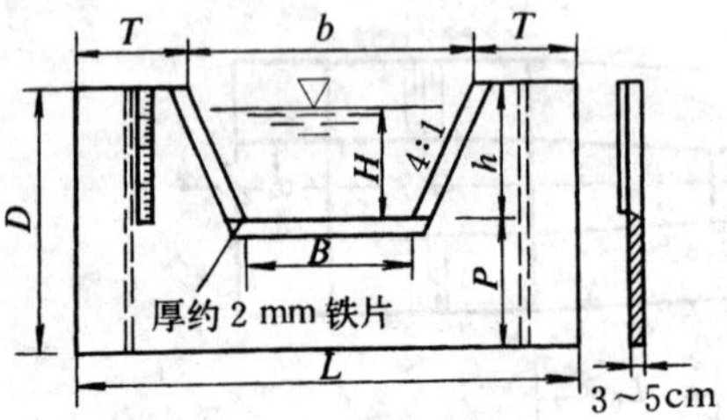

图 4-28　梯形量水堰

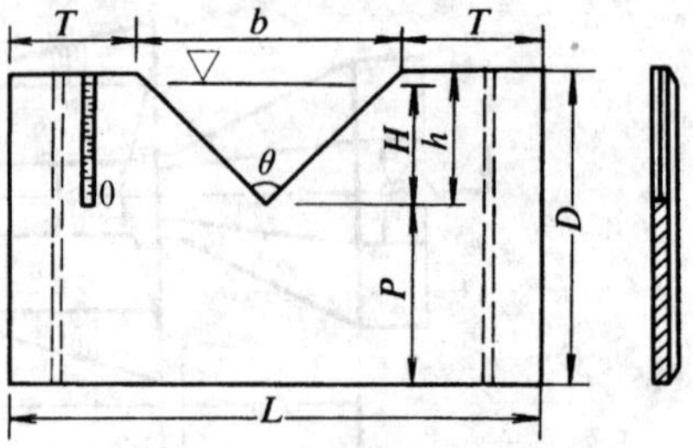

图 4-29　三角形量水堰

其与河流呈锐角（小于 60°）相交，斜向下游，以使泄水通畅和减少出口淤积。

八、沉沙建筑物

自天然河道引入的水流往往含有悬移质泥沙。颗粒在 0.10mm 以上的泥沙容易沉积在渠道中，会增加清淤工作。$d \leqslant 0.005$mm 的泥沙具有很大的营养价值，可以使其沉积于田间。但其量也不宜过多，否则会使土壤透水性减小，并影响土壤的通气作用。而且，水流含沙量也不应超过各级渠道的输沙能力。因此，在灌溉渠道上

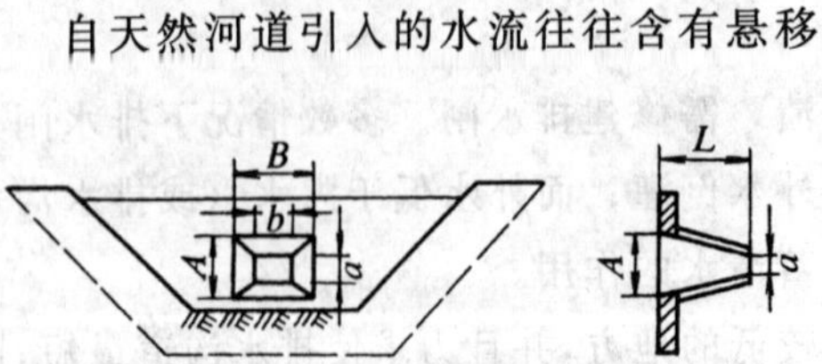

图 4-30　量水喷嘴

的适当地点应建沉沙池，减少渠水的含沙量。

图 4-32 是某灌溉渠道利用洼地作沉沙池的布置示意图。为了使泥沙能有效而均匀地沉积，将洼地用条堤分隔，形成一系列的沉沙条渠。条渠的断面浅而宽，渠中水流速度小，因此水流中挟带的泥沙能沉积在条渠中。

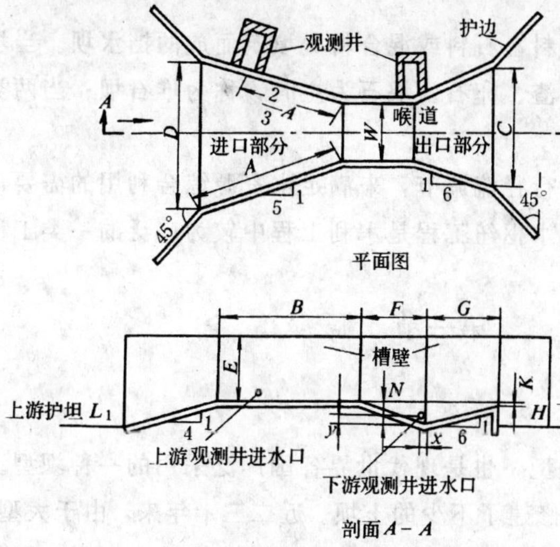

图 4-31　巴歇尔量水槽

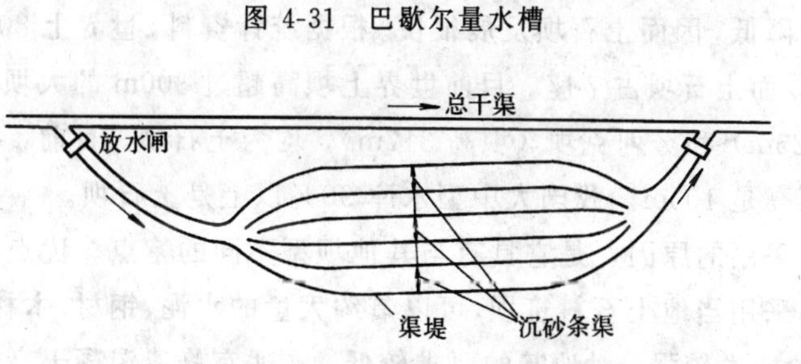

图 4-32　沉沙条渠

第五章　土石坝蓄水枢纽工程

土石坝是泛指由当地土料、石料或混合料，填筑而成的挡水坝。当坝体材料以土和砂砾为主时，称为土坝；以石渣、卵石、块石为主时，称为堆石坝；当两类材料均占相当比例时，称为土石混合坝。.

拦河筑坝形成水库，进行径流调节，来满足水资源综合利用的需要，是水利工程技术措施很重要的一个方面。蓄水枢纽工程是水利工程中较为广泛的一类工程。

第一节　概　　述

一、土石坝的特点

土石坝是一种古老的坝型，也是现代世界各国广泛采用的一种坝型。远在纪元前，我国、印度、埃及等国就已经修建了不少的土坝。近二三十年来，由于大型土石方施工机械、岩土力学理论和计算技术的发展，缩短了土石坝的工期，放宽了对筑坝材料的限制，使土石方填筑单价大为降低，因而土石坝发展很快。根据统计资料，世界上 80 年代建成的 200m 以上高坝共 10 座，而土石坝占 7 座。目前世界上坝高超过 300m 的大坝只有 2 座，即苏联的罗贡坝（坝高 325m）和努列克坝（坝高 317m），均为土石坝。目前，我国最高的土石坝是石头河土坝，坝高是 105m。我国大中型水库 90%以上是土石坝。

土石坝被广泛采用的原因，是它具有与其他坝型不同的特点。优点主要有：

1）就地取材，采用当地土石料筑坝，可以节约大量的水泥、钢材、木材等基本建设物资。

2）适应变形的能力较强，对地基的要求较低。在适宜修建混凝土高坝的优良坝址越来越少的情况下，土石坝将会有较多的发展。

3）构造简单，施工技术易于掌握，只有开采、运送、铺填、碾压几道工序，既可人力施工，也可机械化施工。

4）工作可靠，寿命较长，管理简便，维修和加高也较容易，还具有一定的抗震性能。

土石坝也有一些缺点，如：

1）抗冲能力低，通常不允许坝顶过水，因而需在河岸上另开溢洪道。

2）粘土在雨季和严寒季节不能施工。

二、土石坝的类型

根据土石坝的工作条件与实际情况，人们在实践中创造了各种不同类型的土石坝。

(1) 均质坝　坝体基本上由一种土料填筑而成，不设专门的防渗设备，如图 5-1 (*a*) 所示。均质坝一般由具有粘性的壤土筑成。

(2) 分区坝　坝体由土质防渗体及若干透水性不同的土石料分区筑成。在坝体中央采用弱透水料，自中央向上、下游侧的土石料透水性逐渐增大，这种坝型称为心墙坝，如图

5-1 (*b*)、(*c*) 所示。在坝体上游侧采用弱透水性土料做成防渗斜墙，坝主体采用较透水的土料，或透水性由上游向下游逐渐增大，如图 5-1 (*d*)、(*e*) 所示，称为斜墙坝。还可采用图 5-1 (*f*) 所示的多种土质坝。为了便于施工，改善坝体应力条件，避免裂缝，近代修建的高土石坝常建成如图 5-1 (*g*) 所示的斜心墙土石坝。

(3) 刚性心墙和刚性斜墙坝　用钢筋混凝土或沥青混凝土做坝体的防渗心墙或防渗面板，其余部分由土石料构成，见图 5-1 (*h*)、(*i*)。近代钢筋混凝土心墙或面板已较少采用，而沥青混凝土心墙或斜墙则逐步有所发展。

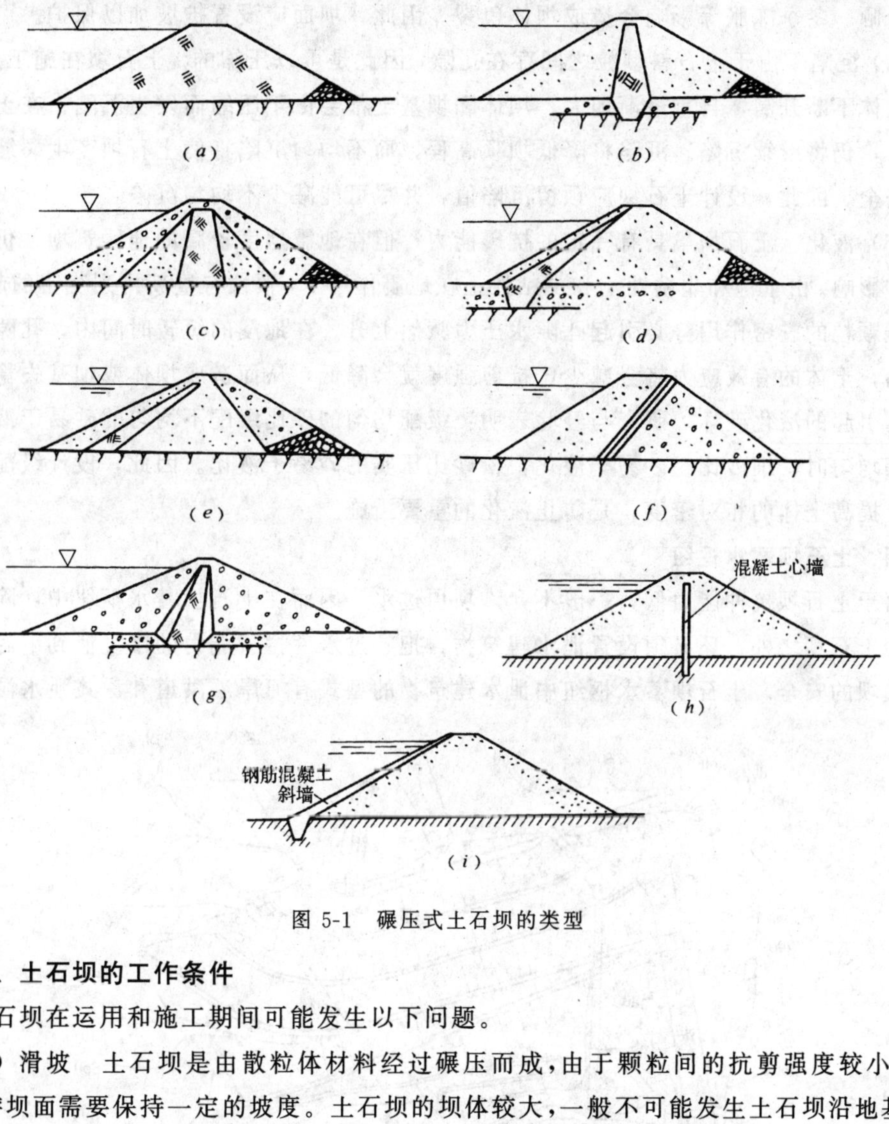

图 5-1　碾压式土石坝的类型

三、土石坝的工作条件

土石坝在运用和施工期间可能发生以下问题。

(1) 滑坡　土石坝是由散粒体材料经过碾压而成，由于颗粒间的抗剪强度较小，因此上、下游坝面需要保持一定的坡度。土石坝的坝体较大，一般不可能发生土石坝沿地基的整体滑动；但坝坡在自重和渗透压力等的作用下，可能发生局部滑动，或坝坡连同部分土基一同发生局部滑动。土石坝的边坡稳定，是土石坝安全的基本条件。从国内外土石坝失事情况看，约有四分之一是滑坡破坏，可见保持坝坡稳定的重要性。为了保证土石坝在各种情况下的稳定，设计时应采用合适的坝坡，施工中要认真进行地基处理并严格控制填土质量。

(2) 渗流　土石坝挡水后，水在上下游水位差的作用下，将从上游经过坝体和坝基(包括两岸)向下游渗流。如坝体和坝基的渗流量过大，将影响水库蓄水；并且通过坝体的渗流将降低土料的有效重量和土料的抗剪强度；当渗流坡降超过一定限度时，还会引起坝体或坝基的渗流变形，形成管涌或流土，严重的可导致坝的失事。例如，美国的提堂坝(坝高 93m)，由于防渗帷幕质量不佳，建成不到一年即溃决。因此，应设置很好的防渗和排水设备，以控制渗流。

(3) 冲刷与龟裂　水库的波浪会冲击淘刷坝坡，雨水沿坝坡下流也会冲刷坝面；另外，夏季日晒、冬季冻胀等影响会造成坝体龟裂。因此，坝面应设置护坡加以保护。

(4) 沉陷　由于土石料颗粒之间存在孔隙，因此是可以压缩的。土石坝在施工过程中，随着坝体不断升高，自重逐渐加大，坝体和坝基土都会由于压缩而发生沉陷；在土石坝竣工之后，仍将继续沉陷。沉陷将降低坝顶高程，而不均匀沉陷将使土石坝产生裂缝，危及坝的安全。因此，设计土石坝应预留沉陷值，并尽可能减少不均匀沉陷。

(5) 液化　土石坝虽具有一定的抗震能力，但在地震烈度较高的地区筑坝，仍应考虑地震的影响。由于饱和非粘性土和少粘性土在地震作用下，颗粒有重新排列变密的趋势，而这种土颗粒的震密作用势必引起孔隙水压力骤然上升。在地震的短暂时间内，孔隙水来不及排出，土体的有效应力将会减少，抗剪强度就会降低，从而造成坝体或坝基失稳，这就是地震引起的液化破坏。研究与经验表明：级配均匀的砂比级配不均匀的砂易于液化；级配同等均匀时，细砂比粗砂易于液化，松砂比压实的砂易于液化。因此，设计级配良好的土料，提高土体的相对密度，是防止液化的重要措施。

四、土石坝蓄水枢纽

由于土石坝抗冲能力低，一般不允许坝顶过水，因而在土石坝蓄水枢纽中，除了用于挡水的土石坝之外，还必须设置泄水建筑物，把超过水库拦蓄能力的水宣泄到下游去，以确保大坝的安全。土石坝蓄水枢纽中泄水建筑物的型式有河岸溢洪道和深式泄水洞等。深

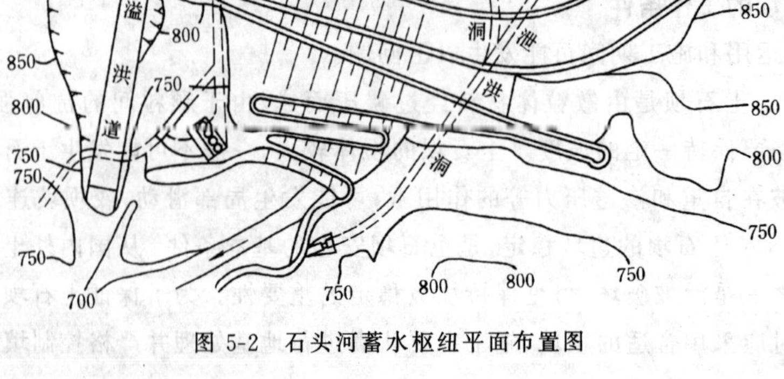

图 5-2　石头河蓄水枢纽平面布置图

式泄水洞常建成埋设在坝下的涵管或穿过河岸山岩的隧洞，其进水口淹没在水库下部，并设闸门控制放水。泄水洞还可作灌溉或发电等供水使用。

土石坝、河岸溢洪道、深式泄水洞是组成土石坝蓄水枢纽的三大主要建筑物。图 5-2 是石头河土石坝蓄水枢纽的平面布置图。

第二节　土石坝的剖面与构造

一、坝体剖面的基本尺寸

土石坝设计应根据坝址附近土石料的种类、贮量、位置等基本情况及地形地质条件，选定合适的坝型。在选定坝型的基础上，拟定基本尺寸。包括：坝顶高程、坝顶宽度、上下游坝坡坡度以及防渗和排水设备等。各部分尺寸均应满足土石坝工作条件的基本要求，特别是防渗和稳定的要求。因此，应进一步对基本剖面进行渗流和稳定分析，以确保大坝安全。

（一）坝顶高程

为防止库水漫溢过坝，坝顶高程应由水库静水位加波浪爬高及安全加高决定。坝顶在静水位以上的超高（见图 5-3），按下式计算（其中，水位壅高 e 一般可略而不计）：

$$d = h_B + a \quad (\mathrm{m}) \tag{5-1}$$

式中　h_B——波浪在坝坡上的爬高，m；

　　a——安全加高，按表 5-1 采用。

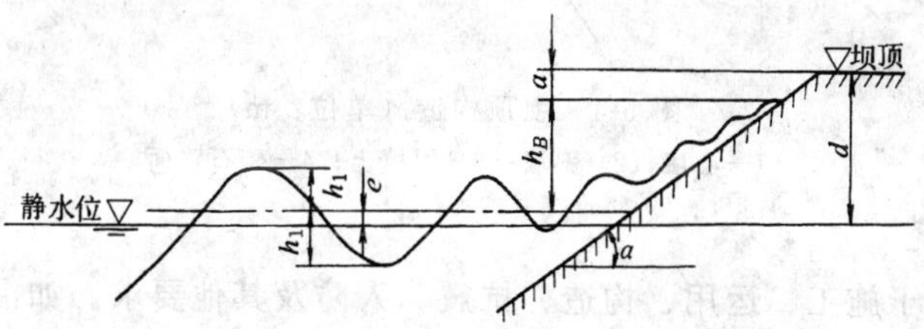

图 5-3　坝顶超高计算图

波浪在坝坡上的爬高，按下式计算：

$$h_B = 3.2k(2h_l)\mathrm{tg}\alpha \tag{5-2}$$

式中　k——坝坡护面粗糙系数，块石护坡 $k=0.75\sim0.80$，混凝土护坡 $k=0.9\sim1.0$；

　　α——坝坡坡角，(°)；

　　$2h_l$——浪高，m。

表 5-1　土坝安全加高 a 值（m）

运用情况	坝的级别			
	1	2	3	4　5
正　常	1.5	1.0	0.7	0.5
非　常	0.7	0.5	0.4	0.3

山区峡谷水库可用官厅水库公式计算浪高与波长：

$$\left.\begin{aligned} 2h_l &= 0.0166v^{5/4}D^{1/3} \\ 2L_l &= 10.4(2h_l)^{0.8} \end{aligned}\right\} \tag{5-3}$$

式中　v——风速，m/s，在正常蓄水位和设计洪水位时，采用洪水期多年平均最大风速的 1.5～2.0 倍；在校核洪水位时，采用洪水期多年平均最大风速；

D——吹程，km，坝前沿至对岸的最大直线距离，但以 5 倍平均水面宽度为限。本式适用于风速 $v=4\sim16\text{m/s}$，吹程 $D=1\sim13\text{km}$。

为了节约坝体工程量，可在坝顶设置防浪墙（参见图 5-4）。允许以墙顶高程来满足坝顶超高的要求，从而可降低坝的高度，但坝顶不得低于非常运用条件下的静水位。

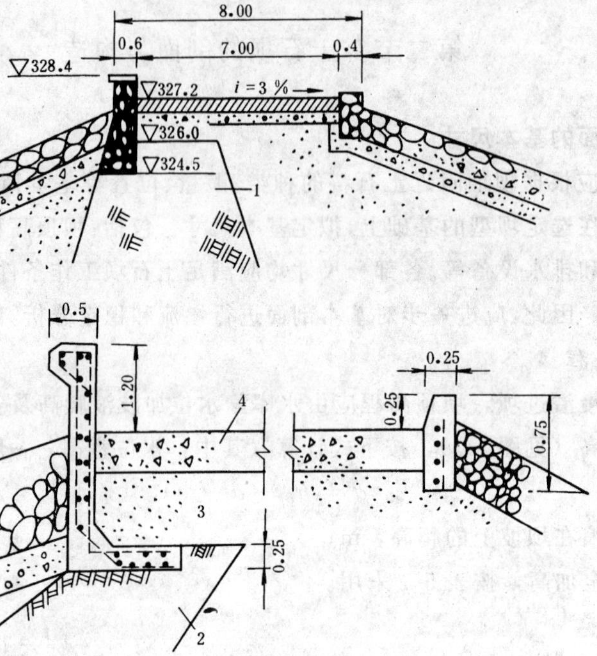

图 5-4　坝顶构造（单位：m）

1—心墙；2—斜墙；3—回填土；4—碎石路面

（二）坝顶宽度

坝顶宽度取决于施工、运用、构造、抗震、人防及其他要求。如沿坝顶设置公路或铁路时，坝顶宽度应遵守有关规定选定。如无特殊要求，高坝（坝高大于 70m）坝顶宽度可选用 10～15m，中低坝可选用 5～10m。

（三）坝坡

土石坝的边坡对坝的稳定及工程量有直接影响。土石坝的上下游坝坡一般做成折线形，上部较陡，下部较缓。沿坝坡一定高度（10～30m）设置一条马道。当坝坡坡度有变化时，马道应设在坡度变化处。马道宽度视其用途（如坝面排水、检查、观测、道路、增加坝体稳定等）而定，但最小宽度不小于 1.5～2.0m。

初步拟定坝坡时，可参考表 5-2 选取。

表 5-2　　**土坝经验坝坡**

坝高（m）	<10	10～20	20～30	>30
上游坝坡	1∶2.00～1∶2.50	1∶2.25～1∶2.75	1∶2.50～1∶3.00	1∶3.00～1∶3.50
下游坝坡	1∶1.50～1∶2.00	1∶2.00～1∶2.50	1∶2.25～1∶2.75	1∶2.50～1∶3.00

二、土石坝的构造

（一）坝顶构造

坝顶一般都做护面，可铺单层砌石、砾石或草皮，以防雨水冲刷。如作交通用，则应满足交通道路的设计要求。

一般坝顶上游侧设置防浪墙，下游侧设置路边石。防浪墙用浆砌石或钢筋混凝土筑成，且与防渗体紧密结合。坝顶路面应设2%～3%的向下游侧的斜坡，以便排除雨水。上游不设防浪墙时，则可向两侧倾斜。坝顶构造如图5-4所示。

（二）防渗体

为了将渗流量和渗流坡降控制在允许范围以内，为了降低浸润线以增加坝体下游坡的稳定性，除均质坝外，土石坝都必须设置防渗体。防渗体按材料分有：粘土心墙和斜墙、沥青混凝土心墙和斜墙、钢筋混凝土心墙和斜墙等。常用的是粘土心墙和斜墙。

(1) 粘土心墙　分区坝的防渗心墙是用渗透系数小的粘性土筑成。按构造要求，心墙顶部的厚度应考虑机械施工的最小宽度，并不小于2m。自墙顶向下应逐渐加厚，使心墙两侧保持一定的坡度（1：0.15～1：0.3），以便与坝壳结合紧密，有利于防裂。心墙底部厚度应满足允许渗流坡降的要求，即底部厚度应不小于$H/[J]$，且不小于3m。H为计算点的作用水头，$[J]$为心墙土料的允许渗流坡降，粘土$[J]=6$，壤土$[J]=4$。

心墙顶部高程应高于设计洪水位0.3～0.6m，且不低于校核洪水位。心墙顶部应有无粘性土料做保护层，以防冻裂或干缩，保持层厚度不得小于1.0m。心墙两侧与坝壳之间应设置过渡层或反滤层，如图5-5所示。

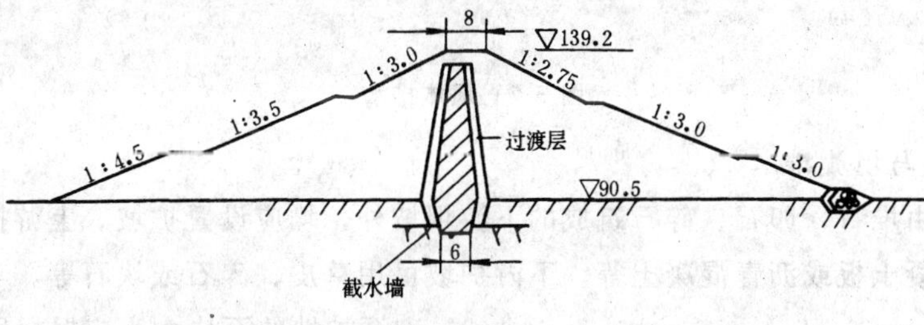

图5-5　心墙坝构造示意（单位：m）

(2) 粘土斜墙　斜墙的厚度以垂直于斜墙上游面方向量取。顶部最小厚度为2.0m，底部最小厚度，对于粘土为$H/8$，对于壤土为$H/5$，且不得小于3.0m。顶部高程的要求与心墙情况相同。斜墙上游面的保护层厚度应不小于当地冰冻深度或干燥深度，且不小于1.0m，一般采用2～3m。斜墙上下游均应设置过渡层或反滤层，如图5-6所示。

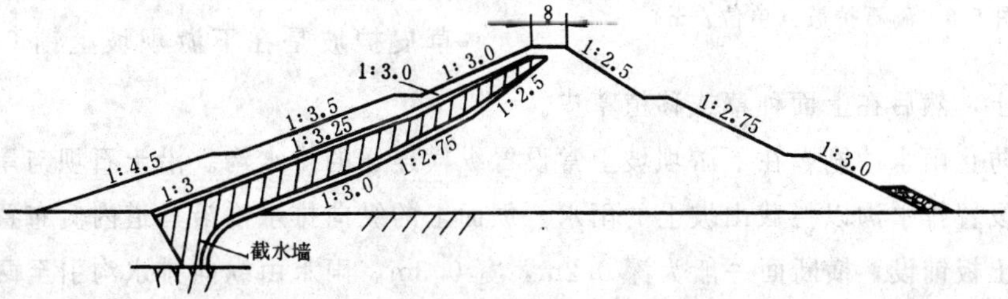

图5-6　斜墙坝构造示意（单位：m）

斜墙的坡度，一般内坡不陡于1∶2，外坡不陡于1∶2.5。

（三）坝体排水设备

排水设施的作用在于排除坝体渗水，防止发生管涌和流土，以及降低坝体的浸润线，增强下游坝坡的稳定性。常用的排水设施有以下三种型式。

（1）贴坡排水［图5-7（*a*）］　在下游坝脚紧贴坝坡用块石干砌而成。其厚度应大于当地冰冻深度，顶部应高出浸润线的逸出点1.5～2.0m。当下游有水时，应同时满足对护坡的要求。砌石下面要铺反滤层。贴坡排水构造简单，但不能降低浸润线。这种排水适用于对排水要求较低的心墙坝或斜墙坝。

（2）棱体排水［图5-7（*b*）］　排水棱体为梯形，顶部应高于下游最高水位0.5～1.0m，顶宽一般为1～2m。且不应作交通道路之用，以防泥土污物落入堆石内影响排水性能。棱体内坡1∶1～1∶1.5，外坡1∶1.5～1∶2.0。这种排水体积大，但排水效果好，能降低浸润线和保护坝脚，采用较广泛。

（3）褥垫排水［图5-7（*c*）］　褥垫式排水是伸入坝体内的一种平铺式排水。把堆石棱体前面加长可做成褥垫式排水。它能有效地降低浸润线，但是用石料较多，检修困难，堆石时也影响坝体施工。这种排水适用于坝下游无水或水位较低的情况。

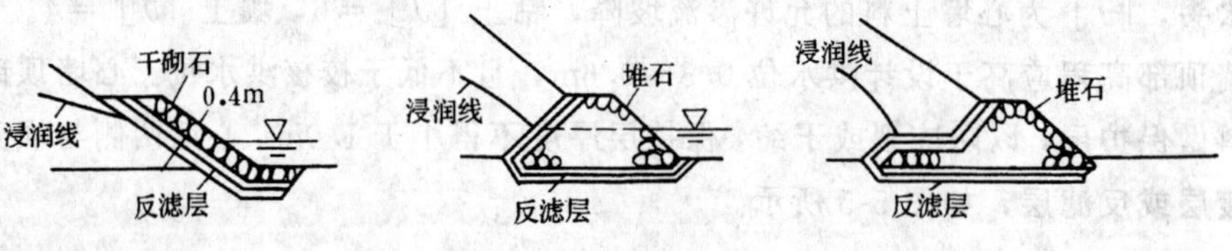

图5-7　坝体排水

（四）护坡与坝坡排水

土石坝除由堆石、卵石、碎石筑成的下游坝坡外，均应设置护坡。上游护坡可用干砌石、堆石、混凝土板或沥青混凝土等。下游护坡可用草皮、碎石或块石等。

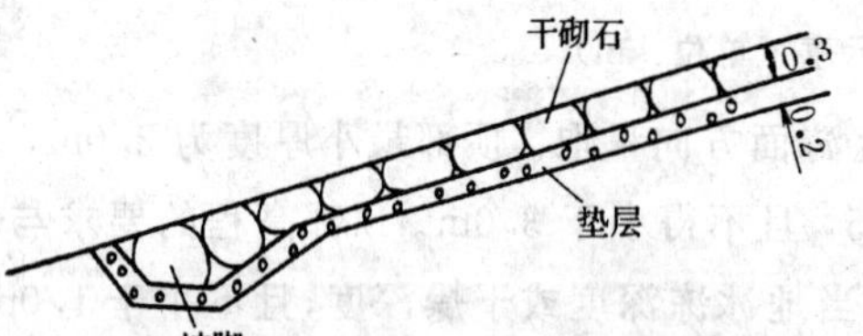

图5-8　砌石护坡（单位：m）

砌石护坡的石块大小应根据风浪的大小来确定，有单层砌石和双层砌石两种。单层砌石厚约0.3～0.5m，双层砌石厚约0.4～0.6m，下铺设0.15～0.25m厚的碎石或砾石垫层。上游护坡一般从坝顶护砌到水库死水位以下1.5～2.0m，并设置坡脚增强稳定性，见图5-8。

草皮护坡是在下游坝坡上铺0.1～0.2m厚的腐殖土，然后在上面种草或移植草皮。

为了防止雨水冲刷，在下游坝坡上常设置纵横连通的排水沟。沿土石坝与岸坡的连接处，也应设置排水沟以拦截山坡上的雨水。坝面上的纵向排水沟沿马道内侧布置，用浆砌石或混凝土板铺设，横断面一般为深0.2m，宽0.3m。雨水由纵向排水沟引至两岸的排水沟排至下游，见图5-9。

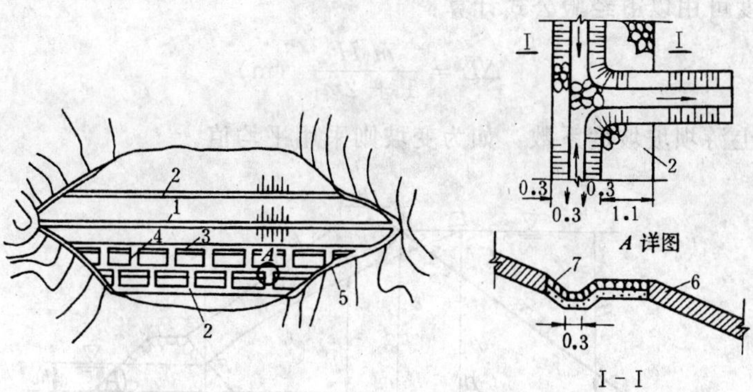

图 5-9 坝面排水沟示意图（单位：m）

1—坝顶；2—马道；3—纵向排水沟；4—横向排水沟；5—岸坡排水沟；6—草皮护坡；7—浆砌石排水沟

（五）反滤层

在渗流逸出处或进入排水设备处，通常渗流水力降坡较大，土壤易于产生渗透变形。为了防止土体渗透破坏，应在坝体或土基与排水体之间设置反滤层。

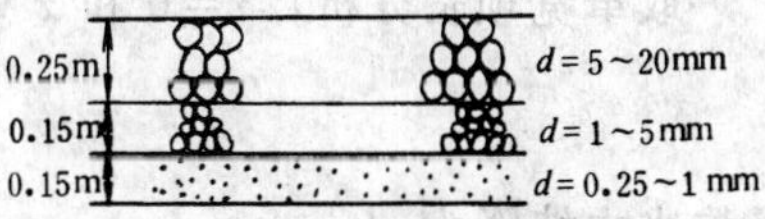

图 5-10 反滤层构造

反滤层一般由1～3层不同粒径的砂砾料构成。层面应大致与渗流正交，粒径随渗流的方向而增大，如图5-10所示。

对反滤层的基本要求是：被保护土层的土壤颗粒不应被冲过反滤层；反滤层每一层内的颗粒不应发生移动；反滤层不致被淤塞。因此，反滤料一般采用比较均匀的、抗风化的砂、砾、卵石或碎石等。

第三节 土石坝的渗流计算

一、渗流计算的任务与基本假定

渗流计算的主要任务如下：

1）计算通过坝体和坝基的渗流量，以估算水库的渗漏损失；

2）确定坝体浸润线的位置；作为坝坡稳定分析的依据；

3）计算坝体和坝基逸出区的渗流坡降，验算是否会发生管涌和流土等渗流破坏。

渗流计算常用水力学法。它计算简单，精度可满足一般工程要求。其基本假定是：

1）坝体内同一种土是均一的，其各方向的渗透系数都相同；

2）渗流是二元稳定流，属层流运动，符合达西定律；

3）渗流是渐变流，在任一铅直线上的流速和水头是常数。

二、土坝的渗流计算

今研究不透水地基上的均质土坝，下游有棱体排水设施（图5-11）时的渗流计算。取下游断面为 FO，忽略排水棱体的水头损失，FO 断面的水深就近似等于下游水深 h_0。上游坝体三角形 ABC 用等效矩形 $ACDE$ 代替，铅垂面 ED 的水深等于水库水深 H。根据试验，等效矩形的长度可用以下经验公式计算：

$$\Delta L=\frac{m_1H}{1+2m_1}\quad(\mathrm{m})\tag{5-4}$$

式中 m_1——上游坝坡坡度系数，如为变坡则采用平均值。

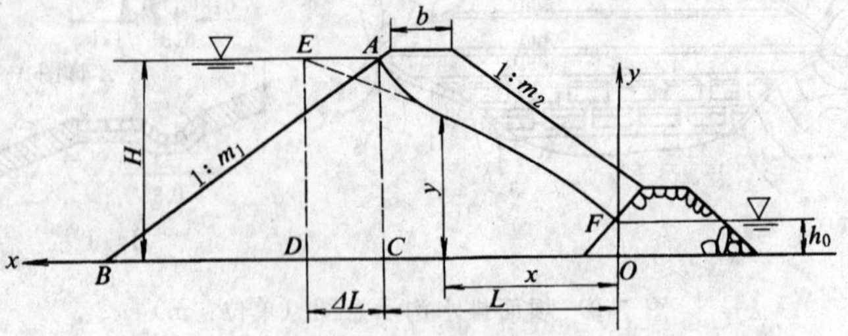

图 5-11 不透水地基上均质土坝的渗流计算

取单宽坝长分析，$x=0$ 和 x 处两个过水断面的平均过水断面积为

$$A=\frac{y+h_0}{2}$$

平均水力坡降为

$$J=\frac{y-h_0}{x}$$

坝体的渗透系数用 k 表示，按达西定律，单宽坝长的渗流量为

$$q=kJA=k\cdot\frac{y-h_0}{x}\cdot\frac{y+h_0}{2}=\frac{k(y^2-h_0^2)}{2x}\tag{5-5}$$

以 $x=L+\Delta L$ 及 $y=H$ 代入上式，得单宽渗流量为

$$q=\frac{k(H^2-h_0^2)}{2(L+\Delta L)}\tag{5-6}$$

由式（5-5）可得土坝浸润线 EF 的方程式为

$$y=\sqrt{\frac{2q}{k}x+h_0^2}\tag{5-7}$$

由此可见，浸润线是一条抛物线。按上式计算出浸润线 EF 后，应加以修正，使浸润线在 A 点与上游坝面 AB 垂直，如图 5-11 所示。

心墙坝和斜墙坝的渗流水头损失，主要发生在心墙或斜墙内，其下游坝体起着排水作用，见图 5-12 和图 5-13 所示。心墙坝和斜墙坝的渗流计算与均质坝类似。

三、渗透变形及其防止措施

实际工程中发生的渗透变形主要是管涌和流土。

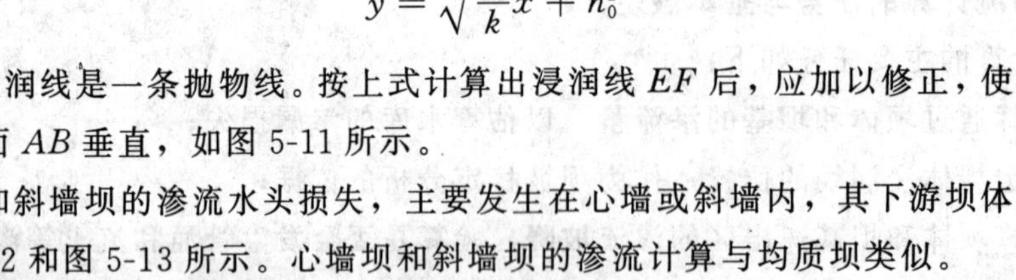

图 5-12 心墙坝实测浸润线

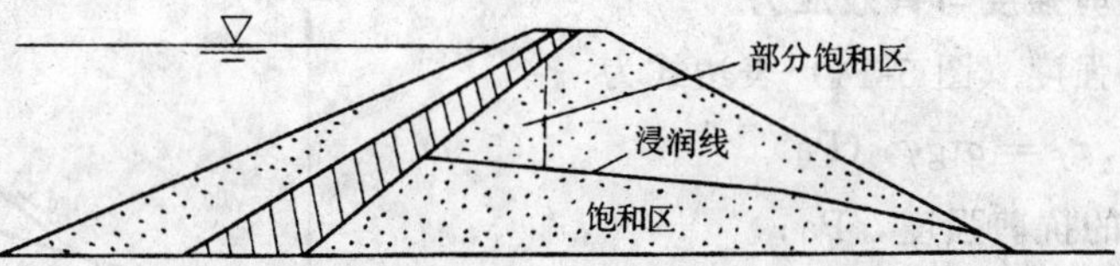

图 5-13　斜墙坝浸润线示意图

表 5-3　无粘性土的允许渗流坡降

土的不均匀系数 η	$\eta \leqslant 10$	$10 < \eta < 20$	$\eta > 20$
允许渗流坡降	0.2～0.4	0.2	0.1

在无粘性或粘性很小的土中，当渗流坡降超过一定程度后，土壤中的细小颗粒被渗流带走，土壤空隙增大，逐渐发展成为流水孔道，这种现象称为管涌。管涌的形成既与渗流坡降有关，也与土壤的级配有关，颗粒不均匀的土壤较颗粒均匀的土壤更易产生管涌。根据实验研究，不同的不均匀系数的无粘性土，其允许的渗流坡降如表 5-3。

在粘性土及较均匀的非粘性土中，由于渗流动水压力作用，使一定范围的土体从坝坡或地基表面掀起的现象，称为流土。发生流土的临界渗流坡降按下式计算：

$$J_F = \left(\frac{\gamma_s}{\gamma_0} - 1\right)(1 - n) \tag{5-8}$$

式中　γ_s——土粒比重；

γ_0——水的比重；

n——土体孔隙率。

J_F 值一般在 0.8～1.2 之间变化。在防渗设计时，需将临界渗流坡降除以安全系数后方可作为容许渗流坡降。对粘性土安全系数用 1.5；对非粘性土的 1、2 级坝安全系数采用 2.5；3 级以下的坝采用 2.0。

管涌和流土多发生在没有排水设施和反滤层保护的下游坝坡，以及下游地基表面渗流逸出处，因为该处的渗流坡降往往较大。

产生管涌和流土的条件，一方面取决于水力坡降的大小；另一方面又决定于土的组成。因此，防止渗透变形的工程措施，一方面是降低渗流坡降从而减小渗流流速和渗流压力；另一方面是增强渗流逸出处土体抵抗渗透变形的能力。具体工程措施如下：

1）在上游侧设置水平与垂直防渗体，延长渗径降低渗流坡降或截阻渗流。

2）在下游侧设置排水沟或减压井，降低渗流出口处的渗流压力。对可能发生管涌的地段，需铺设反滤层，拦截可能被渗流携带的细粒；对下游可能产生流土的地段，应加盖重，盖重下的保护层也必须按反滤原则铺设。

第四节　土石坝的稳定分析

土石坝在土体自重、渗流压力、孔隙水压力与地震力等荷载作用下，若坝体或坝基土料抗剪强度不够，则坝坡或坝坡连同一部分坝基有可能发生塌滑，丧失稳定。

一、土的抗剪强度与有效应力

砂土的抗剪强度（图 5-14）表达式为

$$\tau_f = \sigma \mathrm{tg}\varphi \quad (\mathrm{Pa}) \tag{5-9}$$

式中　τ_f——土的抗剪强度，Pa；

σ——作用在剪切面上的法向应力，Pa；

φ——土的内摩擦角，(°)；

$\mathrm{tg}\varphi$——土的内摩擦系数。

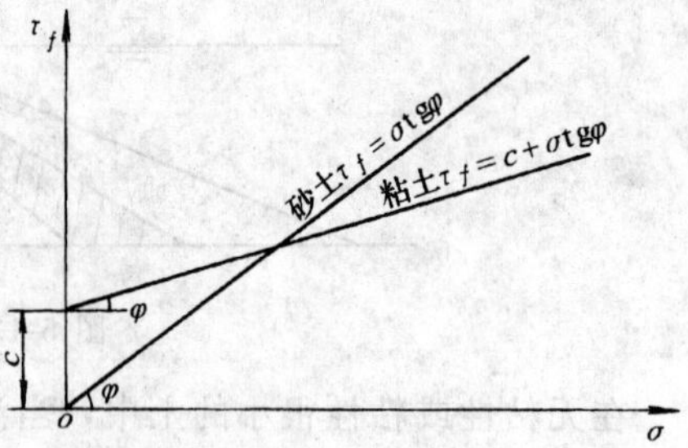

图 5-14　抗剪强度与法向应力的关系

粘性土滑裂面上，除了摩擦力还有粘着力，粘性土的抗剪强度表达式为

$$\tau_f = \sigma \mathrm{tg}\varphi + c \quad (\mathrm{Pa}) \tag{5-10}$$

式中　c——土体内单位面积上的粘着力，Pa。

土体当受到荷重而压缩时，所受荷重一部分为土体中的水和空气承担，一部分为土粒骨架承担。只有当孔隙水逐渐排出时，荷重才逐渐转移到土粒骨架上。土粒骨架所承受的应力称为有效应力，孔隙中水和空气承受的应力称为孔隙应力。

若令总应力为σ，有效应力为$\bar{\sigma}$，孔隙应力为u，有效应力指标中的内摩擦角和粘着力分别为ϕ、c'，则

$$\sigma = \bar{\sigma} + u \tag{5-11}$$

$$\tau_f = \bar{\sigma}\mathrm{tg}\phi + c' = (\sigma - u)\mathrm{tg}\phi + c' \tag{5-12}$$

实验表明：孔隙应力的大小，取决于土料的性质、含水量、干容重和填筑速度等因素。一般说渗透系数小、压缩性大、含水量和饱和度大、施工速度快，则孔隙应力大。因此选用粘粒含量低的粘性土，含水量在塑限附近是适宜的。粘土的压实饱和度不宜大于 90%，壤土不宜大于 85%。

二、滑裂面的形式与极限平衡概念

土石坝坝坡坍塌，其滑裂面的形式如下：

1）圆弧面，粘性土的滑裂面接近圆弧面。

2）平面，非粘性土在干燥时或全部浸水时的滑裂面为平面。

3）折线面，非粘性土部分淹没时，滑裂面为折线面，折点是水位与滑裂面的交点。

4）复式滑动面，坝基有软弱夹层时，可能形成复式组合滑动面。

土体中的剪应力不超过抗剪强度时土体是稳定的，否则土体将发生坍滑。当剪应力刚好达到抗剪强度的极限时，就说土体处于极限平衡状态。

三、稳定分析的方法与安全系数

迄今为止，土石坝的稳定分析仍采用假定滑动面的方法。即假定坝体有一系列可能的滑动面，计算滑动块上作用的滑动力和抗滑力，以滑动力除抗滑力，或以滑动力矩除抗滑力矩，即得稳定安全系数。计算出一系列的可能滑动面的安全系数，并找出其最小值，它就是坝坡的稳定安全系数。

坝坡抗滑稳定的安全系数应不小于表 5-4 规定的数值。

四、圆弧滑动法的基本原理

对于均质坝、厚心墙或厚斜墙坝，均可假定坝坡滑坍或坝坡连同坝基一起滑坍时，是一圆弧面所含的土体绕圆心发生转动。当土体绕圆心 O 点的滑动力矩大于抗滑力矩时，坝坡即丧失稳定。

表 5-4　坝坡抗滑稳定最小安全系数

运用条件	工　程　等　级			
	Ⅰ	Ⅱ	Ⅲ	Ⅳ、Ⅴ
正常运用	1.30	1.25	1.20	1.15
非常运用	1.20	1.15	1.10	1.05
地 震 时	1.10	1.05	1.05	1.00

图 5-15 表示下游坝坡连同坝基一起滑坍的情况。设取单宽坝长进行计算。先假定圆心 O 的位置和半径 R 的长度，画出圆弧，然后把圆弧内的土体分为宽度相等的若干土条，土条宽度可取 $b=0.1R$。土条的编号方法是，以圆心正下方的一条为 0 号，向左依次编号为 1、2、3、…，向右依次编号为 −1、−2、−3、…。不计土条之间的作用力。设任一土条 i 的重量为 W_i，则

滑动力　　$T_i = W_i \sin\alpha_i$

抗滑力　　$P_i = N_i \mathrm{tg}\varphi_i + c_i l_i = W_i \cos\alpha_i \mathrm{tg}\varphi_i + c_i l_i$

式中　φ_i——土的内摩擦角；

c_i——土的单位面积上的粘着力；

l_i——土条底面圆弧的长度，$l_i = \dfrac{\pi R}{180°}\alpha$。

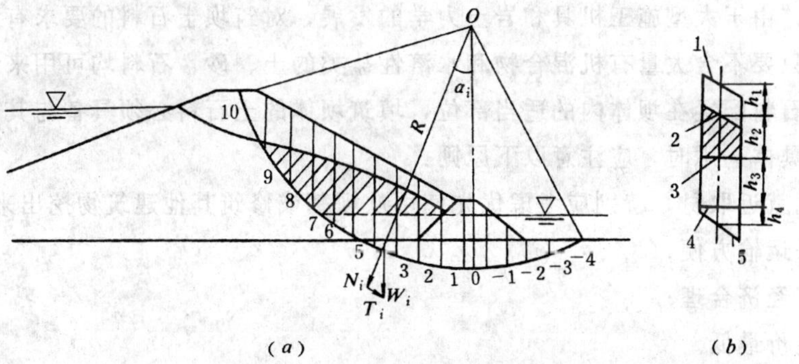

图 5-15　圆弧法计算

1—坝坡面；2—浸润线；3—下游水面的延长线；4—地基面；5—滑弧

在滑裂面上，总的滑动力为$\sum T_i$，总的抗滑力为$\sum P_i$，分别对圆心 O 取力矩，可得坝坡的稳定安全系数为

$$k = \frac{R\sum P_i}{R\sum T_i} = \frac{\sum W_i \cos\alpha_i \mathrm{tg}\varphi_i + \sum c_i l_i}{\sum W_i \sin\alpha_i} = \frac{\sum\left(\dfrac{W_i}{b}\right)\cos\alpha_i \mathrm{tg}\varphi_i + \sum\dfrac{c_i l_i}{b}}{\sum\left(\dfrac{W_i}{b}\right)\sin\alpha_i} \tag{5-13}$$

如考虑土的孔隙水压力对抗滑力的影响，在计算土条的重量时，可采取变换容重的办法来进行近似计算。具体的办法是把式（5-13）改写为

$$k = \frac{\sum\left(\dfrac{W_i}{b}\right)_2 \cos\alpha_i \mathrm{tg}\varphi_i + \sum\dfrac{c_i l_i}{b}}{\sum\left(\dfrac{W_i}{b}\right)_1 \sin\alpha_i} \tag{5-14}$$

而

$$\left(\frac{W_i}{b}\right)_1 = \gamma_w h_1 + \gamma_s h_2 + \gamma_b h_3 + \gamma'_b h_4$$

$$\left(\frac{W_i}{b}\right)_2 = \gamma_w h_1 + \gamma_b h_2 + \gamma_b h_3 + \gamma'_b h_4$$

式中 γ_w——坝体土的湿容重，kN/m³；

γ_s——坝体土的饱和容重，kN/m³；

γ_b——坝体土的浮容重，kN/m³；

γ'_b——坝基土的浮容重，kN/m³；

h_1、h_2、h_3、h_4 的意义见图 5-15（b）所示。

这种计算方法是简化的有效应力计算法，常称为变换容重法。此法计算的 k 值稍偏大，但其计算简便，在 3、4、5 级坝的设计中，多用此法计算。对更重要的 1、2 级坝，可采用更为精确的有效应力法，但计算复杂。

第五节　土石坝的筑坝材料

一、对筑坝材料的要求

近年来，由于大型施工机具和岩土力学的发展，对筑坝土石料的要求有愈来愈宽的趋势。原则上只要不含大量有机混合物和水溶性盐类的土、砂、石料均可用来筑坝。但必须将不同的土石料配置在坝体内的适当部位，填筑坝体的土石料必须具备与其使用目的相适应的性质。具体选用时，应注意以下原则：

1）就地就近取材，特别应考虑优先使用从坝基或修筑其他建筑物挖出来的土石料；

2）开采运输方便；

3）压实经济合理；

4）总造价最低。

二、坝体不同部位对土石料的要求

（1）适用于填筑防渗体及均质坝的土料　填筑防渗体及均质坝的土料，压实后应具有要求的抗剪强度与抗渗性能，并且最好是压实容易，变形量小，塑性好。具体要求如下：

1）土料中按重量计的有机质含量应小于 1%，水溶盐含量应小于 3%。

2）分区坝防渗体的土料，其渗透系数至少应小于坝壳土石料渗透系数的 1/50，且不宜大于 1×10^{-5}cm/s；均质坝的土料，渗透系数一般不大于 1×10^{-4}cm/s。

3）修建心墙、斜墙等防渗体时，要求土料具有一定的可塑性，以适应不均匀沉陷，避免产生变形裂缝。粘性土的可塑性用塑性指数 I_p 表示，塑性指数常用作粘性土的分类标准，见表 5-5。

表 5-5　土按塑性指数分类

土的名称	砂　土	砂壤土	壤　土	粘土
塑性指数	$I_p\leqslant1$	$1<I_p\leqslant7$	$7<I_p\leqslant17$	$I_p>17$

一般塑性指数为 7～20 的土料，较为适宜作防渗体。塑性指数小于 7 的土料透水性较大，大于 20 的肥粘土又易干裂、难压实，

故最好不用。

4) 土料浸水或失水时的体积变化应较小，以防发生显著的膨胀与收缩，以致出现裂缝。浸水后膨胀软化较大的肥粘土不宜作防渗体土料。

(2) 适用于填筑坝壳的土石料　填筑坝壳的土石料，应具有排水性能好、抗剪强度高、易于压实和抗震稳定性好等特点。

用于填筑坝壳的土石料，按重量计的有机质含量不应超过 5%，水溶盐含量不应超过 8%。

均匀的中、细砂及粉砂不易压实，在振动荷载作用下容易液化，在地震区应尽量避免采用。云母含量过多的风化砂难于压实，在长期荷载作用下压缩量大，浸水后还会产生显著的膨胀现象，因此不宜用于筑坝。

凡颗粒级配好的中砂、粗砂、砾石、卵石及其混合料都是较好的填筑坝壳的材料。

无粘性土料的级配情况，常用不均匀系数来表示：

$$\eta = \frac{d_{60}}{d_{10}} \tag{5-15}$$

式中　η——土粒的不均匀系数；

d_{60}——粒径曲线上对应于 60%的粒径值，参见图 5-16；

d_{10}——粒径曲线上对应于 10%的粒径值。

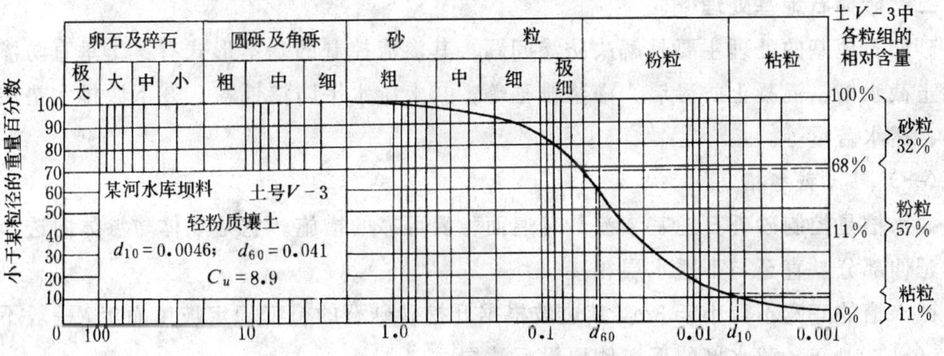

图 5-16　粒径曲线示意图

不均匀系数大，表示土料中粗细土粒混杂，土料级配不均匀，一般认为 η＝30～100 是级配良好的土料。

三、土料的填筑标准

土石料的填筑标准是指土料的压实程度及其适宜的含水量。一般情况下，土石料压得越密实，即干容重越大，其抗剪强度、抗渗性、抗压缩性也越好，可使坝坡较陡、剖面缩小。但过大的密实度，增加过多的碾压费用，往往是不经济的，而且工期还可能延长。因此，应综合分析各种条件，并通过试验，合理地确定土料的填筑标准，达到既安全又经济的目的。

(1) 粘性土的填筑标准　粘性土填筑标准的控制指标是干容重和含水量。含水量过大或过小均不易压实，只有当最优含水量时，一定的压实功能，能得到最大的干容重。我国中小型土坝粘性土料的设计干容重一般采用1.55～1.65g/cm³（15.2～16.2kN/m³），最优含水量为17%～23%。

（2）无粘性土的填筑标准　无粘性土的控制指标是干容重和孔隙比。砂砾料的设计干容重一般采用1.70～2.00t/m³（16.7～19.6kN/m³）。

第六节　土石坝的地基处理

土石坝地基处理的基本要求是：①控制渗流，要求坝基不产生渗透变形，减少渗漏水量和对下游的浸没；②控制稳定，使地基有足够的强度，以保证坝体及坝基的稳定性；③控制变形，防止不均匀沉陷，以保证土石坝不发生裂缝，正常运用。

根据上述要求，筑坝前首先要清除表层腐殖土，以及可能造成集中渗流和可能发生滑动的表层土石，如草皮、稀泥、较薄的细砂层、乱石及松动岩块等，一般清除深度约0.3～1.0m。

一、岩石地基处理

岩基的强度大、变形小，一般能满足土石坝的要求，处理的目的主要是控制渗流。小型土石坝的基岩一般可不作专门处理。大中型工程岩基防渗最常用的方法是灌浆帷幕，通常是在心墙或斜墙下面钻孔，进行灌浆形成帷幕，与坝体防渗设备连接起来。

二、砂卵石地基处理

砂卵石地基的处理主要是解决防渗问题。其渗流控制的基本形式有：①垂直防渗，包括粘土截水槽、混凝土防渗墙、灌浆帷幕等；②上游水平防渗铺盖；③下游排水垫层、减压井、透水盖重等。

（一）粘土截水槽

截水槽是控制砂砾石地基渗流最普遍而稳妥可靠的措施。它是坝体防渗体向透水地基中的延伸部分，直至与不透水层相接。

截水槽的底宽不得小于3m，其边坡根据开挖砂砾石的施工稳定坡度而定，一般不陡于1∶1.0～1∶1.5。截水槽的下游侧要设反滤层。

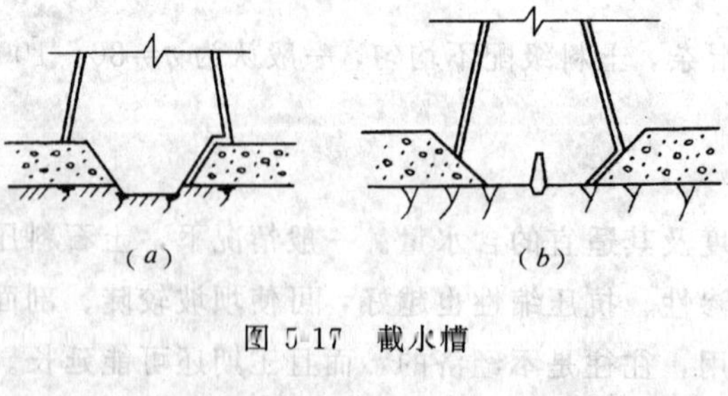

图5-17　截水槽

截水槽底部与不透水层的接触面是防渗薄弱环节。若不透水层为土层时，可将截水槽底部嵌入不透水层0.5～1.0m，见图5-17（*a*）。若不透水层为岩基时，可在接触面上做一道混凝土齿墙，见图5-17（*b*）。墙高1～2m，墙厚0.5～0.8m，两侧边坡1∶0.1。

截水槽一般适用于深度小于10～15m的砂卵石层。如果太深，则施工困难。

（二）防渗铺盖

当坝基透水层较深时，可采用水平铺盖防渗，如图5-18所示。铺盖是斜墙或心墙向上游的延伸部分，用粘性土料分层填筑压实而成。它不能完全截断渗流，但可增长渗径，降低渗透坡降，减少渗流量。铺盖的合理长度，一般不大于6～8倍设计水头。再加长，其防渗效果的增强并不显著。

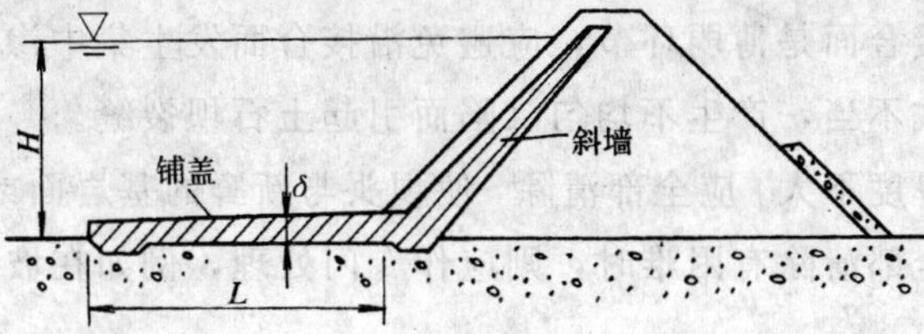

图 5-18　防渗铺盖

铺盖自上游向下游逐渐增厚，上游端部厚度至少0.5～1.0m，其余各处厚度为铺盖上下水位差的1/15～1/8。铺盖下面要设置反滤垫层；铺盖上面要有保护层，以免蓄水前或放空水库时冻裂或干裂。

三、细砂及软弱地基处理

（一）细砂地基的处理

1）挖除易液化砂层。对于表层的细砂可以采用挖除的办法。

2）压实易液化砂层。这种方法只对表面薄细砂层有效，如用拖拉机或振动碾压，压实深度可达1.2m。

3）振动加固。把振动管插进松砂层中振动使松砂紧密。

4）爆炸振实。在砂层中钻孔，孔底设炸药爆炸，在爆炸震动的作用下，水从砂粒孔隙中渗出，砂层沉陷加固。

5）增设压重。在坝脚加盖重，增加坝的稳定性。下游坝脚的盖重要做成透水的。

6）围封。用板桩、截水墙或沉箱等，截断可液化土的流动去路，以保证坝基稳定。

（二）软粘土地基处理

1）挖除。对于分布范围不大，埋藏较浅的淤泥或软粘土层，可将其全部挖除。

2）预压加固。筑坝以前，在地基表面置放土石或重物，使地基在筑坝前大部分沉陷完成，以减少将来筑坝时沉陷量。

3）压重。在上下游坝脚加大断面，借以增加坝基的稳定性，它与放缓坝坡所起的作用类似。

4）设砂井。在坝基中钻孔或打入桩尖有活瓣的空心钢管桩，然后在管中填入砂砾，最后拔出钢管，在地基中形成砂桩，或称砂井。砂井使软土中的孔隙水排除，固结加快，承载力增加。

（三）黄土地基处理

黄土的特点是结构疏松，无显著层理，具有肉眼可见的大孔隙及竖向孔道；垂直节理发育，干燥时可成垂直陡壁。黄土中以粉土为主，粗粉粒含量一般达50%以上，粘粒很少，一般不含中粗砂。黄土孔隙率高，干容重低，遇水后强度显著降低，有明显的湿陷性，易在水中崩解。对于黄土地基，通常采用下列方法加固处理。

1）预先浸水，使其产生湿陷。

2）将表层松软土层挖掉，换土压实。

3）把土层表面夯实，破坏黄土的天然结构，使其密实。

四、土石坝与岸坡的连接

土石坝与岸坡的接合面是薄弱环节，应避免沿接合面发生集中渗流。同时还要避免由于接合面的坡度和形式不当，产生不均匀沉陷而引起土石坝裂缝。

岸坡的坡积物如厚度不大，应全部清除，使坝头与新鲜的基岩面或坚硬的风化岩相接。如坡积物厚度很大，全部清除有困难时，则应作专门处理，例如在坡积物内开挖截水槽或设置混凝土刺墙等。

岸坡不应清理成台阶形，更不能存在反坡。岸坡应削成倾斜面或折面。岸坡的坡度，岩石岸坡一般不陡于1：0.75；土质岸坡一般不陡于1：1.5。

心墙与岸坡连接处，心墙断面应扩大1/2～1/3；斜墙与岸坡连接处应扩大一倍以上，以延长接触渗径，保证可靠的结合。

第七节　河岸式溢洪道

溢洪道是水库枢纽的重要建筑物。它承担着宣泄超过水库拦蓄能力的洪水，保证工程安全的重要作用。

溢洪道分河床式溢洪道与河岸式溢洪道两大类。在混凝土坝枢纽中，常利用布置在河床中的溢流坝泄洪，这种溢流坝便是河床式溢洪道。在土石坝枢纽中，一般不允许在坝上泄水，而在河岸上适当地点修建河岸式溢洪道。

河岸溢洪道又分为开敞式溢洪道和封闭式溢洪道两大类。属于前者的有正槽式溢洪道和侧槽式溢洪道，属于后者的有井式溢洪道和虹吸式溢洪道。

正槽式河岸溢洪道，过堰水流与泄槽的轴线一致，水流平顺，超泄能力大，结构简单，运用安全可靠，是应用最广泛的型式。本节主要介绍正槽式溢洪道。

一、溢洪道位置的选择

正槽式溢洪道（图5-19）可以建在岩基上，也可以建在土基上，但应尽量建在岩基上，以提高溢洪道的安全性，减少衬砌工程量。溢洪道兴建处要求河岸稳定，无塌滑的危险。

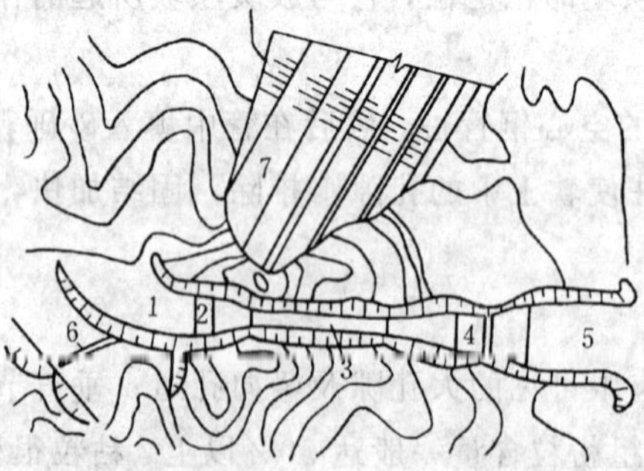

图5-19　正槽式溢洪道平面布置

1—引水渠；2—溢流堰；3—泄槽；4—消力池；5—泄水渠；6—非常溢洪道；7—土坝

地形条件对溢洪道的开挖方量影响很大。高程合适的马鞍形山谷是布置溢洪道比较理想的地形，平缓的岸边台地也适于开挖溢洪道。

在平面布置上，引水渠进口应与坝之间保持一定距离，避免横流对坝的冲刷。溢洪道的控制堰一般应尽可能靠近水库，尽量缩短引水渠的长度，以减小水头损失。下游出口除要注意离河道近，以减少尾水渠工程量外，特别要注意离坝脚及其他建筑物应有一定的距离，以免水流冲刷或回流淘刷坝脚，以及水面波动影响其他建筑物的运行与安全。

二、溢洪道的组成部分及构造

溢洪道的纵向组成部分可参见图 5-20。

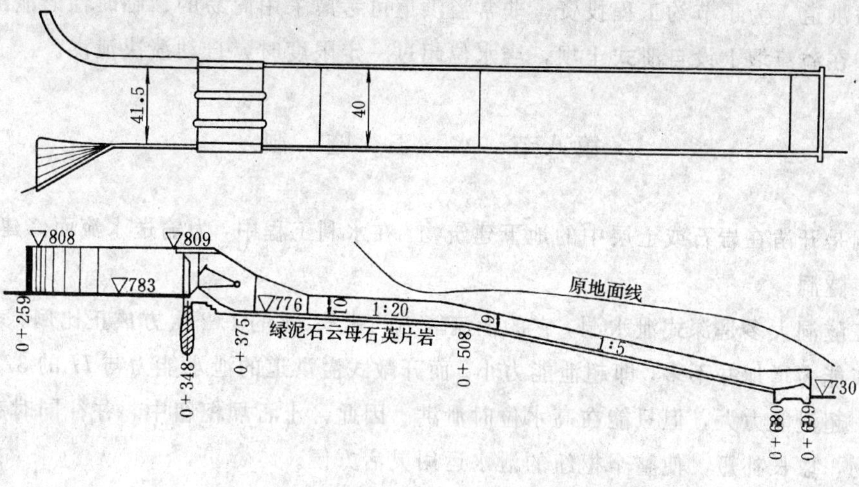

图 5-20　石头河溢洪道构造（单位：m）

(1) 引水渠　为使水流平顺地进入溢洪道，通常做成喇叭口形状进口的人工渠道。引水渠的水头损失要小，因此流速不宜大于 3m/s。引水渠的断面大多为梯形，岩基上边坡一般为 1∶0.2～1∶0.4，土基上边坡一般为 1∶1.5～1∶3.0。土基上要做混凝土或浆砌石护面。

(2) 溢流堰　为水流的控制段，故又称控制堰。大中型水库堰顶一般装设闸门，中小型工程也有不设闸门的。溢流堰有宽顶堰和实用堰两种基本型式（图 5-21）。实用堰的过水能力比宽顶堰大，但施工较复杂。

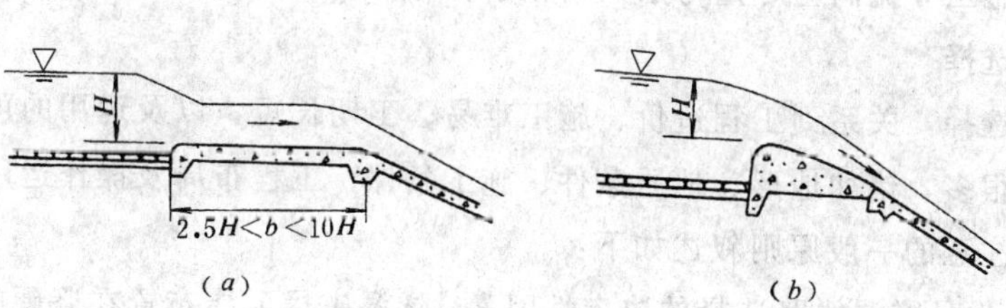

图 5-21　溢流堰的型式

(a) 宽顶堰；(b) 实用堰

(3) 泄槽段　为减少工程量，一般泄槽底坡都大于临界坡降，槽内流速较大。泄槽纵坡应因地制宜确定，在岩基上可陡到 1∶1，在土基上最好不陡于 1∶3。泄槽的横断面在岩基上一般是矩形，在土基上一般是边坡为 1∶1～1∶1.5 的梯形。泄槽一般要用混凝土或浆砌块石衬砌，衬砌厚度不小于 0.3m。

(4) 扩散消能段　泄槽出口一般需设扩散段，减小单宽流量以利消能，可设挑流鼻坎或消力池进行消能。

(5) 尾水渠　其作用是将泄下的水流送归下游河道，其构造要求与一般渠道相同。

三、非常泄洪措施

由于水文现象的机遇性和不确定性，为了保证水库的绝对安全，有时需考虑出现特大洪水（几率较小的超标准洪水）时水库的泄洪问题。这种为对付特大洪水的泄洪设施，称为非常溢洪道。为了节约工程投资，非常溢洪道可考虑采用简易的、临时性的泄洪控制设施。例如在溢流堰上设自溃式土坝，当水位超过一定限度时，自动溃决泄洪。

第八节　水　工　隧　洞

隧洞是开凿在岩石或土层中的地下建筑物，在水利工程中，为输送水流而修建的隧洞，称为水工隧洞。

水工隧洞大多是深式泄水洞，它的泄流能力与水头 H 的 1/2 次方成正比例，水位再增加时泄流能力增加并不多，即超泄能力小。而开敞式溢洪道的泄水能力与 H 的 3/2 次方成正比例，超泄能力大，但只能在高水位时泄洪。因此，土石坝枢纽中，往往同时布置这两种建筑物，取长补短，使整个枢纽的泄水运用灵活方便。

一、水工隧洞的类型

1）按承担的任务分有：①发电引水隧洞；②灌溉和供水隧洞；③泄洪隧洞；④排砂隧洞；⑤放空和施工导流隧洞。

2）按水力条件分有：①无压隧洞，隧洞过水时水不充满全洞，在洞顶留一定净空；②有压隧洞，水流充满隧洞全部断面。

发电引水洞一般是有压隧洞，施工导流或泄水洞一般是无压隧洞。

在设计水工隧洞时，应根据枢纽的规划，尽可能考虑一洞多用。例如泄洪、排砂和放空可以结合，施工导流洞应尽量与永久洞相结合等。

二、洞线选择

隧洞路线选择，关系到工程造价、施工难易、工期长短，以及运用的可靠性。影响洞线选择的因素很多，诸如地形、地质条件、施工条件、工程布局及操作运用条件等，这里仅将选线时应注意的一般原则叙述如下：

1）地质条件是隧洞线路选择的决定性因素，隧洞应尽可能布置在坚硬的岩基中，避开严重的破碎带和地下水丰富的地段。线路轴线与岩层层面、构造断裂面和主要节理裂隙面应具有较大的夹角，使洞线通过岩层倾角较陡的地段。隧洞进出口要选在山岩完整稳定无滑坡的位置。

2）隧洞路线应力求短而直，以减少工程费用和水头损失。如必须转弯时，其弯曲半径要大于洞宽的 5 倍，使水流平顺。

3）隧洞应有一定的埋置深度，以减小衬砌厚度。一般顶部及侧面的岩层厚度应大于 3 倍隧洞的开挖宽度。

4）对于长洞应考虑便于设置施工竖井或支洞，增加开挖工作面加快施工进度，并便于出碴和进料。

三、水工隧洞的主要组成部分及构造

水工隧洞由进口建筑物、洞身段和出口段三部分组成。

(一) 进口建筑物的型式

隧洞进口建筑物常用的型式有竖井式、塔式和岸塔式。

(1)竖井式　在隧洞进口附近的岩体中开挖竖井,井下设闸门,井上设启闭机室,如图 5-22 所示。竖井式进口建筑物不受风浪影响,结构简单可靠。缺点是闸门前隧洞段检修不方便。

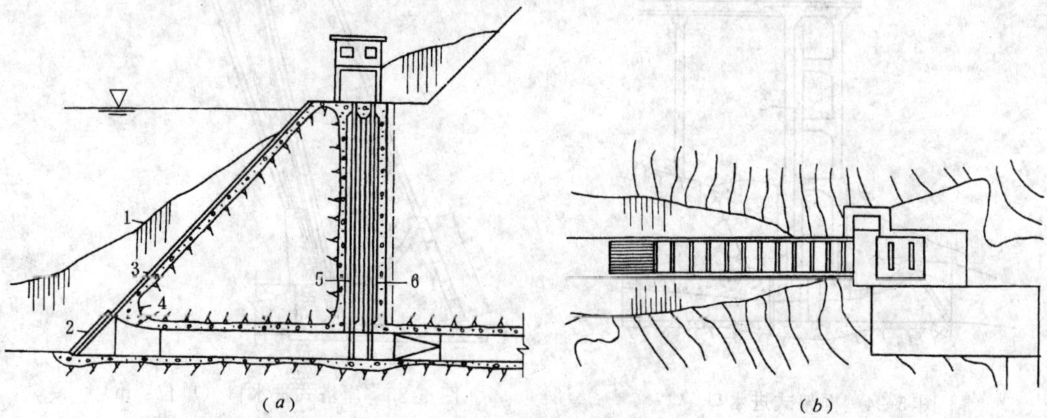

图 5-22　竖井式进水口

(a) 纵剖面图；(b) 平面图

1—原地面线；2—拦污栅；3—拦污栅轨道；4—进口渐变段；5—检修门槽；6—工作闸门槽

(2) 塔式　在隧洞进口处的水库中修建一座钢筋混凝土塔。塔内设闸门，塔上设启闭机,用工作桥与岸边连接,如图 5-23 所示。塔式进水口可以设置几个不同高程的取水口,分层取水，这对灌溉十分有利。其缺点是塔身受风浪、冰冻及地震的影响较大。

当作用水头较低或只需设一道闸门时，可将塔式改为框架式，如图 5-24 所示，常用于小型工程。

(3) 岸塔式　塔身倚靠在岸坡上，塔可以是直立的或倾斜的，如图 5-25 所示。岸塔式适用于岩坡较陡，岩石坚固稳定的情况。岸塔式的稳定性能较塔式为好，施工、安装均比较方便，因此在地形地质条件许可时应尽量采用。

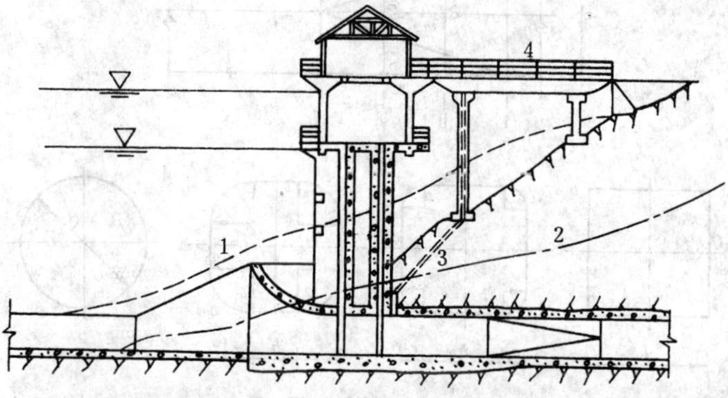

图 5-23　塔式进水口

1—原地面线；2—弱风化岩石线；3—通气孔；4—工作桥

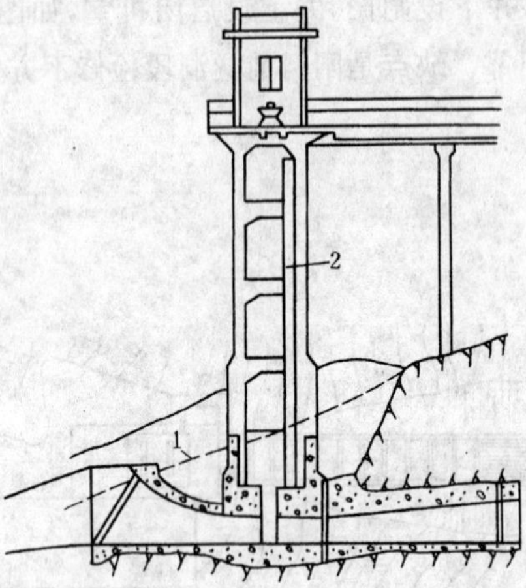

图 5-24 框架式进水口

1—原地面线；2—通气孔

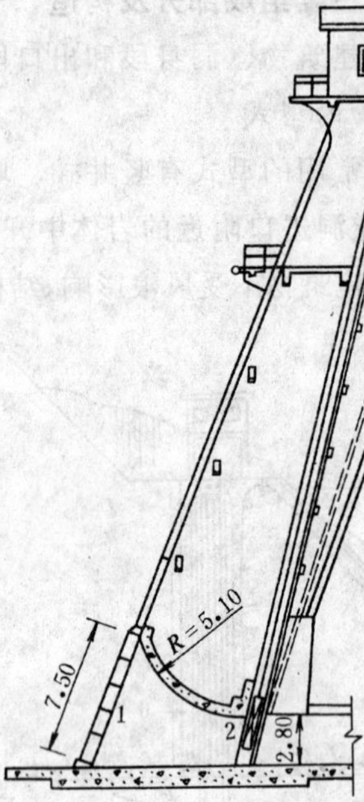

图 5-25 岸塔式进水口（单位：m）

1—拦污栅；2—闸口；3—通气孔

（二）进口段的构造

隧洞进口段常由拦污栅、喇叭口、闸门、通气孔和渐变段等组成。

（1）喇叭口 隧洞设喇叭状进口，主要为使水流平顺，避免产生负压和气蚀破坏。

（2）闸门 隧洞常设两道闸门。工作闸门用以正常操作调节流量。工作闸门前面的检修闸门，只在工作闸门或洞身检修时用以挡水。闸门有平面闸门和弧形闸门两种。

（3）渐变段 闸门处的孔口通常是矩形断面，当这个断面与其后的洞身断面的形状尺寸不同时，应设渐变段以保证水流平顺衔接。最常见的是由矩形断面渐变成圆形断面的渐变段，渐变段的长度一般为洞径的 2～3 倍，见图 5-26。

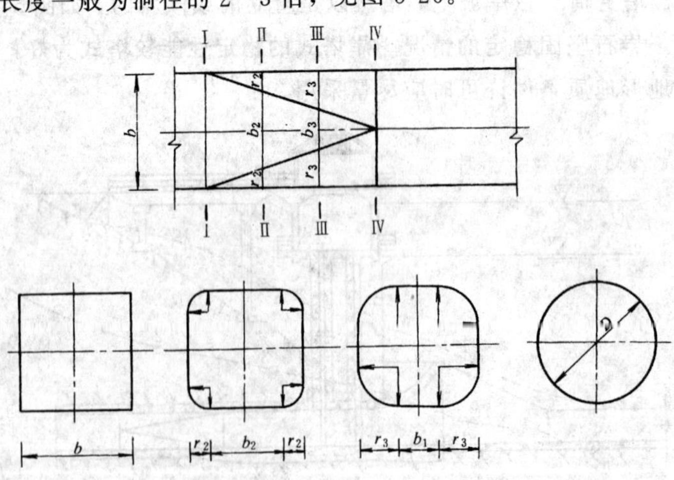

图 5-26 渐变段

(4) 通气孔　当闸门部分开启时，闸门后空气逐渐被水流带走，形成负压区。设通气孔补气，可降低门后负压，稳定流态，避免建筑物振动和气蚀破坏。通气孔的断面积一般按经验公式计算，也可按隧洞断面积的3%～5%采用。通气孔管道应引至进水塔顶最高库水位以上。

(三) 洞身断面型式与构造

洞身的断面型式，取决于水流条件、受力条件、施工条件及运用要求等。

(1) 无压隧洞的断面型式　无压隧洞多采用圆拱直墙形断面，见图5-27 (a)。这种断面受力条件好，施工方便。如围岩条件差，可采用马蹄形［图5-27 (b)］或蛋形［图5-27 (c)］。

无压隧洞为了保证洞内水流为明流，应保持水面至洞顶，净空面积不小于隧洞断面积的15%，净空高度不小于40cm。无压隧洞的纵坡一般为0.01左右。

(2) 有压隧洞的断面型式　有压隧洞一般采用圆形断面，见图5-27 (d)。这是由于圆形断面的水流条件和受力条件较为有利。有压隧洞的纵坡一般采用0.002～0.005。

(3) 洞身衬砌　隧洞一般都要衬砌，衬砌的作用是：承受山岩压力、内外水压力及其他荷载，防止渗漏，保护围岩和减小其表面糙率等。衬砌的主要材料有石料、混凝土或钢筋混凝土等。混凝土衬砌每隔4～18m应设一条温度伸缩横缝，缝中应设止水。当隧洞穿过地质条件显著变化地段（如断层、破碎带等），应加密横缝作为沉陷缝。有压隧洞对周围的岩层需进行灌浆，使衬砌与围岩紧密结合，并固结围岩。图5-28为一压力洞的单层混凝土衬砌。

(四) 出口建筑物

泄水隧洞的出口，水流比较集中，流速大冲刷力强。为了保证隧洞出口下游的安全，必

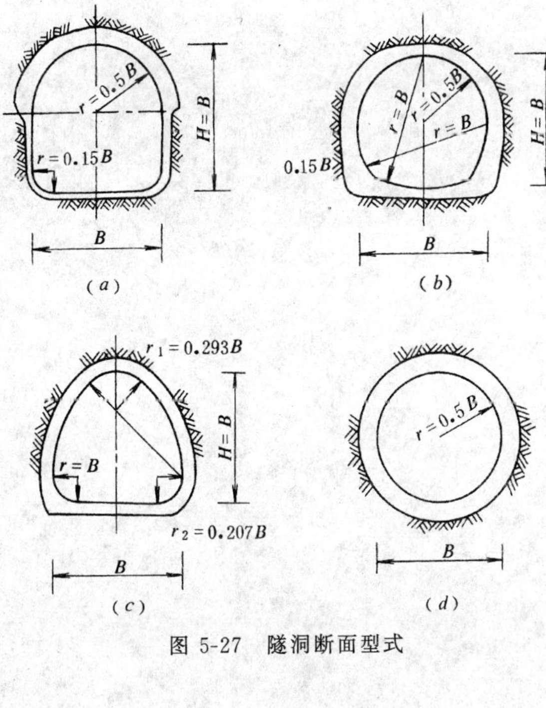

图 5-27　隧洞断面型式

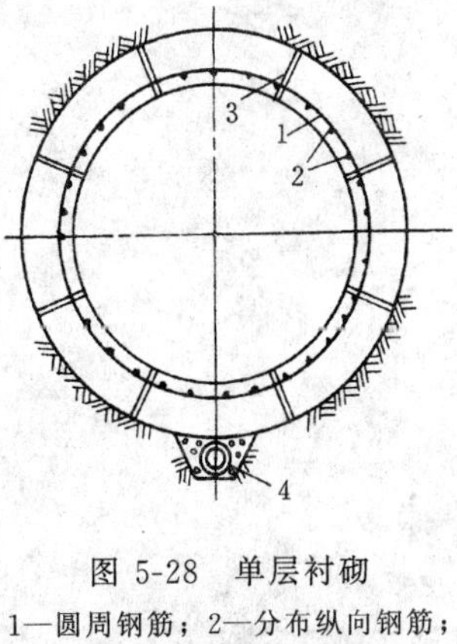

图 5-28　单层衬砌

1—圆周钢筋；2—分布纵向钢筋；3—灌浆孔；4—排水管

须在隧洞出口处设置消能设备，通常采用的消能方式有消力池、消力坎或挑流鼻坎（图5-29）。

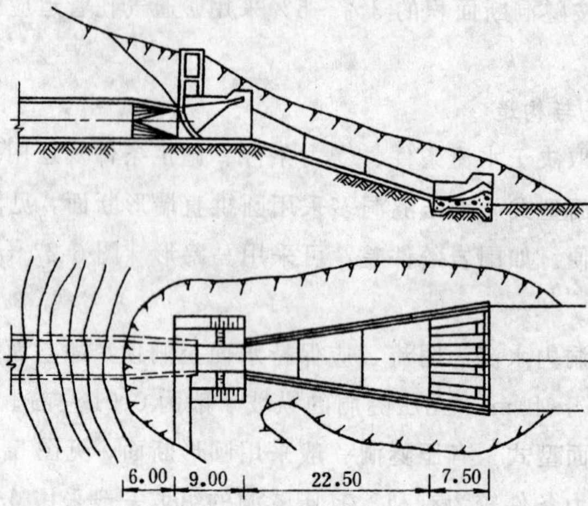

图 5-29　隧洞出口挑流消能（单位：m）

第六章　重力坝与拱坝蓄水枢纽工程

重力坝和拱坝也是应用较多的坝型。大中型重力坝和拱坝多数用混凝土浇筑，中小型工程中有些用浆砌石修建。

重力坝由于结构简单、施工方便、工作可靠，所以发展较早，应用广泛。60 年代以前世界上所建的高坝中，重力坝约占三分之一。目前最高的重力坝是瑞士的大狄克桑斯坝，坝高 285m。我国建国后修建了一批大中型蓄水枢纽工程，其中新安江、丹江口、三门峡、刘家峡、龚嘴等都是采用混凝土重力坝。刘家峡坝高 147m，是我国已建成的最高的混凝土重力坝。

在地形地质条件适合的情况下，修建拱坝有利于发挥混凝土或浆砌石材料的抗压强度，坝体厚度可大大减薄，坝的体积减小，可以节约工程量，因此拱坝是一种很优越的坝型。

本章主要介绍重力坝和拱坝的枢纽组成及布置，建筑物的型式和构造，以及其基本要求。

第一节　重力坝的特点与类型

一、重力坝的特点

1）重力坝主要依靠坝体自重来维持稳定。重力坝由于要靠自重来维持稳定，因而坝体断面较大。为了避免温度胀缩的影响，通常用横缝将坝体分成若干独立的坝段。每一坝段的结构形式类似支承于地基上的悬臂梁。并且，由于筑坝材料（混凝土和浆砌石）的抗拉强度低，一般不允许坝体出现拉应力。

据理论分析和工程实践经验，重力坝（非溢流实体重力坝）一般具有图 6-1 所示的几种断面形式。其基本断面为三角形，具有铅直或接近铅直的上游坝面。

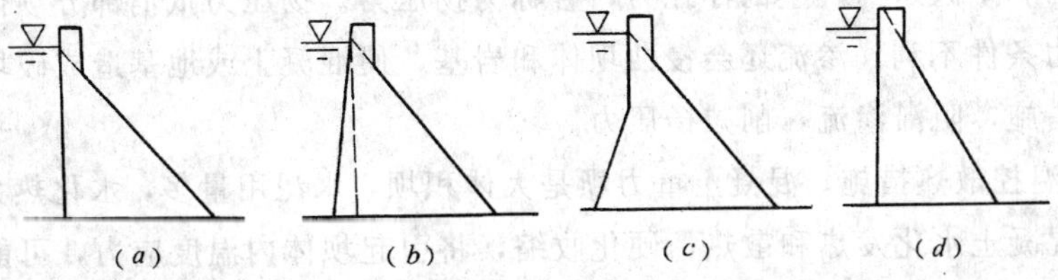

图 6-1　非溢流重力坝的断面形式

2）便于泄水和其他建筑物的布置。重力坝断面较大，所用材料抗冲能力强，可以布置坝顶溢流和在坝体内设置泄水孔，一般不需要在坝体外另设泄洪设施。

重力坝的水库枢纽布置，一般如图 6-2 所示。

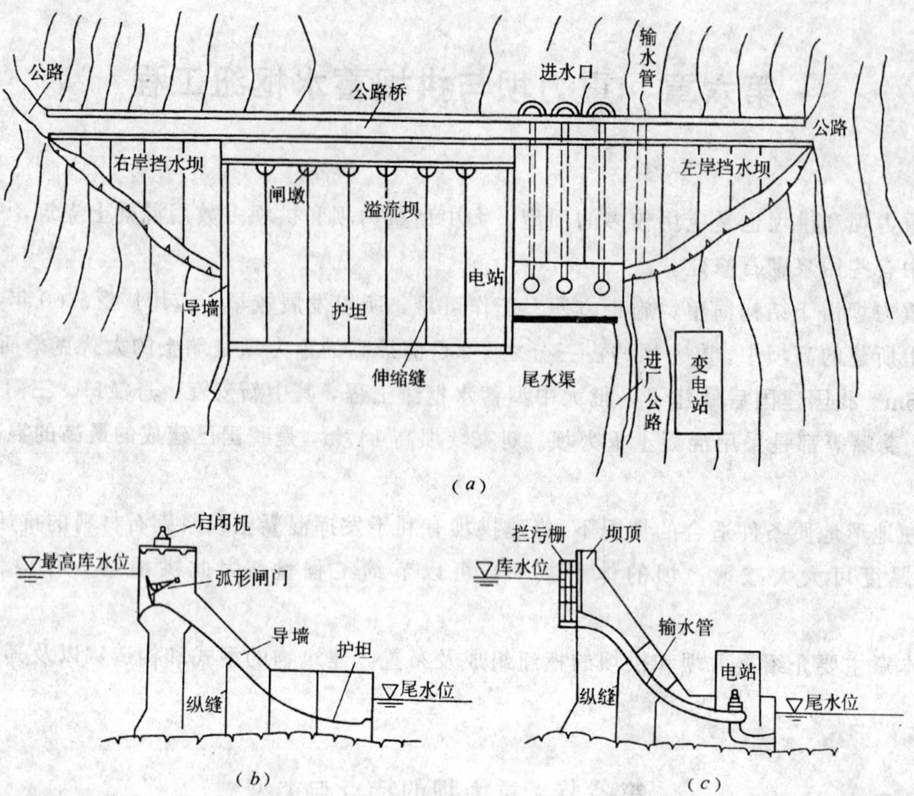

图 6-2 重力坝枢纽布置

(a) 平面布置；(b) 溢流坝段布置；(c) 电站挡水坝段布置

3）对地形、地质条件适应性较好。地形条件对重力坝影响不大，几乎任何形状的河谷断面均可建造重力坝。重力坝对地基的要求比土石坝高，比拱坝低，重力坝一般修建在岩基上。重力坝在沿坝轴线方向被横缝分割成若干独立的坝段，能较好地适应岩石物理情况的变化和各种非均质的地基。

4）受扬压力的影响大。坝体材料和地基在一定程度上都是透水的。在水头作用下，水将从上游通过坝基或坝体的孔隙向下游渗透，渗透水流在坝基面和坝体内产生渗流压力。向上的渗流压力和下游水深产生的浮托力，合称为扬压力。扬压力抵消部分坝体重量，对坝的稳定和应力条件不利。渗流还会侵蚀坝体和岩基，使混凝土或地基造成破坏。因此，必须采取防渗措施，阻滞渗流，削减扬压力。

5）需要温控散热措施。混凝土重力坝是大体积坝，水泥用量多，水化热大，散热条件差。施工时混凝土水化发热和散热，硬化收缩，将引起坝体内温度应力，可能使坝体产生裂缝。为避免裂缝影响坝的耐久性、抗渗性，混凝土重力坝均需采取温控散热措施。如选用低热水泥，减少水泥用量；施工时把坝体分缝分块，减小约束等。

6）材料强度一般不能充分发挥。重力坝坝体内的压应力通常是不大的。例如，一座高70m的重力坝，坝体内最大压应力一般不超过2.2MPa。对于这样的压应力，即使是低标号混凝土或浆砌石，其材料强度也未能充分发挥。这是重力坝的一个主要缺点。

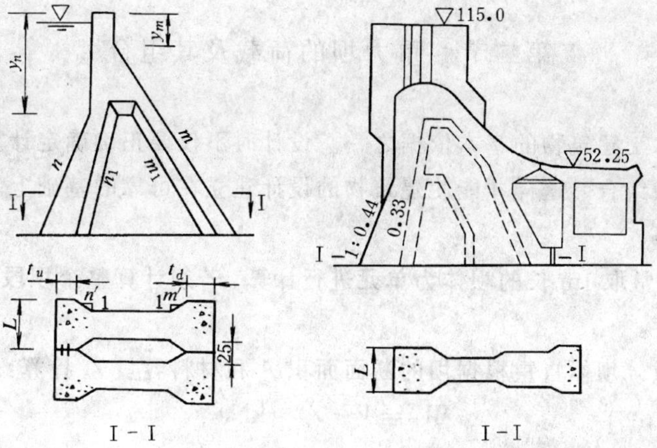

图 6-3　宽缝重力坝的结构布置

二、重力坝的类型

重力坝通常根据坝的高度、筑坝材料、泄水条件和断面的结构型式来进行分类。

1）按坝的高度分类。重力坝按坝的高度分为低坝、中坝和高坝三类。坝高小于 30m 的为低坝，坝高 30～70m 的为中坝，坝高大于 70m 的为高坝。坝高系指坝基最低面（不包括局部深槽或井、洞等）至坝顶路面的高差。

2）按筑坝材料分类。根据坝体的筑坝材料，分为混凝土重力坝和浆砌石重力坝。

3）按泄水条件分类。按重力坝顶部是否溢流，分为溢流重力坝和非溢流重力坝。每座重力坝一般又根据其泄流条件分为若干坝段，如溢流坝段、非溢流坝段（挡水坝段）、底孔泄流坝段、电站引水坝段等。

4）按断面结构型式分类。针对重力坝的某些特点，为了改善其工作条件，对坝体的断面结构型式作一些改善，而发展成为宽缝重力坝、空腹重力坝、宽缝填碴坝等。对原始的重力坝则称为实体重力坝。

宽缝重力坝是将实体重力坝的横缝加宽为占有一定空间的“宽缝”而形成的，如图6-3所示。

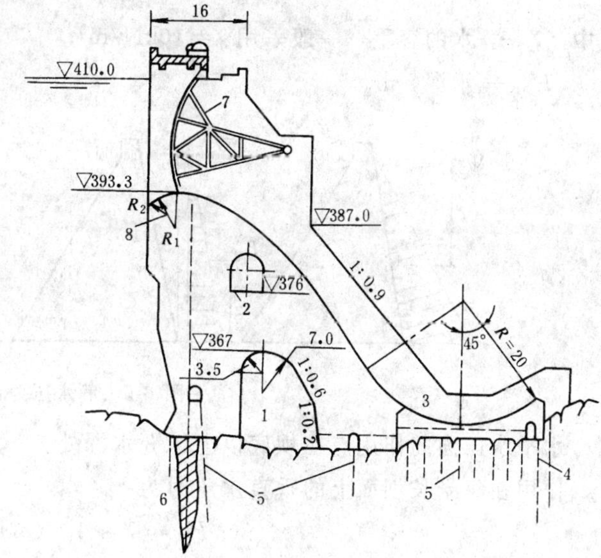

图 6-4　石泉空腹坝结构（单位：m）

1—下腹拱；2—上腹拱；3—消力戽；4—戽端灌浆孔；5—排水孔；6—帷幕灌浆；7—弧形闸门；8—多心圆

空腹重力坝是在坝的底部沿坝轴线方向布置大尺寸的孔洞。有的空腹坝在底部孔洞下不设底板，坝体所受的力直接由前、后两腿传到地基上，这类空腹坝又叫腹拱坝，如图6-4所示。

第二节　重力坝的荷载及其组合

荷载是设计水工建筑物的基本依据之一。设计时不仅要正确确定计算荷载，而且还应注意正确选择荷载组合，这样才能使建筑物的设计建立在可靠的基础上。

一、荷载计算

计算荷载时，常取 1m 长的坝体为单元进行计算。若须计算整个坝段的荷载时，则应乘以整个坝段的长度。

(1) 坝体自重　坝体自重根据坝的断面面积 A 和材料容量 γ_h 计算：

$$W = V \cdot \gamma_h \quad (\text{kN}) \tag{6-1}$$

式中　V——坝段体积，m^3，单位坝长时 $V=A$；

γ_h——材料容重，kN/m^3，初步设计时可取：混凝土 $\gamma_h=23.5\sim24.0\text{kN/m}^3$；浆砌块石 $\gamma_h=21\sim23\text{kN/m}^3$。

坝体自重作用在其形心处。

坝体上永久设备的重量（如闸门、启闭机及桥梁等），应计入在坝体自重之内；临时设备的重量和活荷载（人群和车辆荷载），在验算稳定时一般不予计入。

(2) 静水压力（图 6-5）　作用在每米长坝面上的水平水压力为

$$P_H = \frac{1}{2}\gamma H^2 \quad (\text{kN}) \tag{6-2}$$

式中　γ——水的容重，一般采用 $\gamma=10\text{kN/m}^3$；

H——水深，m。

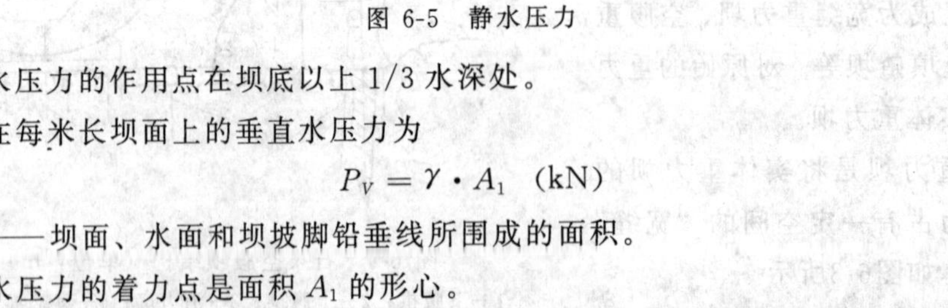

图 6-5　静水压力

水平水压力的作用点在坝底以上 1/3 水深处。

作用在每米长坝面上的垂直水压力为

$$P_V = \gamma \cdot A_1 \quad (\text{kN}) \tag{6-3}$$

式中　A_1——坝面、水面和坝坡脚铅垂线所围成的面积。

垂直水压力的着力点是面积 A_1 的形心。

(3) 扬压力　扬压力包括上、下游水位差引起的渗透压力和下游水位引起的浮托力。扬压力向上作用，减小坝体的有效重量，对坝体的稳定和应力条件不利。因此往往在上游坝脚附近的地基中设置防渗帷幕，降低帷幕后坝底的渗流压力；同时在防渗帷幕后的基岩中设置排水孔幕，降低排水孔后坝底渗流压力。

1）坝基无防渗帷幕和排水孔时，上游坝脚的扬压力为γH_1，下游坝脚的扬压力为γH_2，如图 6-6 (*a*)。图中矩形部分表示下游水位在坝底所产生的浮托力；三角形部分表示上下游水位差所形成的渗流压力。即扬压力为

$$P_u = \gamma T H_2 + \frac{1}{2}\gamma T(H_1 - H_2) \tag{6-4}$$

浮托力和渗流压力各作用在其相应图形的形心。

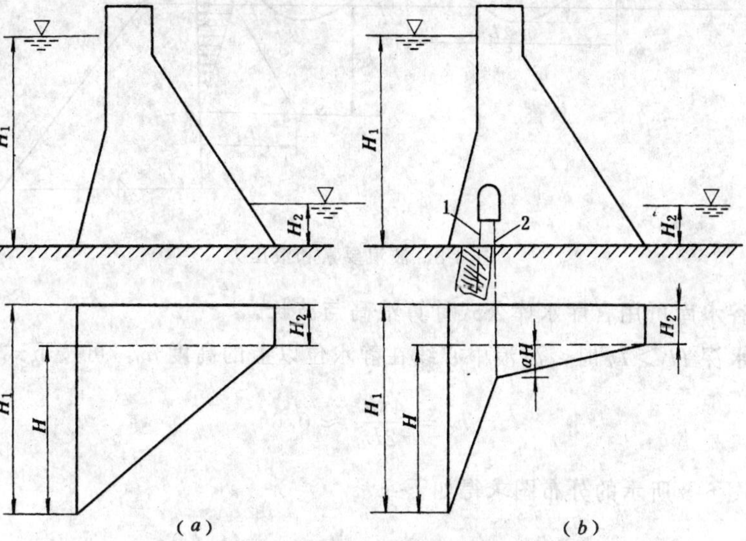

图 6-6 扬压力计算图

(*a*) 未设防渗帷幕和排水孔；(*b*) 设有防渗帷幕和排水孔

1—帷幕中心线位置；2—排水孔中心线位置

2）坝基有防渗帷幕和排水孔时，其扬压力图形如图 6-6 (*b*) 所示。在排水孔中心处扬压力折减系数α，河床坝段采用 0.2～0.3；岸坡坝段采用 0.3～0.4。当地质条件较复杂时，应进行研究论证，以确定合适的数值。

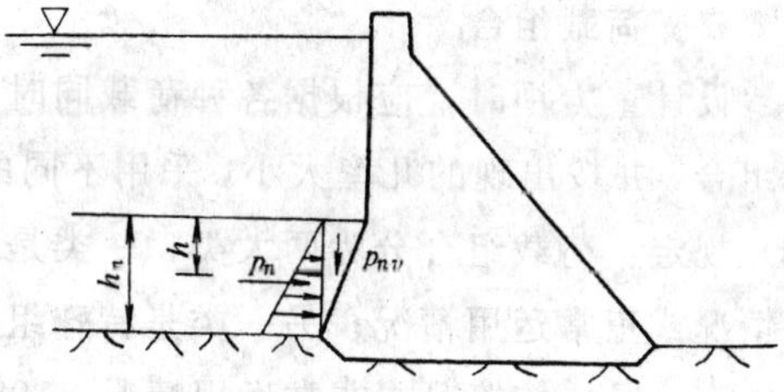

图 6-7 泥沙压力

(4) 泥沙压力 入库水流带来的泥沙将在水库内淤积，淤积在坝前的泥沙将对坝面产生泥沙压力。泥沙压力呈三角形分布，如图 6-7 所示，水平泥沙压力的合力为

$$P_n = \frac{1}{2}\gamma_n h_n^2 \mathrm{tg}^2\left(45° - \frac{\varphi_n}{2}\right) \text{ (kN)} \tag{6-5}$$

式中 γ_n——泥沙浮容重，一般情况下$\gamma_n = 6 \sim 9\text{kN/m}^3$；

φ_n——泥沙内摩擦角，一般粗沙$\varphi_n = 18° \sim 20°$，粘土质淤积物$\varphi_n = 12° \sim 14°$，极细的淤泥和胶质颗粒$\varphi_n = 0°$；

h_n——坝前泥沙淤积厚度，m，淤积年限一般按 50～100 年计算。

水平泥沙压力的合力作用于坝底以上 $1/3h_n$ 高度处。垂直泥沙压力的计算与垂直水压力情况相似。

(5) 浪压力　水库水面在风力的作用下形成波浪，波浪冲击坝面形成浪压力。波浪要素和浪压力分布如图 6-8 所示。

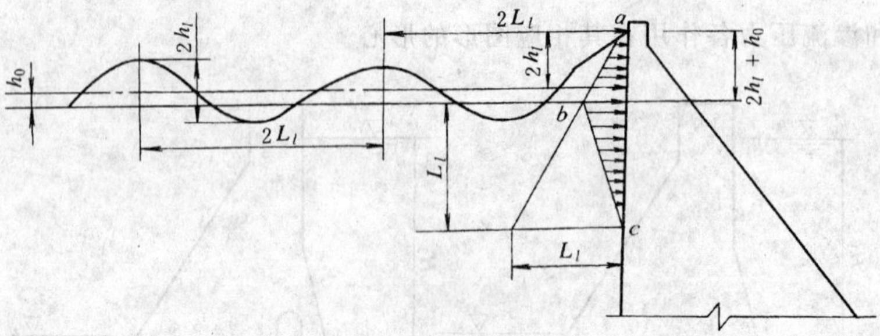

图 6-8　波浪要素和浪压力

山区峡谷水库可用官厅水库公式计算浪高与波长。

当坝前水深 $H_1 > L_l$ 时，波浪中心线在静水位以上的高度 h_0，可按下式计算：

$$h_0 = \frac{4\pi h_l^2}{2L_l} \approx 0.6h_l \tag{6-6}$$

浪压力可按图 6-8 所示的分布图求得如下：

$$P_l = \frac{\gamma}{2}(L_1 + 2h_l + h_0)L_l - \frac{\gamma}{2}L_l^2 \tag{6-7}$$

此外还有地震荷载、冰压力、动水压力及土压力等，这些荷载的计算本书不予列述，读者可参阅水工建筑物的有关教材。

二、荷载组合

设计重力坝时，应根据各种荷载同时作用的可能性，选择计算中最不利的荷载情况进行组合，并按出现的几率大小，采用不同的安全系数。《混凝土重力坝设计规范》(SDJ21—78) 规定：荷载组合分为两大类，一类是基本组合，由同时出现的基本荷载组合，属于设计情况或正常运用情况；另一类是特殊组合，由同时出现的基本荷载和一种或几种特殊荷载组合，属校核情况或非常运用情况。1984 年补充规定：一般以正常蓄水位时的荷载组合作为基本组合；对于以防洪为主的水库，其正常蓄水位很低者，可以 50 年至 100 年一遇洪水水位时的荷载作为基本组合；在严寒地区冰冻情况仍应作为一种基本组合；而以校核洪水时的荷载或地震时的荷载作为特殊组合。

各种荷载组合中应考虑的荷载详见表 6-1，表中“＋”表示需考虑的荷载，“0”表示不考虑的荷载。静水压力、扬压力和浪压力应按相应库水位来计算。地震情况的组合，应按正常蓄水位进行计算。

重力坝的断面原则上应由基本荷载组合控制，并以特殊荷载组合复核。复核特殊荷载组合时，允许考虑利用一些合理的安全潜力（如坝体的空间作用、短期震动情况下材料强度的提高等）及其它适当措施，尽量做到不由稀遇的荷载控制断面设计。

特殊荷载组合有时还应考虑施工期情况。排水设备易于堵塞时还应考虑排水失效的情况。

表 6-1

荷载组合	主要考虑情况	荷载								
		自重	静水压力	扬压力	泥沙压力	浪压力	冰压力	地震力	动水压力	土压力
基本组合	(1) 正常蓄水位情况	+	+	+	+	+	0	0	0	+
	(2) 设计洪水位情况	+	+	+	+	+	0	0	+	+
	(3) 冰冻情况	+	+	+	+	0	+	0	0	+
特殊组合	(1) 校核洪水位情况	+	+	+	+	+	0	0	+	+
	(2) 地震情况	+	+	+	+	+	0	+	0	+

第三节　非溢流重力坝的剖面与受力条件

一、非溢流重力坝的剖面

重力坝的剖面设计应考虑的基本原则有：①保证大坝安全运用，满足稳定及强度要求；②尽可能节省工程量，力求剖面尺寸最小；③满足操作运用及管理要求；④坝剖面外形简单，便于施工。

影响坝体剖面设计的因素很多，诸如作用荷载、地形地质条件、运用要求、筑坝材料、施工条件以及坝体内管道布置等。剖面设计时，最好参照地质条件相近的已成重力坝拟定一个剖面，然后对拟定的剖面进行稳定和应力分析，往往要经过多次反复修改计算，才能求得理想的实用剖面，参见图 6-9。

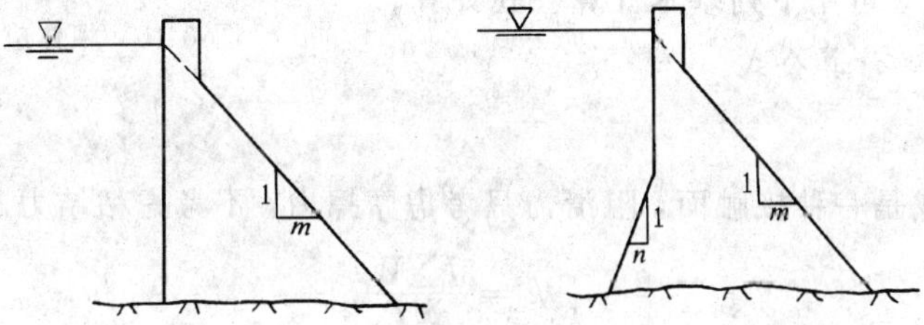

图 6-9　重力坝的实用剖面

(一) 坝顶高程

重力坝的坝顶一般都设防浪墙。防浪墙顶在最高库水位（静水位）以上的超高，按下式计算：

$$\Delta h = 2h_l + h_o + h_c \tag{6-8}$$

式中　$2h_l$——波浪高度；

h_o——静水位至波浪中心线的高度；

h_c——安全超高，按表 6-2 采用。

坝顶应不低于最高静水位，防浪墙的高度一般为 1.2m。

表 6-2　　安全超高 h_c（m）

荷载组合 \ 坝的级别	Ⅰ	Ⅱ	Ⅲ	Ⅳ、Ⅴ
基本组合（正常运用）	0.7	0.5	0.4	0.3
特殊组合（非常运用）	0.5	0.4	0.3	0.2

（二）坝顶宽度

坝顶宽度应根据设备布置、运行、检修、施工和交通等需要确定。无特殊要求时，坝顶宽度可采用坝高的 8%～10%，一般不小于 2m。

（三）坝坡

重力坝的上游面可为铅直平面、斜面或折面。折坡点一般位于 1/3～2/3 坝高处，上游坝面的下部一般采用 1∶0～1∶0.2 的坡度，下游坝坡一般采用 1∶0.6～1∶0.8，坝底宽约为坝高的 0.7～0.9 倍。

二、重力坝的受力条件

岩基上的重力坝，主要依靠坝体的自重，在地基面上产生的摩擦力和粘结力来抵抗水压力，以达到稳定的要求；同时，依靠坝体自重产生的压应力，来抵消由于水压力引起的坝体上游侧的拉应力，以满足坝身强度的要求。

一般认为，上述抗滑稳定及无拉力原则，是保证重力坝安全工作的两个主要条件。对于这两个条件，不仅在坝基面上要满足，在坝体内的任何水平截面上也必须满足。

研究重力坝的稳定和应力时，可取 1m 长的坝段，作为固定在坝基上的悬臂梁，如图6-10所示。根据力学知识，可用下列基本计算公式计算。

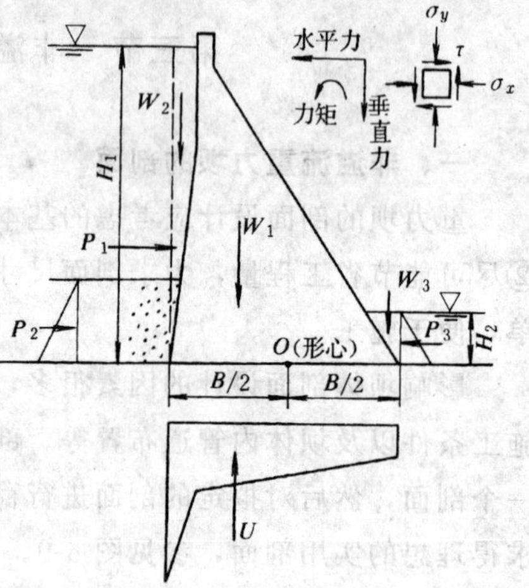

图 6-10　坝体应力计算图形

（一）抗滑稳定计算公式

1. 摩擦公式

把滑动面看成是一种接触面，阻滑力只考虑摩擦力，不考虑粘结力。当滑动面水平时：

$$k=\frac{f\sum W}{\sum P} \tag{6-9}$$

式中　k——摩擦公式的抗滑安全系数，k=1.00～1.10；

f——摩擦系数；

$\sum W$——全部荷载的铅直分力的总和；

$\sum P$——全部荷载的水平分力的总和。

2. 剪摩公式（抗剪断公式）

此法认为坝体与坝基胶结良好，因此：

$$k'=\frac{f'\sum W+c'A}{\sum P} \tag{6-10}$$

式中　k'——抗剪断公式的抗滑稳定安全系数，k'值不分级别，正常运用 $k'\geqslant 3.0$，非常运用 $k'\geqslant 2.5$～2.3；

f'——抗剪断摩擦系数；

c'——抗剪断粘结力，N/m^2；

A——坝基面（滑动面）的面积，m^2。

应该指出的是：重力坝抗滑稳定问题，涉及抗剪强度试验方法、计算参数的选择、以及稳定计算方法和安全系数三个方面。计算参数的可靠性，取决于试验方法的合理性；而计算方法和安全系数的选定，又必须与计算参数的取用相一致。这就是说，试验方法、计算参数、计算方法和安全系数密切相关，必须前后一致。

（二）坝上下游边缘应力计算公式

对坝体断面起控制作用的最大主应力均发生在上下游边缘处。初步拟定重力坝的断面，或设计中等高度以下的重力坝时，可以只计算坝面上下游边缘应力。

水平截面上，上下游边缘的垂直正应力计算式如下：

上游边缘
$$\sigma_{yu} = \frac{\sum W}{B} + \frac{6\sum M}{B^2} \tag{6-11}$$

下游边缘
$$\sigma_{yd} = \frac{\sum W}{B} - \frac{6\sum M}{B^2} \tag{6-12}$$

上二式中 $\sum W$——全部荷载铅直分力总和（以向下为正）；

$\sum M$——全部荷载对截面中心力矩之和（以使上游面产生压应力为正）；

B——计算截面上下游方向的长度。

所谓无拉力原则，即要求

$$\sigma_{yu} \geqslant 0;\ \sigma_{yd} \geqslant 0$$

当然，上、下游边缘应力均不得大于坝体材料或坝基的允许应力。

第四节　重力坝的构造与地基处理

一、非溢流重力坝的构造

（一）坝顶构造

坝顶上游侧常设置防浪墙，以减小坝高，节约工程量。防浪墙高一般 1.2m，采用与坝连成整体的钢筋混凝土结构。不设防浪墙时，坝顶两侧应设置栏杆。

坝顶通行车辆时，应按交通要求铺设路面，路面应有适当的横向坡度，并设置相应的排水设施，如图 6-11 所示。当设人行道时，人行道应高出坝顶路面 20cm 左右。

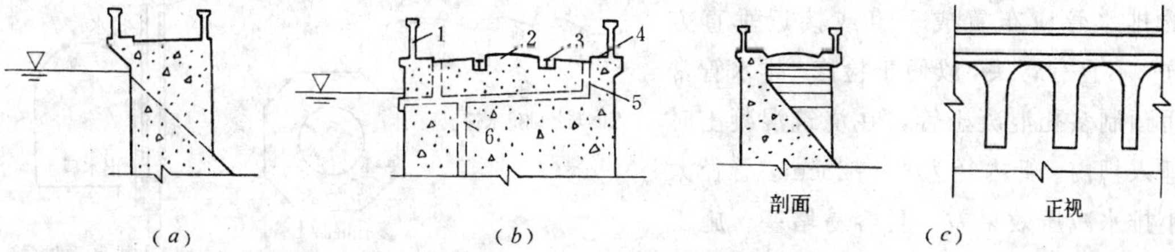

图 6-11　坝顶结构布置图

1—防浪墙；2—公路；3—起重机轨道；4—人行道；5—坝顶排水管；6—坝体排水管

（二）坝体分缝

为了防止坝体因温度变形和地基不均匀沉陷而产生裂缝，为了适应混凝土浇筑能力和散热要求，在坝体内需要进行分缝。

（1）永久性横缝　永久性横缝垂直于坝轴线设置，将坝体分成若干坝段。横缝间距一般为12～20m，主要取决于地基特性、河谷地形、温度变化、结构布置等。

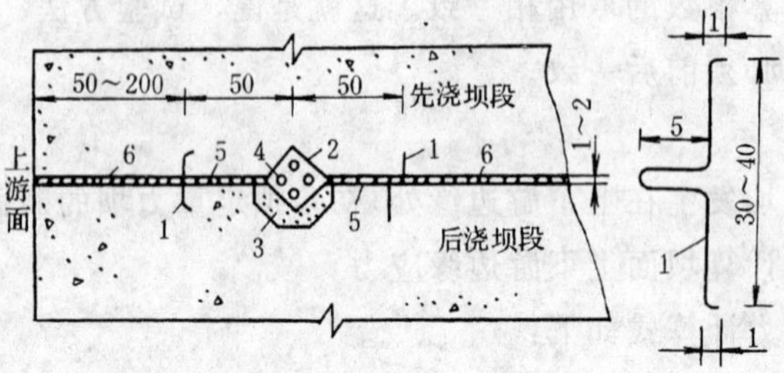

图 6-12　横缝止水结构图（单位：cm）

1—止水片；2—沥青井；3—预制混凝土块；4—ϕ16 加热钢筋；5—沥青玛蹄脂填缝；6—沥青油毡填缝

永久性横缝的缝面为平面，不进行灌浆，缝宽1～2cm。横缝内需设置专门的止水，以阻止库水经横缝向下游渗漏。高坝常设两道止水片，止水片之间设置沥青井，如图6-12所示。中小型工程可不设沥青井，在上游侧只设一道止水片。金属止水片一般采用1.0～1.6mm厚的紫铜片，弯成图示形状。第一道止水片离上游面0.5～2m，止水片应埋入混凝土中20～25cm。止水片应用铜焊接长。在不太重要的部位，可用镀锌铁皮。近年来，塑料止水和橡胶止水应用也很广泛。沥青井通常呈方形，常用尺寸为20cm×20cm至30cm×30cm。井内应设加热设备，使沥青熔化流动。井底应设置沥青排出管，以便排除老化沥青。

在狭窄河谷上也有的做成整体式重力坝，以发挥两侧山体的支撑作用，减小坝的断面，节省工程投资。

（2）施工缝　为了适应浇筑能力和减小施工期的温度应力，常用纵缝或横缝把坝段分成几块浇筑。临时性纵缝或横缝的缝面常设置键槽和灌浆系统，待坝体温度降到稳定温度后，再进行接缝灌浆。

（三）坝体排水

为了减小渗水的不利影响，靠近上游坝面应设置排水管幕，将渗水由排水管排入廊道，再由廊道汇集于集水井排到下游。

排水管幕离上游坝面的距离约为坝前水深的1/10～1/12，并不得小于2m。排水管间距为2～3m。上下层廊道之间的排水管应布置成垂直或接近垂直方向，不宜有弯头，以便于检修。排水管常用预制多孔混凝土管，在浇筑混凝土时埋入坝内。管内径为15～25cm，管径太小排水减压效果差，且容易堵塞。施工时，必须防止水泥浆和其他杂物堵塞。排水管的布置见图6-13。

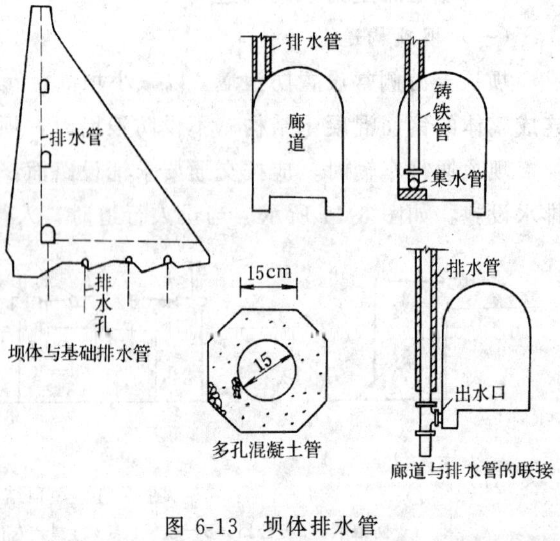

图 6-13　坝体排水管

（四）廊道系统

在重力坝内，为了灌浆、排水、观测、检查及交通等的需要，必须在坝内设置各种廊道。这些廊道在坝内互相连通，构成廊道系统，如图 6-14 所示。

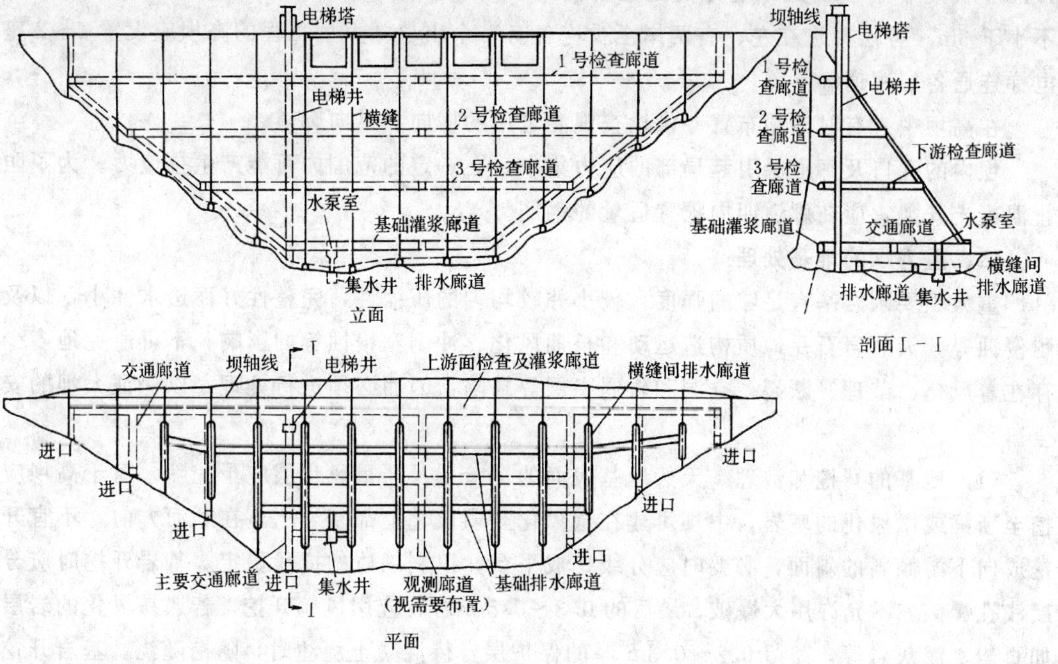

图 6-14　重力坝内廊道系统

（1）基础灌浆排水廊道　坝基的防渗帷幕和排水孔幕的钻设通常都在廊道内进行。廊道的断面一般采用上圆下方的圆拱直墙形（图 6-15），宽度为 1.5～2.5m，高度为 2.2～3.5m，应能满足钻孔和灌浆的要求。廊道的上游侧距上游坝面的距离，通常可取为 0.05～0.1 倍水头，且不小于 4m。也不宜距坝踵过远，否则将加大坝基渗流压力。廊道底部离基岩面应保持一定距离，最好不小于 1.5 倍廊道宽度，以便利用已浇筑部分的坝体重量来提高灌浆压力，以保证帷幕灌浆质量。同时，浆液灌入坝体与基岩的接触面，可以提高该接触面上的抗剪强度和抗渗能力。廊道两侧应设排水沟，排除灌浆时的施工用水和水库蓄水

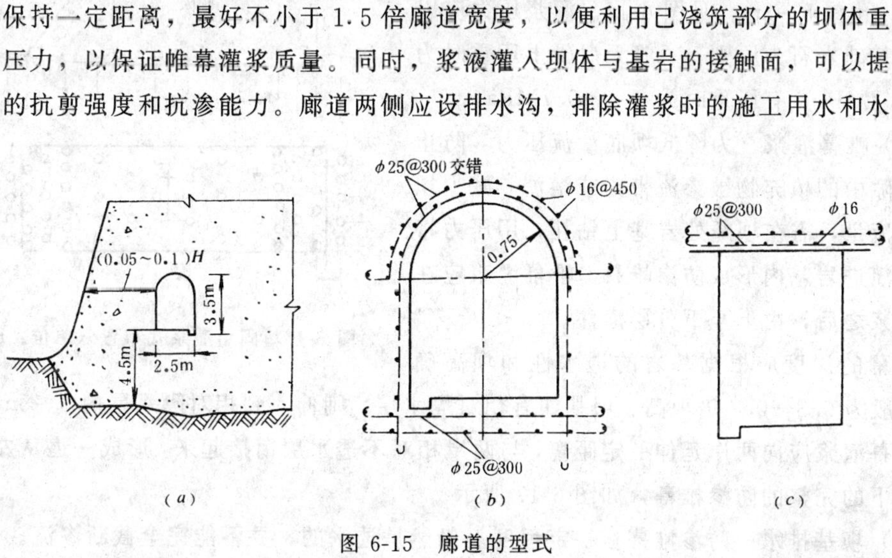

图 6-15　廊道的型式

后来自坝基和坝体排水管幕的渗水。

(2) 坝体检查和排水廊道　为了便于检查巡视，并排除坝体排水管的渗水，常在靠近坝体上游面处每隔 15～20m 高程设置一检查廊道。断面仍多采用圆拱直墙形，宽度不小于 1.2m，高度不小于 2.2m。各层廊道上游侧离坝面的距离，不应小于 0.07～0.1 倍水头，且不小于 3m。各层廊道在左、右两岸至少应各有一个出口。大型工程的高坝应设置 1～2 座电梯连通各层廊道。

在高坝中，有时尚须布置专供检查观测之用的横向和纵向廊道。

坝内的孔口及廊道会引起局部的应力集中，在一定的范围内可能产生拉应力。为了防止混凝土开裂，应在廊道四周配置适量的钢筋。

二、重力坝的地基处理

重力坝要求岩基有足够的强度，较小并较均匀的压缩性，完整性好而透水性小，以及耐侵蚀等。天然岩石受地质构造运动和长期风化、冲刷和侵蚀等的影响，不可避免地多少存在着风化、节理、断裂、空洞和软弱夹层等缺陷，因而必须进行处理，以保证大坝的安全。

(1) 地基的开挖和清理　天然地基表面的覆盖层及严重风化层应予挖除。对于高坝应挖至新鲜或微风化的基岩，中坝可建在微风化至弱风化上部基岩上。在顺河方向，不宜开挖成向下游倾斜的斜面，必要时应分级挖成平台，以利坝体的抗滑稳定。基岩开挖时应分层浅孔爆破，不允许用大爆破，最后的 0.3～0.5m 岩石应用风镐开挖。若遇易风化的岩层如页岩、泥灰岩等，需留 0.2～0.3m 厚的保护层，待混凝土浇注时，随挖随浇。基岩开挖后，在浇筑混凝土前，需进行彻底的清理和冲洗，清除一切松动的岩块，打掉凸出的尖角。

(2) 坝基的固结灌浆　把水泥浆用压力灌入岩基的裂隙内，使岩基胶结成整体，提高岩基的抗压强度和变形模量。对于高坝或基岩裂隙发育，坝基应全部灌浆。若裂隙不很发育，则可只在应力较大的坝踵和坝趾处灌浆。

灌浆孔在平面上成梅花形排列，排距和孔距 3～6m，孔深 5～8m，见图 6-16。灌浆压力应以不掀动基础岩石为原则，一般无混凝土压重时为 0.2～0.4MPa，有压重时为 0.4～0.7MPa。

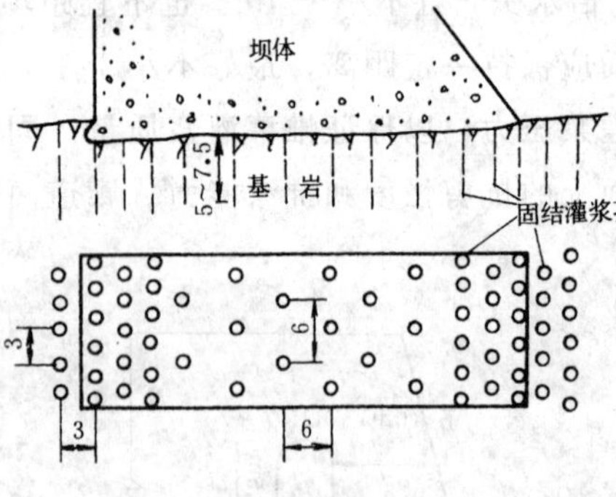

图 6-16　固结灌浆孔布置（单位：m）

(3) 帷幕灌浆　为降低坝底渗流压力，防止基岩裂隙中的填充物被渗流带走或溶滤，减少坝基渗透流量，需在坝踵处岩基上钻孔，用压力将水泥浆灌进岩基内形成防渗帷幕。帷幕灌浆应在固结灌浆之后，由上至下分层灌注。

帷幕的深度应根据基岩的透水性和坝高确定，一般为 0.3～0.7 倍坝高。坝基如有相对隔水层，则伸入到相对隔水层内 3～5m 即可。

帷幕灌浆应向两岸延伸一定距离，与两岸相对不透水层衔接起来，形成一道从左到右、从上到下的完整的防渗帷幕，如图 6-17 所示。

(4) 坝基排水　防渗帷幕在一定程度上仍然是透水的，并不能完全截断渗流。为了进

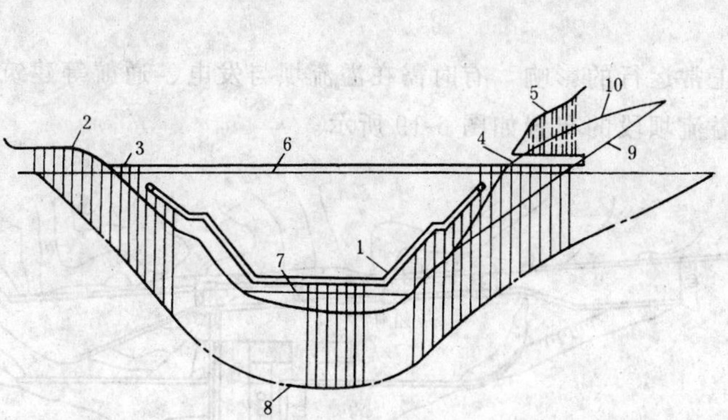

图 6-17　防渗帷幕

1—灌浆廊道；2—山坡钻孔；3—坝顶钻孔；4—灌浆平洞；5—排水孔；
6—最高库水位；7—原河水位；8—不透水层线；9—原地下水位线；
10—蓄水后地下水位线

一步降低坝底渗流压力，还须设置坝基排水。坝基排水系统一般包括排水孔幕和基面排水，如图 6-18 所示。排水孔幕的主排水孔一般设在基础灌浆廊道内，在帷幕的下游侧，并向下游倾斜，且不得穿过帷幕。孔径一般为 150～200mm，孔距 2～3m，孔深一般为帷幕深度的 40%～60%，高中坝不宜小于 10m。

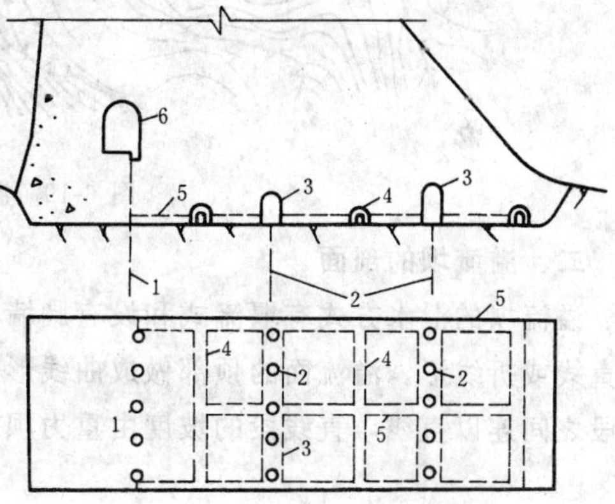

图 6-18　坝基排水系统

1—主排水孔；2—辅助排水孔；3—坝基纵向排水廊道；
4—半圆形排水管；5—横向排水沟；6—灌浆廊道

(5) 断层破碎带和溶洞的处理　基岩中往往有某些特殊的地质缺陷，对这类问题必须十分慎重，需要进行专门的研究，有的还需做地力学结构模型试验，以求得合理的处理方案。对这类特殊问题，通常仍尽可能采取开挖、回填和灌浆等常规办法配合使用的处理措施。

第五节　溢 流 重 力 坝

溢流坝既需挡水，又要能通过坝顶溢流；除应满足稳定和强度条件外，还要有适宜的剖面形状以满足泄水的要求。因此，必须妥善解决下泄水流对建筑物可能产生的气蚀、振动以及对下游河床的冲刷等问题，以确保工程安全。

一、溢流坝段的布置

溢流坝段的布置与坝址地形、地质、泄流条件等因素有关。通常溢流前缘与上游来水主流方向大致垂直，下游出流方向最好与原河道主槽水流方向一致，尽量减少对原河道水流情况的变化。溢流坝应尽可能放在坚硬完整的岩基上，这样有利于解决下泄水流的消能防冲问题。溢流坝与土石坝相邻时，要注意防止坝前水流淘刷土石坝坝坡。为了减少下泄水流对其他建筑物正常运行的影响，有时需在溢流坝与发电、通航等建筑物之间布置导水墙，以减少干扰。溢流坝段的布置如图 6-19 所示。

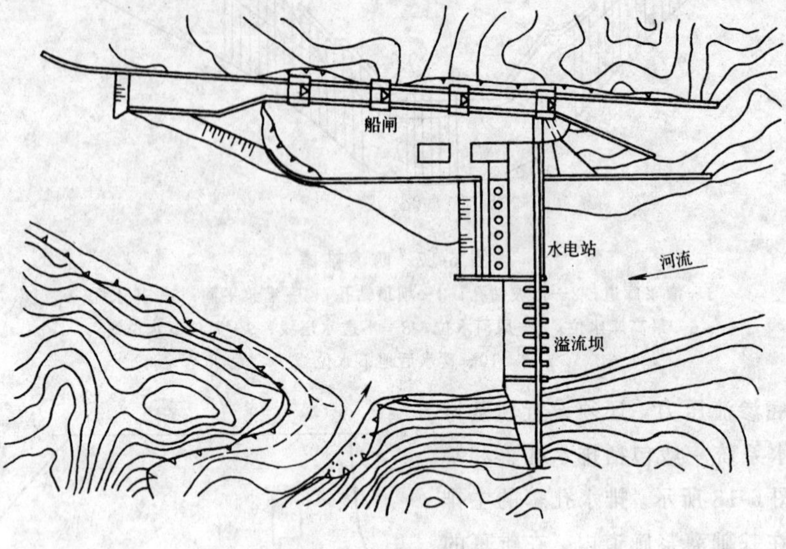

图 6-19　溢流坝的布置

二、溢流坝的剖面

溢流坝的泄水方式有堰流式和设有胸墙的大孔口泄流式两种。一般溢流坝的上游面做成直线或折线形。溢流面的顶部做成曲线形，下部设圆弧形的反弧段，在顶部曲线段与反弧段之间连以直线，直线段的坡度由重力坝的基本剖面决定，如图 6-20 所示。

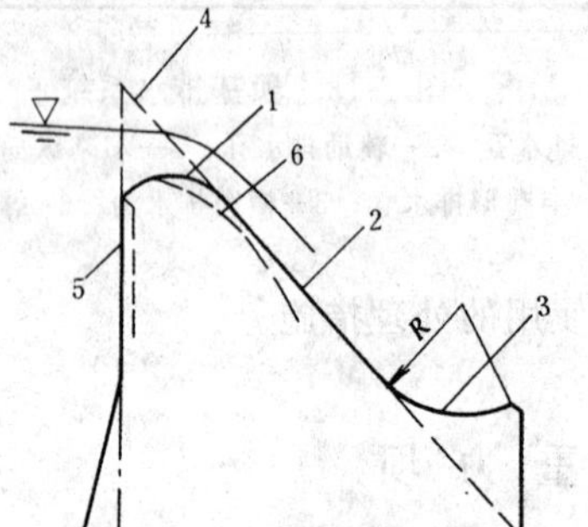

图 6-20　溢流坝剖面

1—顶部溢流段；2—直线段；3—反弧段；

4—基本剖面；5—薄壁堰；6—薄壁堰溢流水舌

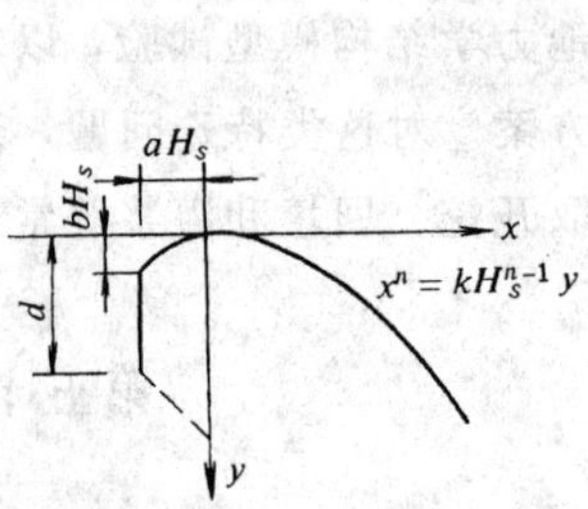

图 6-21　幂曲线

溢流堰顶形状，我国《混凝土重力坝设计规范 SDJ21—78》推荐采用幂曲线（图 6-21）。其堰面曲线按下列公式计算：

原点下游段
$$y = \frac{x^n}{kH_s^{n-1}} \tag{6-13}$$

原点上游段
$$\frac{x^2}{(aH_s)^2} + \frac{(bH_s - y)^2}{(bH_s)^2} = 1 \tag{6-14}$$

式中　　H_s——剖面定型设计水头，m；

k、n——与上游面坡度有关的系数；上游面垂直时 $k=2$，$n=1.85$

aH_s、bH_s——分别为椭圆曲线的长、短半轴。

对于设有胸墙的堰顶曲线（图 6-22），可按下式计算：

$$y=\frac{x^2}{4\phi^2 H_s} \tag{6-15}$$

式中　ϕ——孔口收缩断面上的流速系数，一般取 $\phi=0.96$。

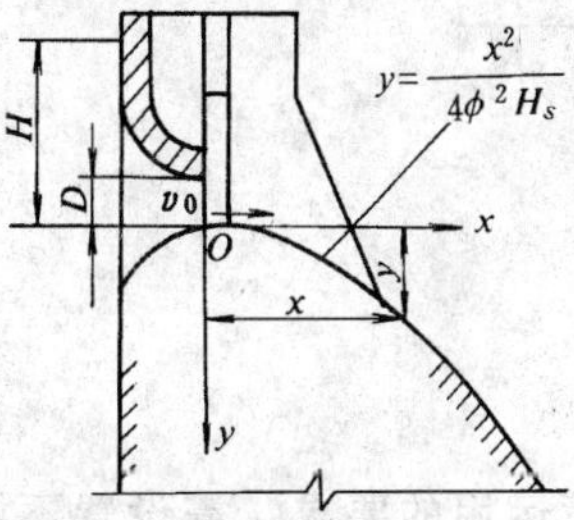

图 6-22　孔口射流曲线

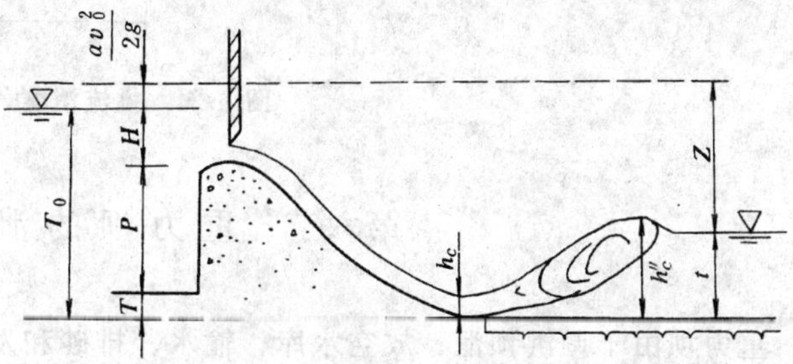

图 6-23　底流式消能

三、溢流坝的前缘宽度

溢流坝前缘宽度决定于下泄流量和容许单宽流量。即

$$L=\frac{Q}{q} \tag{6-16}$$

容许单宽流量 q 的选定，主要取决于下游的抗冲能力。对于软弱岩石一般可取 $q=20$～$50\text{m}^3/(\text{s}\cdot\text{m})$，对于较好的岩石 $q=50$～$70\text{m}^3/(\text{s}\cdot\text{m})$，对于特别坚硬的岩石 $q=100$～$130\text{m}^3/(\text{s}\cdot\text{m})$。近年来采用的 q 值有增大的趋势，如乌江渡设计情况下单宽流量为 $165\text{m}^3/(\text{s}\cdot\text{m})$，校核情况下为 $200\text{m}^3/(\text{s}\cdot\text{m})$。$q$ 较大，可以缩短溢流前缘宽度，降低溢流坝的造价，但却增加了下游消能的困难。

四、溢流坝的下游消能

溢流坝下泄的水流具有很大的能量，会冲刷破坏下游的河床，因此须采取有效的消能和防护措施，以保证下游的安全。常用的消能形式如下：

（1）底流式水跃消能　在坝址下游设置消力池、消力坎或综合静水池等，促使水流在限定范围内产生水跃，使高速水流通过内部的旋滚、摩擦、渗气和撞击等作用消耗其能量，以减轻对下游的冲刷。坝址地基条件较差时，多采用底流消能，见图 6-23。

（2）挑流消能　在溢流坝址处修建一挑流鼻坎，将下泄的高速水流向空中抛射，使水流扩散，并掺入大量空气，然后跃入下游河床水垫中，见图 6-24。水流在同空气摩擦的过程中将消耗一部分能量。抛射水流进入下游以后，形成强烈的旋滚区，并冲刷河床形成冲坑。冲坑逐渐加深，水垫越来越厚，大部分能量消耗在水滚的摩擦中，冲坑逐渐趋于稳定。只要冲坑与坝趾之间有足够的距离，就不致影响坝的安全。挑流消能构造简单，可以节省下游护坦，因此在河床地质条件好，抗冲能力强的坝址处较多采用。但挑流消能雾气大，尾水波动也大。

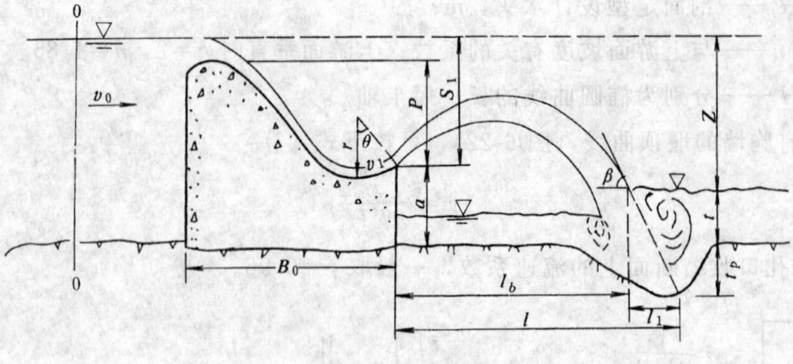

图 6-24　挑流消能

第六节　重力坝的泄水孔

重力坝由于调洪预泄、放空水库、输水、排砂和发电等水库运用的要求，需设置不同高程的坝身泄水孔。这些孔一般位于深水之下，故又称深孔或底孔。

泄水孔按孔内水流状态，可分为有压孔和无压孔两类。发电引水孔一般为有压孔。有压泄水孔的工作闸门一般设在出口，如图 6-25 所示。无压泄水孔的工作闸门和检修闸门大多设在进口，工作闸门后的孔口断面，顶部应适当抬高，使水流成为无压明流，如图 6-26 所示。

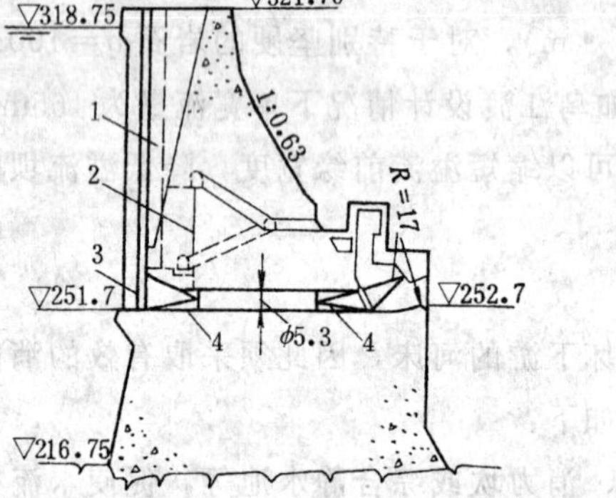

图 6-25　有压泄水孔（单位：m）

1—通气孔；2—平压管；3—检修闸门；4—渐变段

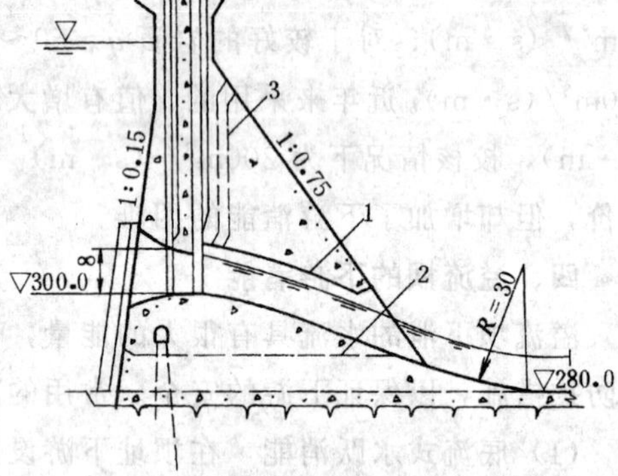

图 6-26　无压泄水孔（单位：m）

1—无压泄水孔；2—导流底孔；3—通气管

坝身泄水孔应根据其用途、枢纽布置要求、地形地质条件和施工运用要求等因素进行布置。泄洪孔宜布置在河流主槽附近，以使下泄水流与下游河道顺畅衔接；其进口高程在满足泄洪任务的前提下，应尽量高些，以减小进口闸门上的水压力。灌溉孔应布置在灌区一岸的坝段上，以便于和灌溉渠道连接；其进口高程应根据引渠渠首高程确定。排砂底孔应尽量靠近电站、灌溉的进水口，以及船闸闸首等需要排砂的部位。发电进水口的高程，应根据水利动能设计要求和泥沙条件确定。为放空水库而设置的放水孔、施工导流孔，一般均布置得较低。

为了节约投资，简化结构布置，在不影响正常运用条件下，应尽量考虑一孔多用。如灌溉、发电相结合，放空、排砂与导流相结合等。

坝身泄水孔与河岸的水工隧洞相类似，由进口段、管身段和出口段三部分组成，其水流条件与构造要求也基本一致。

例如进口段，为使水流平顺，减少水头损失，增加泄水能力，避免孔壁气蚀，进口形状应尽可能符合流线变化规律。工程中，常采用椭圆曲线或圆弧曲线的三向收缩矩形进水口，如图 6-27。

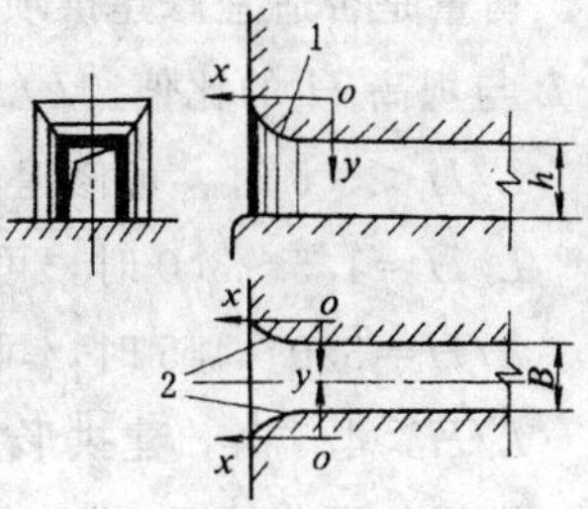

图 6-27　进水口形状

1—顶面；2—侧面

又如，为防止闸门局部开启时，门后空气被水流带走形成负压，产生气蚀和振动，必须在紧靠门体的下游顶板部位设置通气孔进行补气。其他如管身段和出口段等的要求，基本上均与水工隧洞相同。

第七节　拱　　坝

一、拱坝的特点

拱坝在平面上是凸向上游的弧形曲线，在垂直断面上是比重力坝瘦薄的悬臂梁。悬臂梁有时也呈凸向上游的弯曲形状。整个拱坝是一个空间壳体结构，如图 6-28 所示。

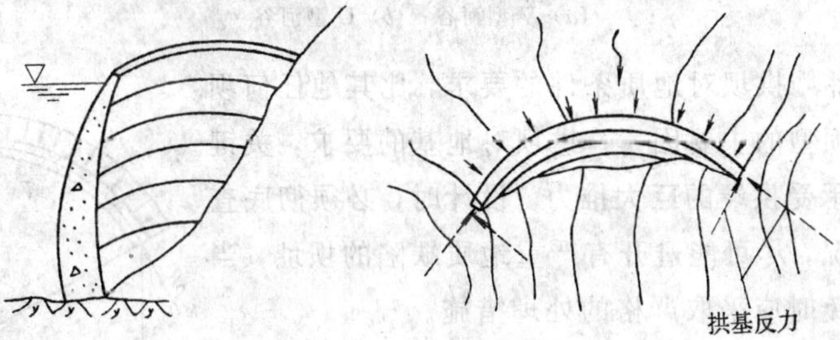

图 6-28　拱坝示意图

拱坝承受的荷载由水平拱圈和竖向悬臂梁共同承担。拱圈将大部分水平荷载传给两岸岩基，其余部分荷载通过悬臂梁传给坝底河床岩基。坝体在水平荷载作用下的稳定，主要依靠两岸拱端的反力作用，这是拱坝的主要特点。

拱坝有利于发挥混凝土或浆砌石材料的抗压强度，坝体厚度大大减薄，坝的体积减小，可以节省工程量。一般说，拱坝体积比同样情况的重力坝，可节约工程量 1/3～2/3，拱坝是一种很优越的坝型。

二、拱坝的地形和地质条件

(1) 地形条件　修建拱坝的理想地形，是狭窄而对称的河谷断面，岸坡平顺无突变。在平面上顺水流方向呈漏斗形，两岸岩体较厚，能保证坝体的稳定。

衡量是否适宜修建拱坝的一个地形标志是河谷断面的宽高比，即坝顶高程处的河谷宽度 L 与坝高 H 的比值。L/H 的值愈小，拱的作用愈大。一般认为：

$L/H<1.5$ 时，可修建薄拱坝；

$L/H=1.5\sim3.0$ 时，可修建中厚拱坝；

$L/H=3.0\sim4.5$ 时，可修建重力拱坝；

$L/H>4.5$ 时，建拱形重力坝或重力坝。

拱坝的厚薄情况，常以坝底厚度 T 和坝高 H 的比值，即"厚高比"T/H 来区分。$T/H<0.15$ 时属薄拱坝；$T/H=0.15\sim0.35$ 时属中厚拱坝；$T/H=0.35\sim0.60$ 时为重力拱坝。

在不同的河谷，即使具有同一宽高比，河谷断面形状仍可能相差很大。图 6-29 代表两种不同类型的河谷断面，图中显示了水压荷载通过拱及梁系统的分配传递以及对坝体断面的影响。显然窄 V 型河谷最适于发挥拱的作用。靠近底部水压强度虽大，但 V 型河谷的拱跨短，故坝的底宽较薄，而 U 型河谷坝的底宽较厚。

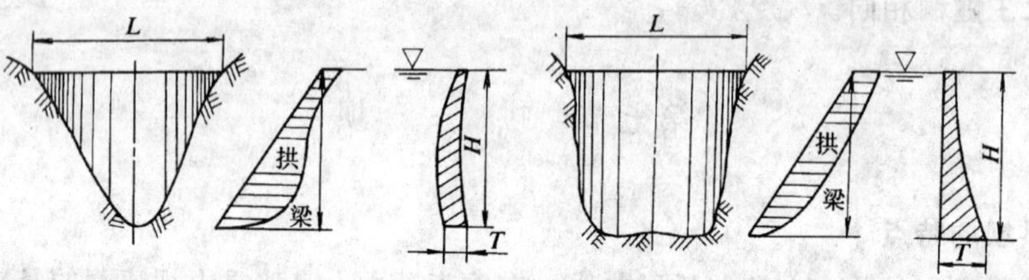

(*a*)　　(*b*)

图 6-29　河谷形状对荷载分配和剖面的影响

(*a*) V 型河谷；(*b*) U 型河谷

(2) 地质条件　拱坝对地质条件的要求，比其他任何坝型都高，是决定坝型的主要因素。拱坝对地基的要求，关键是两岸坝头要能承受拱端的巨大推力。设计时，必须彻底查明工程的地质情况，尽可能避开有严重地质缺陷的坝址，当某些缺陷难以避免时应采取严格的处理措施。

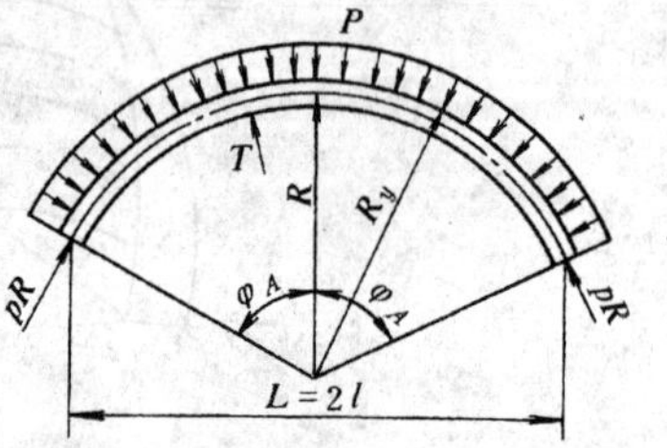

图 6-30　拱圈平面图

三、拱坝的形式

设在拱坝某一高程处切取一单位高度的水平拱圈，如图 6-30。拱圈中轴半径为 R，中心角为 $2\varphi_A$，跨度为 L。初步布置时，可按下式粗略估算拱圈厚度 T：

$$T=\frac{pR}{[\sigma]}=\frac{pL}{2[\sigma]\sin\varphi_A} \tag{6-17}$$

式中　$[\sigma]$ ——坝体材料的允许压应力；

p——折合到拱圈中轴处的均布水压力强度。

从拱端岩体稳定的条件来看，过大的中心角将使拱轴线与河岸基岩等高线的夹角过小，致使拱端推力对岩体稳定不利。故在实际工程中，坝顶拱圈的中心角多在 90°～130°之间，更常用的是 110°～120°。在坝的底部，难以布置大角度的拱圈，底拱中心角多在 50°～80°之间，甚至更小。

拱坝的体形主要有如下两种形式。

(1) 单曲率拱坝　这种拱坝一般为定圆心，定外半径，变内半径。拱圈上部中心角大，下部中心角小，如图 6-31 所示。这种拱坝具有结构简单，设计、施工方便的优点。缺点是当坝顶和坝底处河谷宽度相差较大时，下部中心角往往太小。这种拱坝坝体较厚，材料用量较大，中小型工程采用较多。

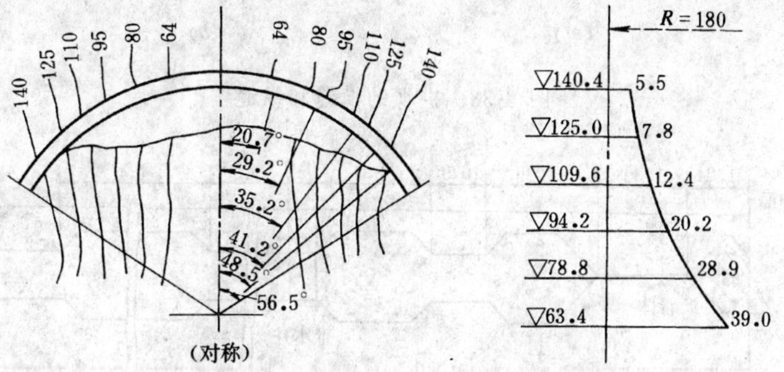

图 6-31　单曲率拱坝（单位：m）

(2) 双曲率拱坝　这种拱坝除在平面上有曲率外，在垂直面上也有曲率，如图 6-32 所示。由于坝体在水平和垂直两个方向都有拱的作用，坝体应力状态较理想，是近代拱坝广泛采用的一种坝型。这种拱坝可以做得较薄，节约建筑材料，但施工比较复杂。

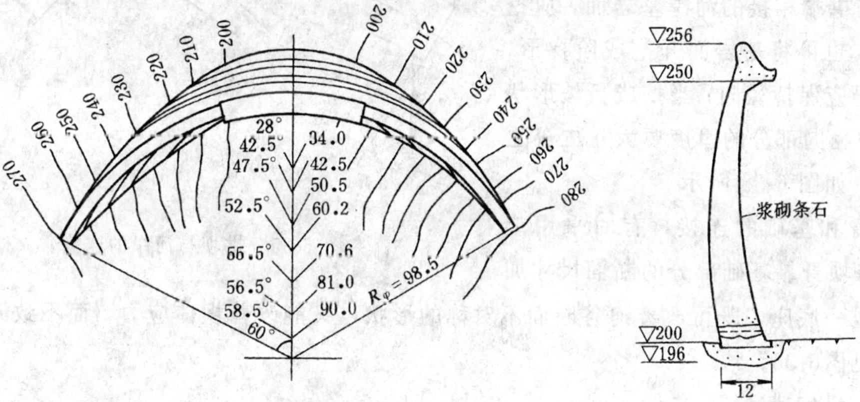

图 6-32　双曲率拱坝（单位：m）

四、拱坝的构造和地基处理

拱坝的坝顶、坝面、廊道、排水、管孔等与重力坝基本相似，但拱坝具有和重力坝不同的特点，所以在构造上也有差异。例如纵向廊道在平面上应随坝的弧形设置。

由于拱坝是整体结构，因此按施工需要所分的横缝和纵缝，待坝体温度冷却到年平均气温以下，混凝土充分收缩后，必须进行封填，以保证坝的整体性。图 6-33 为拱坝的横缝与纵缝示意图，图 6-34 为拱坝横缝构造图。

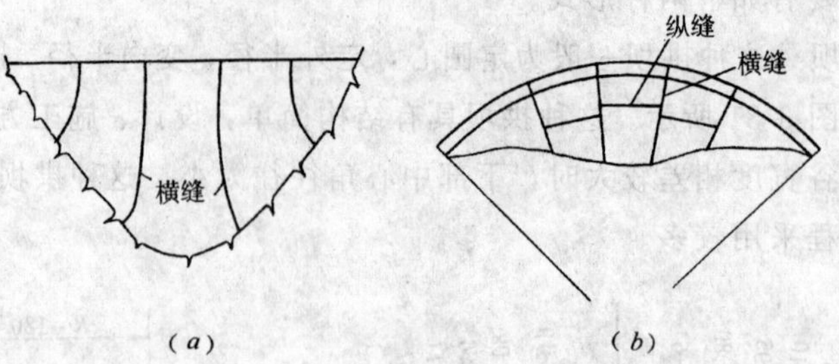

图 6-33 拱坝的横缝和纵缝

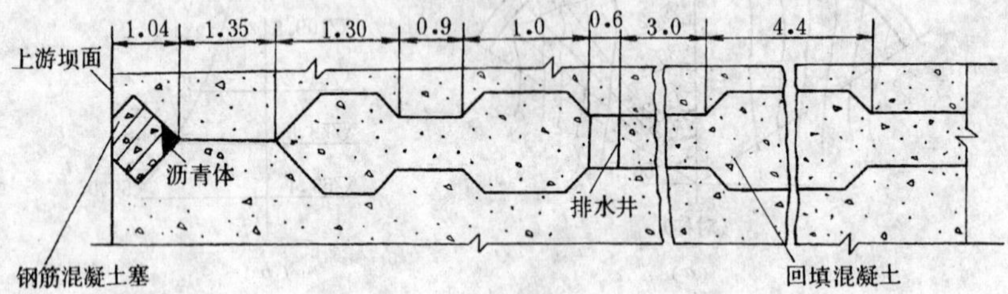

图 6-34 拱坝填混凝土横缝（单位：m）

拱坝的地基处理和重力坝也基本相似，但要求更严格，对两岸坝头的稳定处理尤为重要。为了较好地传递拱端推力，与拱端相接的河岸基岩面，应挖成径向；也可将基岩面开挖成阶梯形，各阶梯仍应保持径向；当挖成折坡形状时，其中径向部分的厚度要大于二分之一拱厚，如图 6-35 所示。

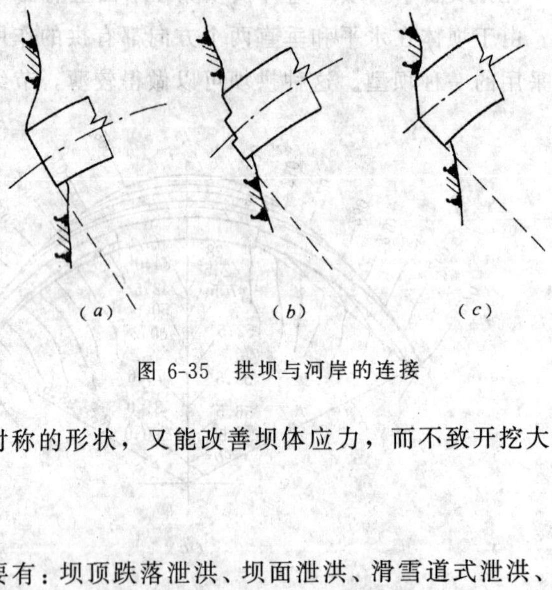

图 6-35 拱坝与河岸的连接

坝身和基础的连接，有时采用垫座。即将坝身靠基础部分的断面尺寸加大，形成一底座，既可改善河谷断面不对称的形状，又能改善坝体应力，而不致开挖大量石方，见图6-36。

五、拱坝泄洪

目前国内外采用的拱坝泄洪型式主要有：坝顶跌落泄洪、坝面泄洪、滑雪道式泄洪、坝

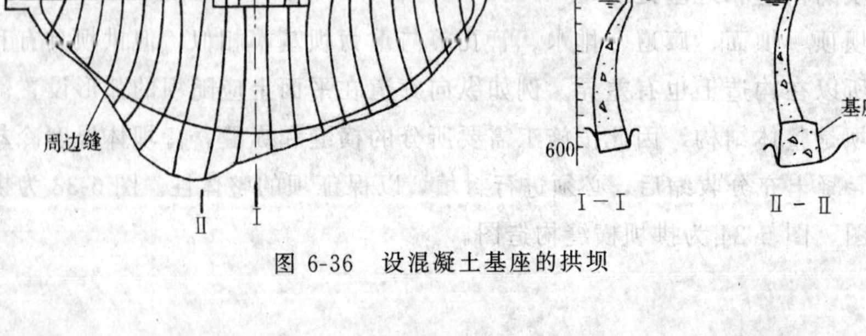

图 6-36 设混凝土基座的拱坝

后厂房泄洪和坝身孔口泄洪等。图 6-37 是苏联英古里双曲拱坝，坝高 282m，坝顶跌落泄洪；图 6-38 是我国风滩空腹重力拱坝，坝高 112m，坝面泄洪，图 6-39 是美国罗斯拱坝，坝高 165m，滑雪道式泄洪；图 6-40 是我国修文拱坝，坝高 49m，厂房顶滑雪道式泄洪；图 6-41 是我国欧阳海双曲拱坝，坝高 58m，坝身孔口泄洪。

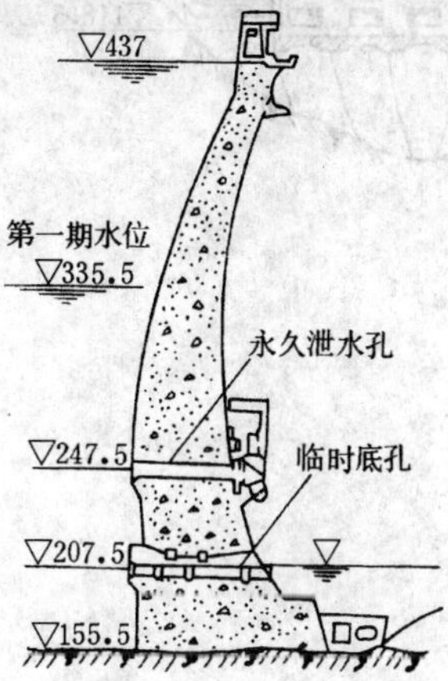

图 6-37　英古里拱坝剖面

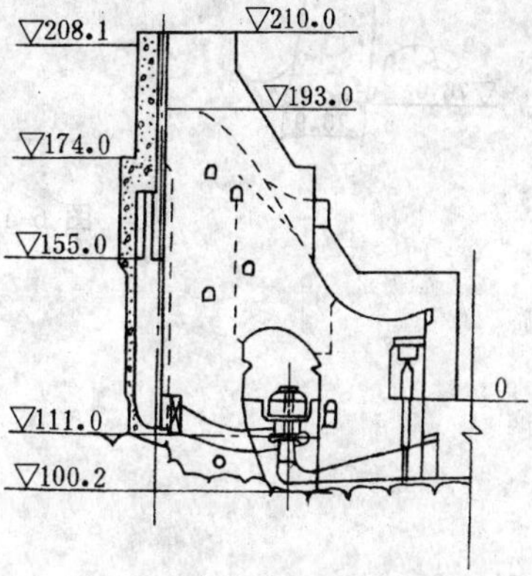

图 6-38　凤滩厂房坝段剖面

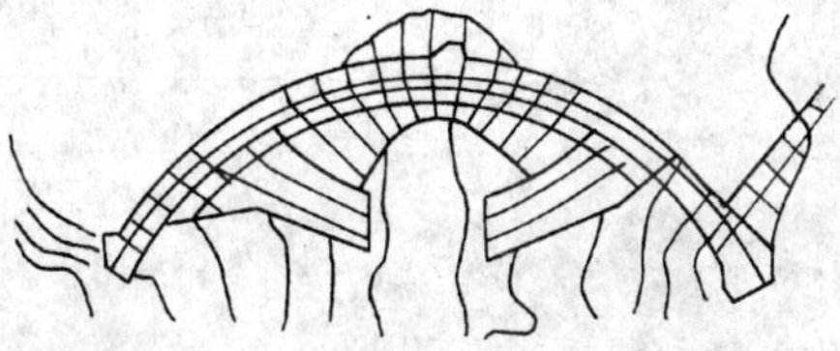

图 6-39　罗斯拱坝滑雪道式溢洪道布置

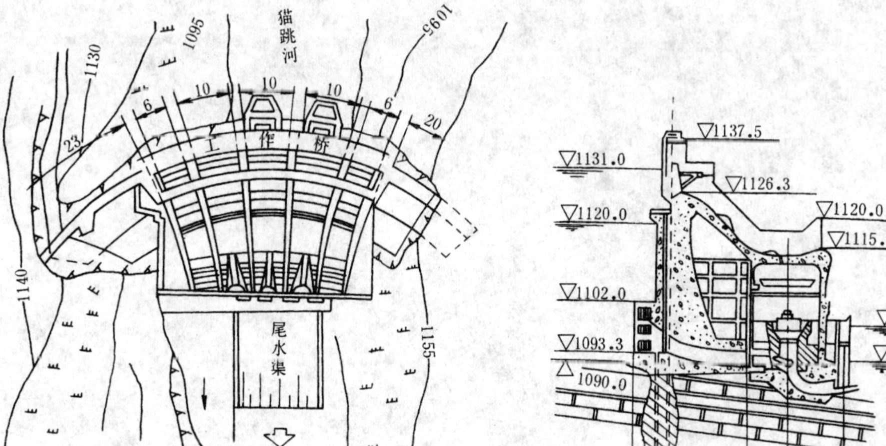

图 6-40　修文拱坝

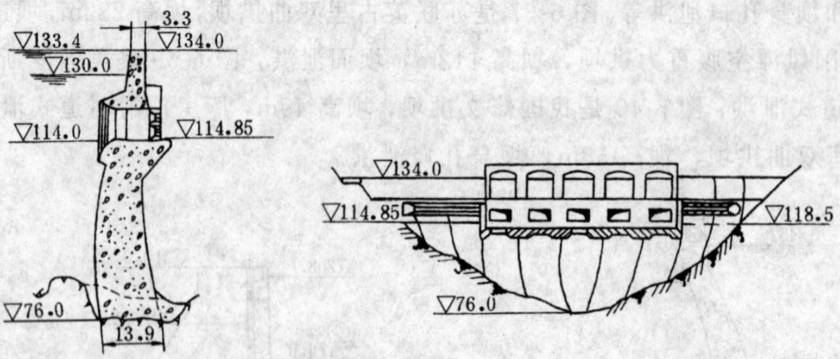

图 6-41　欧阳海拱坝

第七章 取水枢纽工程

为从水源引取符合一定要求的水流，以满足灌溉、发电、城市工业和生活供水等用水部门的需要，在渠道首部兴建的取水建筑物的综合群体，称为取水枢纽工程（简称渠首工程）。

取水枢纽有两大类：一是自流取水；另一是机械抽水。自流取水又分为无坝取水枢纽、有坝取水枢纽和水库取水枢纽三种。

第一节 自流取水枢纽的布置

一、无坝取水枢纽

当河道枯水期的水位和流量能满足引水要求时，不必在河床上修建拦河建筑物，只需选择适宜地点开渠并修建必要的建筑物引水，这种取水枢纽称为无坝取水枢纽。这种枢纽不能控制河道的水位和流量，枯水期引水可靠性差。

（一）无坝取水枢纽位置的选择

选择无坝取水枢纽位置时，应考虑下列基本条件：

1）能保证引水水位达到必要的高程，以满足自流灌溉或供水的要求。一般情况下，河水水面常低于附近两岸的农田，若要自流灌溉，往往必须在河道上游水位较高处采用无坝取水。如图 7-1 所示。但我国黄河中下游，由于河床高出两岸地带，地面坡降背向河流，构成从河流无坝取水自流灌溉的优越条件。

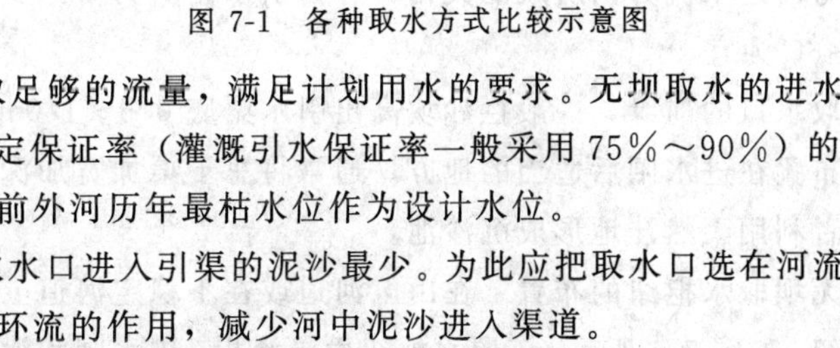

图 7-1 各种取水方式比较示意图

2）能保证引取足够的流量，满足计划用水的要求。无坝取水的进水闸，闸前外河的设计水位，应选用一定保证率（灌溉引水保证率一般采用 75%～90%）的水位作为闸前外河设计水位，或取闸前外河历年最枯水位作为设计水位。

3）应考虑自取水口进入引渠的泥沙最少。为此应把取水口选在河流弯道的凹岸，以利用河道内天然横向环流的作用，减少河中泥沙进入渠道。

4）渠首的位置应选在河床稳定的河段上。一般要求渠首河岸，无坍塌及冲淤等现象，且河道水流中泓经常靠近渠首。在黄河中下游，河床稳定就成为选择渠首的首要条件。

5）取水枢纽位置的选定，还应考虑施工方便，造价低廉。例如：干渠较短，工程量小，渠系建筑物少并且简单。

（二）无坝取水枢纽的布置

(1) 位于弯道凹岸取水枢纽的布置　这种布置是利用河流弯道环流原理，将取水口建在河流的弯道凹岸，引取表层较清水流。

这种无坝取水枢纽，由拦沙坎、引水渠、进水闸和沉沙设施组成。其各部分的作用为：拦沙坎用来加强环流作用，使底部泥沙顺利冲走；引水渠的作用是引导水流平顺地流入闸孔；进水闸起控制和调节流量的作用；沉沙池用来沉淀悬移质中的粗颗粒泥沙。

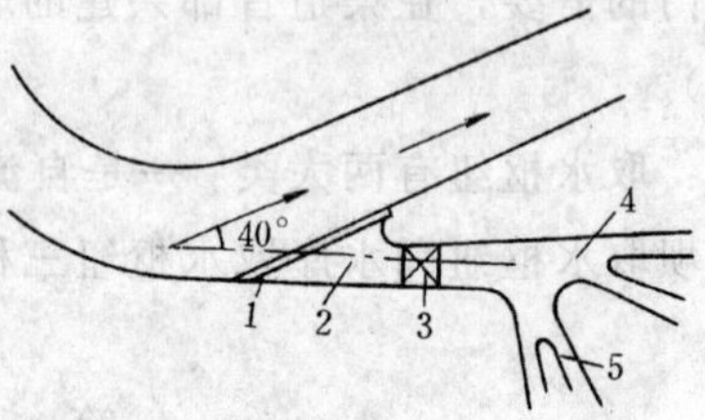

图 7-2　无坝渠首平面布置图

1—拦沙坎；2—引水渠；3—进水闸；4—东沉沙条渠；5—西沉沙条渠

取水口一般布置在弯道顶点以下水深较大、环流作用较强的地方。这个地点距离弯道起点的距离约为河宽的 4～5 倍。

进水闸的布置：当河岸土质较好时，可布置在河岸取水口处，在保证工程安全的条件下，力求引水渠最短，以免引起引水渠泥沙淤积和减小水头损失，如图 7-2 所示。当河岸土质较差，不能抵御水流冲击时，进水闸应布置在距离河岸较远的地方，以保证闸身的安全。这时引水渠兼作沉沙渠，渠内沉淀的泥沙由冲沙闸冲洗，排入下游河道，如图 7-3 所示。

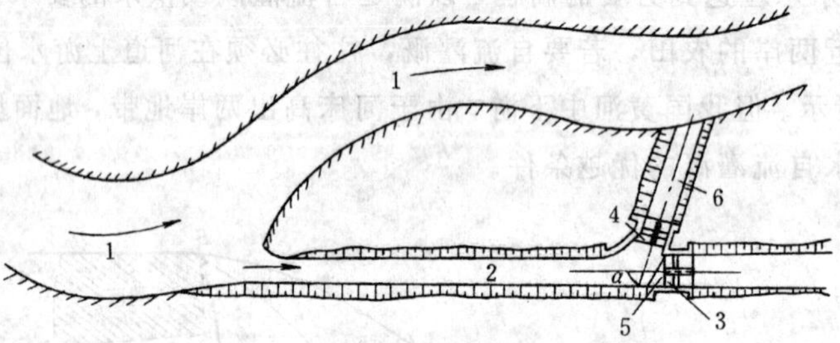

图 7-3　闸前有长引水渠的渠首

1—河道；2—引水渠；3—进水闸；4—冲沙闸；5—拦沙坎；6—泄水排沙渠

取水口的轴线与河道水流方向所成的夹角，称为引水角。为了减少泥沙入渠，引水角一般采用锐角 40°～60°为宜。

拦沙坎布置在取水口的前缘，一般拦沙坎高出引水渠底 0.5～1.0m。

沉沙设施一般布置在进水闸后适当的地方。通常将总干渠加宽加深而形成沉沙池，或者建成厢形的，或者利用天然洼地形成沉沙池。

(2) 导流堤式无坝取水枢纽的布置　在山区河道或在不稳定河道上取水时，常采用设有导流堤的取水枢纽，如图 7-4 所示。该取水枢纽由导流堤、进水闸和泄水排沙闸等建筑物组成。都江堰工程是典型的导流堤式无坝取水枢纽，见图 7-5。

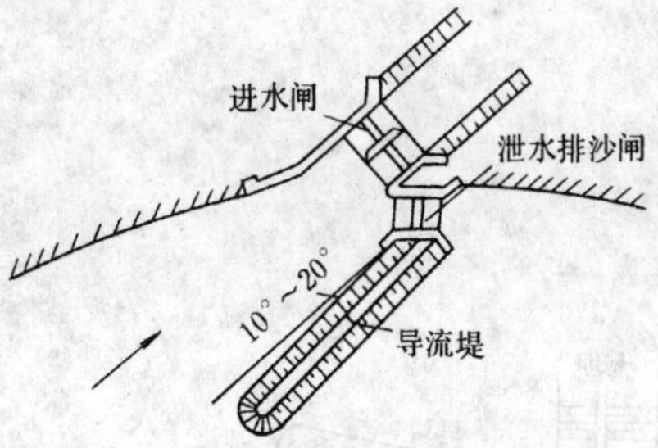

图 7-4 导流堤式无坝取水枢纽

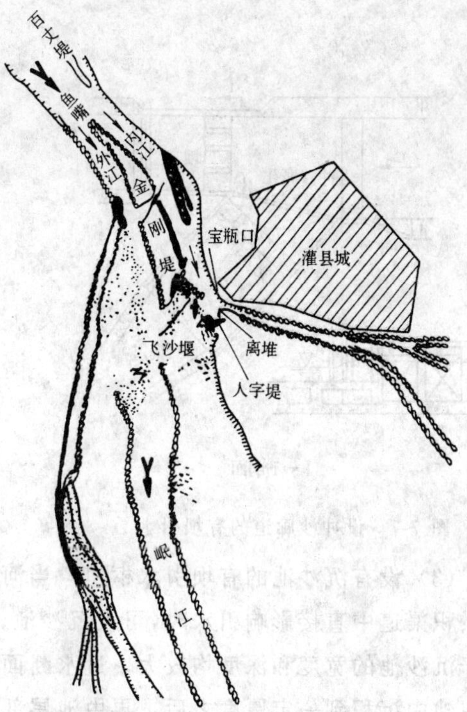

图 7-5 四川都江堰工程示意图

导流堤的作用是束缩水流，抬高水位，使河水平顺地流入进水闸。当有多余的水时，则经泄水排沙闸排走。导流堤的轴线与河道水流方向的夹角一般以 10°～30°为宜。进水闸与泄水排沙闸的相对位置，一般按正面引水、侧面排沙的原则布置。

二、有坝（壅水坝）取水枢纽的布置

当河道水位较低不能自流引水，或在枯水期需引取河道大部或全部来水时，须修建拦河壅水建筑物以抬高水位自流引水，这种枢纽称为有坝取水枢纽。这种引水方式工作可靠，有利于综合利用。

（一）有坝取水枢纽的组成

有坝取水枢纽由壅水坝（或拦河闸）、进水闸及各种防沙入渠的设施（如冲沙闸、沉沙槽等）等组成。若还有发电、航运、过木和过鱼等要求时，尚须修建相应的专门件建筑物，与上述建筑物组成综合利用的有坝取水枢纽。

（二）有坝取水枢纽的布置型式

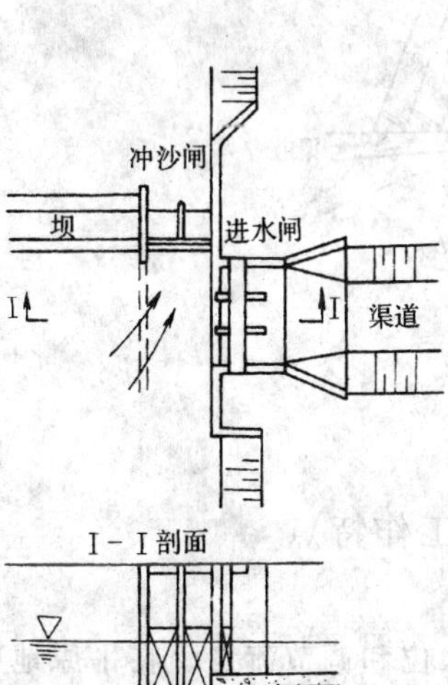

图 7-6 设冲沙闸的有坝取水

（1）设有冲沙闸的有坝取水枢纽　其进水闸和冲沙闸的轴线一般相互垂直，进水闸底槛高于冲沙闸底槛 0.5～1.0m。进水时底沙被拦阻于进水闸槛前，淤积到一定程度后，关闭进水闸，开启冲沙闸，将淤沙冲往下游河道，如图 7-6 所示。

这种取水枢纽布置和构造都比较简单，冲沙效果好。但在进水时，水流易产生旋流将泥沙带入进水闸，并且在冲沙时需停止引水。

（2）底部设有冲沙廊道的有坝取水枢纽　由于泥沙沿水深的分布规律是底层含沙量最大，故可让含沙量较大的底流经冲沙廊道排往下游，而使进水闸引取较清的表层水，如图 7-7 所示。其构造形式为进水闸底槛较高，在底槛内布置冲沙廊道，在廊道内流速较高，可以冲走泥沙。这种布置改善了进流条件，而且在冲沙时，不停止供水。

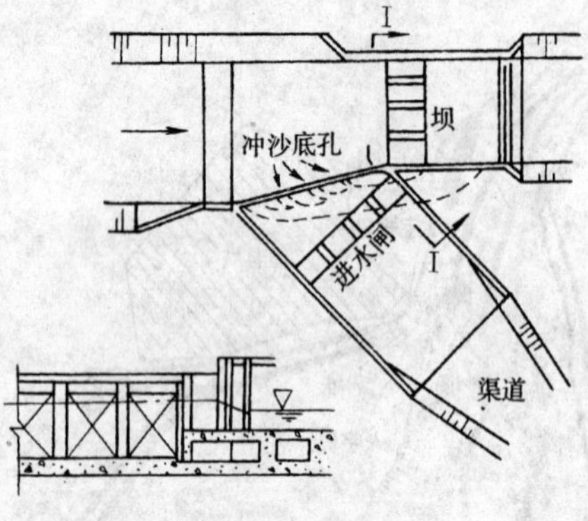

Ⅰ-Ⅰ剖面

图 7-7 设冲沙廊道的有坝引水

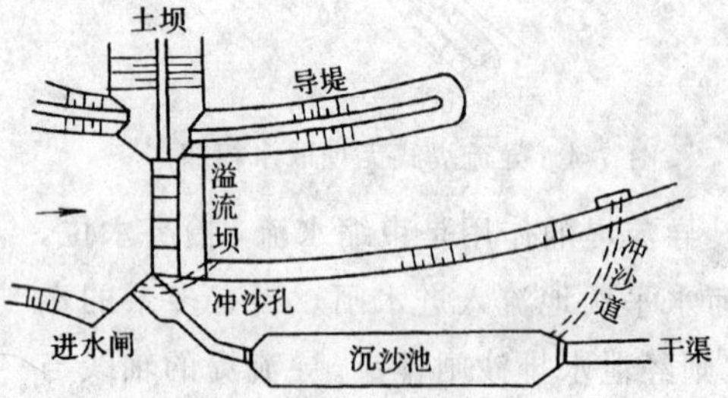

图 7-8 设沉沙池的有坝引水

(3) 设有沉沙池的有坝引水枢纽 当河流含沙量较大，不符合用水部门的要求，且泥沙淤积渠道中直接影响引水时，可设沉沙池，如图 7-8 所示。在进水闸和干渠之间设沉沙池，由于沉沙池的宽度和深度均较大，过水断面增加，池中水流速度降低而使悬沙下沉。待泥沙在池中沉积到一定厚度之后，再由池尾部的底孔冲沙道排入河道中去。

沉沙池有单室、双室及多室三种，其中单室沉沙池是最简单的形式，一般在池的末端设冲沙孔，冲洗沉淀在池内的泥沙。在单室沉沙池冲洗时，必须关闭通向渠道的闸门停止供水，以免水流将搅起的泥沙带入引水渠。当引水流量大于 15～20m^3/s 时，单室沉沙池的尺寸必须很大。此时，冲沙效率不高，冲沙历时较长，对供水极为不利。这时可采用双室或多室沉沙池，如图 7-9 所示。

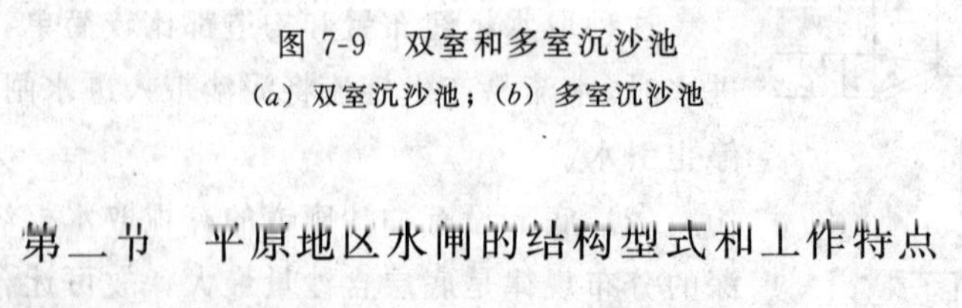

(*a*) (*b*)

图 7-9 双室和多室沉沙池

(*a*) 双室沉沙池；(*b*) 多室沉沙池

第二节 平原地区水闸的结构型式和工作特点

水闸是一种低水头的挡水和泄水建筑物，其作用是控制水位和调节流量。在平原地区的水利工程中，水闸应用十分广泛。并且，平原地区的水闸多建造在软土地基上，因而它具有与其他水工建筑物不同的特点。

一、水闸的结构型式

(1) 开敞式水闸　这种水闸的上面没有填土，是开敞的，如图 7-10 所示。当上游水位变幅较大；而设计过闸流量并不大时，可以设置胸墙挡水，以减小闸门的高度并减少闸门的启闭力。

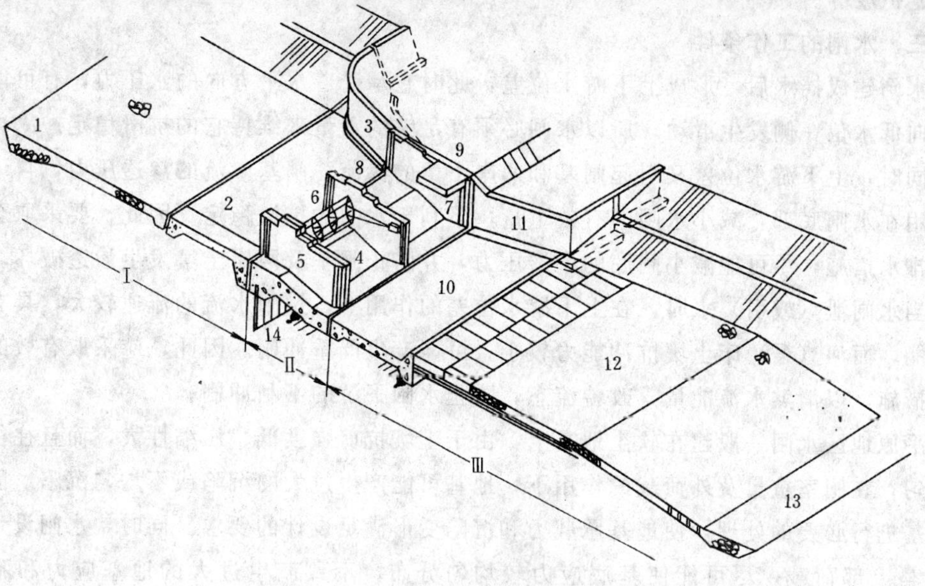

图 7-10　开敞式水闸

Ⅰ—上游联结段；Ⅱ—闸室段；Ⅲ—下游联结段

1—上游防冲槽；2—铺盖；3—上游翼墙；4—闸室底板；5—闸墩；6—闸门；7—交通桥；8—工作桥位置；9—边墩；10—消力池；11—下游翼墙；12—海漫；13—下游防冲槽；14—板桩

(2) 封闭式水闸　也称涵洞式水闸，其特点是闸门后接涵洞，洞身在填土下面，如图7-11所示。洞顶填土有利于闸室的稳定；但洞顶填土较重，在软土地基上容易产生不均匀沉陷，使洞身裂缝。一般地说，封闭式水闸适用于过闸流量较小、闸室较高或位于大堤下等情况。

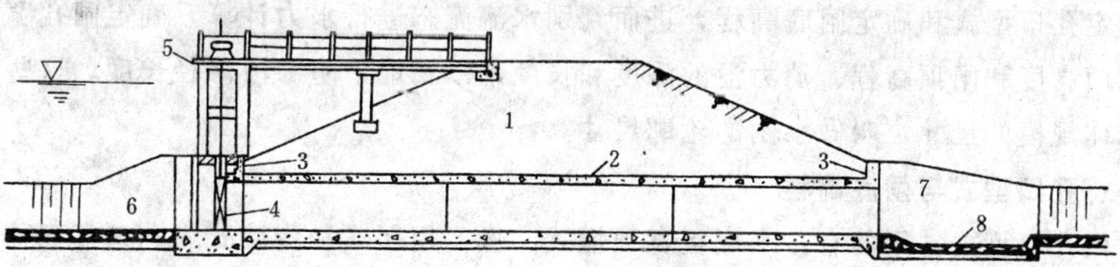

图 7-11　封闭式水闸

1　大堤；2　洞身，3　挡土墙，4—闸门，5—工作桥，6—上游翼墙，7—下游翼墙，8—消力池

开敞式水闸应用较为广泛，因此本章以开敞式水闸为典型进行介绍。

二、水闸的组成部分

水闸由上游联接段、闸室段和下游联接段三部分组成，如图 7-10 所示。

(1) 上游联接段　其主要作用是引导水流平顺地进入闸孔，防冲，防渗。这一段包括铺盖、护底、两岸的翼墙和护坡。

（2）闸室段　闸室是水闸的主体，其主要作用是安装闸门和启闭机械，进行操作控制水流。它包括底板、闸墩、闸门、胸墙、工作桥、交通桥等。

（3）下游联接段　其主要作用是消能、防冲；促使水流均匀扩散，避免不利流态对下游的影响；同时排除地基渗流，减免其不利影响。这一段包括消力池、海漫、防冲槽以及翼墙、护坡等。

三、水闸的工作条件

水闸建成挡水后，形成上下游水位差，此时它承受着水平方向的水压力，有可能促使水闸向低水位一侧发生滑动。所以水闸必须有足够的重量来维持它的抗滑稳定。

同时，上下游水位差又引起闸基和两岸土壤的渗流。闸基渗流的渗透压力，自下而上地作用在水闸底部，减小水闸的有效重量，不利于水闸的抗滑稳定。因此，要采取合理的防渗排水措施，尽可能减小闸底的渗透压力，并防止闸基及两岸土壤发生渗透破坏。

当水闸泄（或引）水时，在上下游水位差的作用下，过闸水流的流速较大，具有较大的动能，而河（渠）床土壤抗冲能力较小，可能产生严重冲刷。因此，应采取有效的消能防冲措施，以消煞水流能量，改善流态，防止水闸下游的不利冲刷。

平原地区水闸一般建在软土地基上，由于土壤抗剪强度低、压缩性大，而且往往分布不均匀，在闸室重量及外荷载的作用下，地基可能产生过大的沉陷或不均匀沉陷。因此应对地基进行必要的处理，使地基承载力和沉陷变形满足设计的要求。同时，水闸设计应注意调整上部荷载，尽可能使基底应力较均匀分布，不致产生过大的地基应力和不均匀沉陷。

第三节　水闸孔口型式与轮廓尺寸

水闸的设计流量和上、下游水位是水闸设计的基本依据，应根据水闸的任务要求和水文分析计算成果进行确定。设计水闸时，首先应根据水位条件、运用要求和地形地质条件等，选定孔口型式和确定闸底高程，进而判别水流流态进行水力计算，确定闸孔宽度和孔数、闸门高度和闸顶高程、消力池的深度和长度，以及地下防渗段渗径长度。这些决定水闸的总体规模的尺寸，叫做水闸的轮廓尺寸。

一、孔口型式与闸底高程

水闸孔口型式常用的有：平底板宽顶堰式、低实用堰式和胸墙式大孔口等三种，如图7-12所示。

平底板宽顶堰构造简单，施工方便，应用最为广泛。宽顶堰泄流能力较稳定，有利于

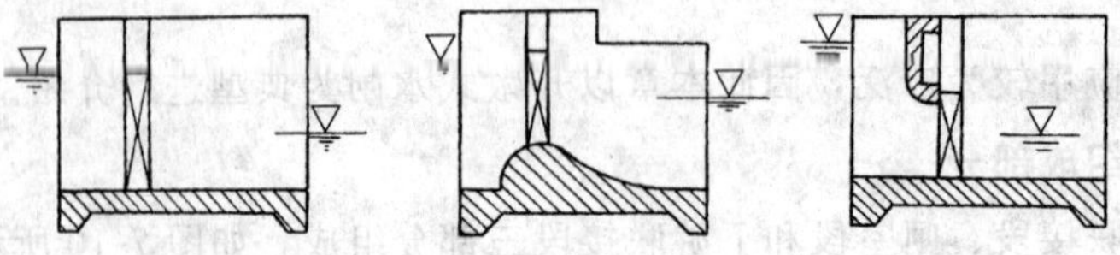

（*a*）　　（*b*）　　（*c*）

图 7-12　孔口型式

（*a*）平底板宽顶堰；（*b*）低实用堰；（*c*）胸墙式

冲淤排砂和浮运、排冰等，因而适用于有泄洪、排砂等要求的水闸中。其缺点是流量系数较小，闸后较易产生波状水跃。

低实用堰主要优点是自由泄流时流量系数较大，选用合适的堰面曲线可以消除波状水跃，但泄流能力受尾水位变化的影响较大，淹没度增加时泄流能力降低很快。

设有胸墙的大孔口型式，其适用条件是：上游水位变幅较大，且高水位时需要限制泄流量。在孔口顶部设胸墙，利用胸墙代替一部分闸门挡水，可以减小闸门的高度。

闸底板高程应根据水流、地形、地质、施工和运用条件综合研究确定。闸底板低些，可增大过闸单宽流量，缩短闸孔总宽度，但相应要增加闸室和两岸翼墙的高度，增加消能和施工困难。可见，闸底高程应权衡利弊比较确定。

一般说，拦河闸闸底高程多与河底齐平；进水闸的闸底高程多与闸后渠底同高，而高于上游河床，以防泥沙入渠；排水闸的闸底高程同闸前渠底齐平。

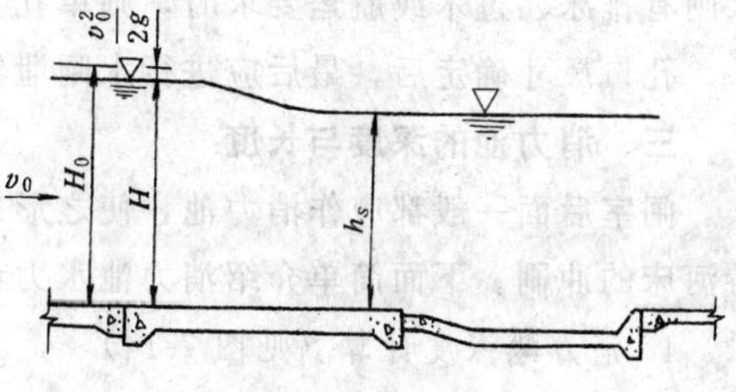

图 7-13　堰流计算图式

二、孔口宽度和孔数

为了简化叙述，本书仅介绍不设胸墙的平底宽顶堰的计算方法。其它各种情况下的水力计算，读者可参阅有关水力学教材。

（一）闸孔流态判别

不设胸墙的平底板宽顶堰（见图 7-13），水流流态有两种形式，其判别条件如下：

当 $h_s/H_0<0.8$ 时，属于自由出流；

当 $h_s/H_0\geqslant0.8$ 时，属于淹没出流。

式中　h_s——下游水位高于堰顶的水深，m；

H_0——堰上水头，$H_0=H+\frac{\alpha V_0^2}{2g}$，m。

（二）闸孔总净宽计算

1）堰顶自由出流时，闸孔总净宽可按下式计算：

$$B_0=\frac{Q}{\varepsilon m\sqrt{2g}H_0^{3/2}} \tag{7-1}$$

式中　B_0——闸孔总净宽，m；

Q——过闸流量，m^3/s；

H_0——计入行近流速水头的堰上水头，m；

m——堰流流量系数，无坎宽顶堰 $m=0.385$；

ε——堰流侧收缩系数，一般可取 $\varepsilon=0.95$。

2）堰顶淹没出流时，闸孔总净宽可按下述近似公式进行计算（计算结果略偏大）：

$$B_0=\frac{Q}{\varepsilon\varphi h_s\sqrt{2g(H_0-h_s)}} \tag{7-2}$$

式中　φ——宽顶堰淹没出流的流速系数，按下式计算：

$$\varphi = 1 - \frac{0.013}{m^3}\sqrt{\frac{h_s}{H_0} - 0.80} \tag{7-3}$$

（三）分孔

闸孔总净宽 B_0 计算出来后应进行分孔。设选用每孔宽度为 b，则闸孔孔数为 $n=B_0/b$。n 应取整数，并尽可能取为单数，以利于消能防冲。

单孔宽度的选定，应根据水闸任务、运行条件、闸门型式以及启闭设备的容量等因素考虑决定。一般小型水闸，上下游水位差不超过 1m，人工启闭时，单孔宽度不宜超过 2m；上下游水位差超过 1m，用手摇启闭机启闭机，单孔宽度不宜超过 3m。大中型水闸，平面闸门单孔宽度不超过 6～8m，弧形闸门单孔宽度常取 8～12m，现今有超过 30m 以上的。如水闸有排冰、过木或航运要求时，则单孔宽度应另行研究确定。

孔口尺寸确定后，最后应进行水闸泄流能力的验算。

三、消力池的深度与长度

闸室后面一般都应作消力池，使之形成淹没水跃，以消除过闸水流的能量，避免对下游河床的冲刷。下面简单介绍消力池水力计算的基本方法。

1. 消力池深度计算（见图 7-14）

消力池收缩断面水深按下式计算：

$$h_c^3 - T_0 h_c^2 + \frac{\alpha q^2}{2g\varphi^2} = 0 \tag{7-4}$$

式中 h_c——收缩水深，m；

T_0——总势能，m；

q——过闸单宽流量，$m^3/(s \cdot m)$；

α——水流动能校正系数，可采用 $\alpha=1.00\sim1.05$；

φ——流速系数，一般采用 $\varphi=0.95$。

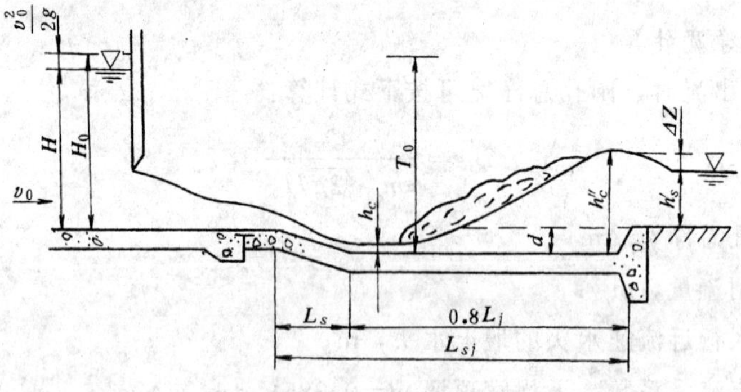

图 7 14 消力池计算图式

跃后水深可按下式计算：

$$h''_c = \frac{h_c}{2}\left(\sqrt{1 + \frac{8\alpha q^2}{g h_c^3}} - 1\right) \tag{7-5}$$

出池落差可按下式计算：

$$\Delta Z = \frac{\alpha q_1^2}{2g\varphi^2 h'^2_s} - \frac{\alpha q_1^2}{2gh''^2_c} \tag{7-6}$$

式中 ΔZ——出池落差，m；

q_1——消力池出口处的单宽流量，m^3/（s·m）；

h'_s——出池河床水深，m。

消力池深度可按下式计算：

$$d = \sigma''_0 h''_c - h'_s - \Delta Z \tag{7-7}$$

式中 σ_0——水跃淹没系数，可采用1.05～1.10。

2. 消力池长度计算

水跃长度可按下式计算：

$$L_j = 6.9(h''_c - h_c) \tag{7-8}$$

消力池长度可按下式计算：

$$L_{sj} = L_s + 0.8L_j \tag{7-9}$$

式中 L_s——消力池斜坡段投影长度，m。

四、闸基防渗长度

水闸在上下游水位差的作用下，闸基渗流可能发生渗透破坏，因而铺盖、板桩及闸底板等不透水部分与地基的接触线的渗径长度，必须满足防渗安全的需要。

闸基防渗长度可按下式计算：

$$L = C \cdot \Delta H \tag{7-10}$$

式中 L——闸基防渗长度，即闸底轮廓线防渗部分水平段和垂直段长度的总和，m；

ΔH——上、下游水位差，m；

c——渗径系数，见表7-1。

表7-1 **渗径系数 c 值表**

地基类别 / 排水条件	粉砂	细砂	中砂	粗砂	中砾 细砾	粗砾 夹卵石	轻粉质 砂壤土	砂壤土	壤土	粘土
有反滤层	9～13	7～9	5～7	4～5	3～4	2.5～3	7～9	5～7	3～5	2～3
无反滤层									4～7	3～4

注 当闸基设板桩时，c 值可采用小值。

第四节 闸室的布置和构造

闸室由闸底板、闸墩、闸门、胸墙、工作桥和交通桥等部分组成。

一、闸底板

闸底板是闸室的基础，它起着承受闸室荷载并较均匀地传给地基的作用，同时利用底板与地基之间的摩擦力来维持闸室的稳定。此外，底板还具有防冲和防渗的作用。

底板的结构型式有整体式和分离式两种，见图7-15所示。闸底板与闸墩基础浇筑成整体的称为整体式底板；闸底板与闸墩基础用缝分隔的称为分离式底板。整体式底板较能适

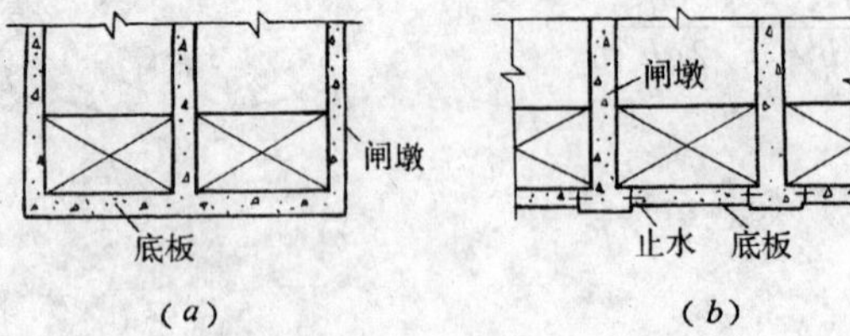

图 7-15 闸底板

(a) 整体式底板；(b) 分离式底板

应地基的沉陷变形，故在软土地基上广泛采用。分离式底板厚度较薄，但难以适应地基的沉陷变形。

底板顺水流方向的长度，取决于闸室上部构造的布置和闸室稳定的要求。底板加长还能减小地基应力，减少闸室的沉陷。初拟闸底板长度时，可参考表 7-2。

闸孔数目较多的整体式底板，为了适应地基沉陷和温度变形，常需设置沉陷缝。为避免不均匀沉陷对闸门启闭的影响，可将沉陷缝设在闸墩中间，这种闸墩叫做缝墩，如图7-16 (*a*) 所示。若地基条件较好，也可将缝设在闸底板中间，如图 7-16 (*b*) 所示。

表 7-2 闸底板顺水流方向的长度

地基土壤	砂砾石和砾石	砂性土和砂壤土	粘 壤 土	粘 土
闸底板长度	(1.25～1.75) ΔH	(1.75～2.00) ΔH	(2.00～2.25) ΔH	(2.25～2.50) ΔH

注 ΔH 为水闸上、下游水位差。

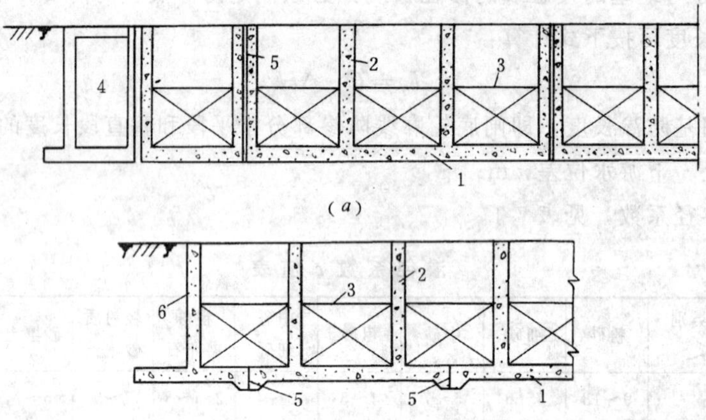

图 7-16 闸室沉陷缝布置

(a) 闸墩分缝；(b) 底板分缝

1—底板；2—闸墩；3—闸门；4—岸墙；5—沉陷缝；6—边墩

二、闸墩

闸墩的主要作用是分隔闸孔，支承胸墙和闸门，并作为工作桥和交通桥的支承。闸墩的外型应使水流顺畅，闸墩头部和尾部多采用半圆形或流线形，如图 7-17 所示。

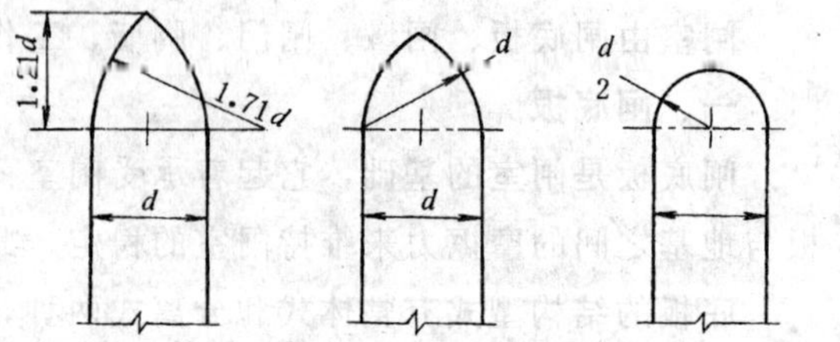

图 7-17 闸墩头部

闸墩的长度应满足胸墙、闸门、工作桥、交通桥等的布置需要。一般边墩与底板顺水方向的长度相同，而中墩可稍短。

闸墩的厚度必须满足稳定和强度的要求，它与闸门的型式和跨度有关。一般说：浆砌石闸墩厚度约为 0.8～1.5m，混凝土闸墩厚约为 0.8～1.4m。钢筋混凝土闸墩厚约为 0.7～1.2m，而闸墩在门槽处的厚度不宜小于 0.5m。

平面闸门的门槽深度应根据闸门尺寸确定，一般为 0.2～0.3m，门槽宽度约为 0.5～1.0m（视闸门支承方式而定）；检修门槽深约 0.15～0.20m，宽约 0.15～0.3m。检修门槽至工作门槽之间，应有 1.5～2.0m 的净距，以便进行检修操作。

开敞式水闸闸槽上游的墩顶高程，一般应高于上游最高洪水位，并有一定安全超高。

三、胸墙

胸墙是闸室孔口上部的挡水结构。胸墙顶部高程一般与闸墩同高，底部高程应满足孔口泄流能力的要求。胸墙按其结构型式可分为板式和梁板式两种，如图 7-18 所示。小跨度闸孔多用板式胸墙，可做成上薄下厚的楔形板形式。梁板式胸墙适用于大跨度闸孔，它由墙板、顶梁、底梁和次梁等组成。

胸墙的支承方式有简支和嵌固两种，如图 7-19 所示。简支胸墙与闸墩分开浇筑，缝面涂沥青，缝内设止水。嵌固胸墙与闸墩同时浇筑，胸墙钢筋伸入闸墩内，形成刚性连接，胸墙断面较小，可增强闸室的整体性；但胸墙支点附近的迎水面容易发生裂缝。

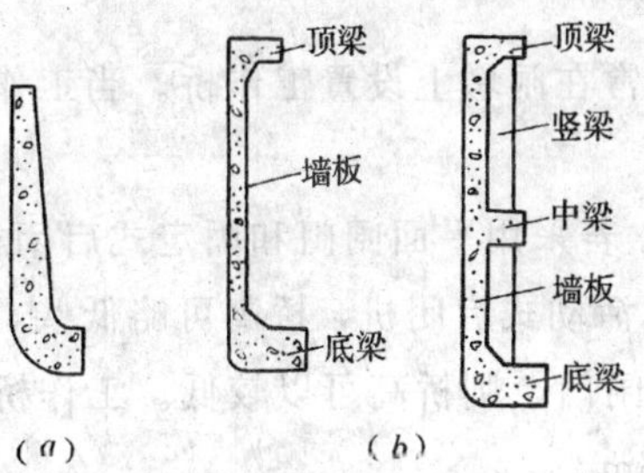

图 7-18 胸墙结构型式

(*a*) 板式；(*b*) 梁板式

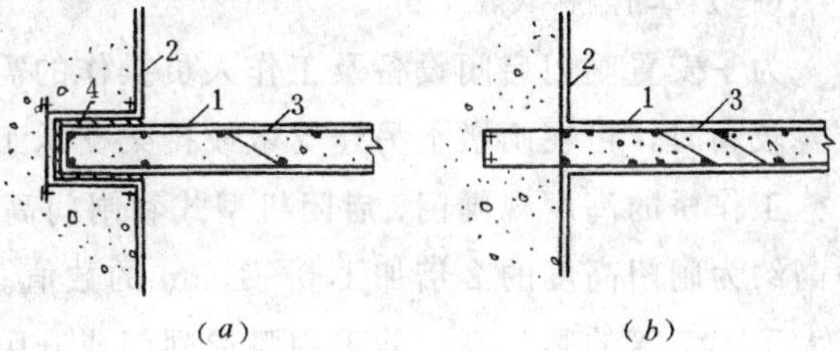

图 7-19 胸墙支承型式

(*a*) 简支式；(*b*) 嵌固式

1—胸墙；2—闸墩；3—钢筋；4—涂沥青

四、闸门和启闭设备

(一) 闸门

闸门按其工作性质分为工作闸门和检修闸门两类。工作闸门主要用来操作控制流量和水位；检修闸门是在检修工作闸门或门槽时作为临时挡水之用的。

闸门的结构型式有许多种，最常用的是平面闸门、弧形闸门和叠梁闸门。

(1) 平面闸门　闸门的挡水面板是平面的，门体两侧支承在闸墩的闸槽内，挡水时将水压力传递给闸墩。启闭时闸门在铅垂方向升降。平面闸门结构简单，便于安装和运输，可用木、钢、钢筋混凝土或钢丝网水泥等材料制造。

(2) 弧形闸门　闸门的挡水面板是圆弧形的，面板后有梁系和支臂，支臂末端支承在闸墩的铰座上，启闭时闸门绕铰轴旋转。弧形闸门启闭力小，可降低启闭机和工作桥的造价，不需设门槽和轨道，闸墩厚度可减薄。但它的支臂较长，要求闸墩也较长，而且在支座处有侧推力，闸墩要用较多的钢筋，并且弧形闸门的制作安装较复杂。

(3) 叠梁闸门　用木料或钢筋混凝土预制成单根的梁，需要挡水时将单个梁逐根放入门槽内。中、小型水闸的检修闸门多采用叠梁闸门。

(二) 启闭机

闸门常用的启闭设备有卷扬式启闭机、螺杆式启闭机和液压式启闭机三种。根据启闭机是否能够移动，又分为固定式和移动式两种。移动式启闭机多用于操作孔数多，又不需要同步均匀开启的闸门。对要求在短时间内全部启闭的闸门，一般要一门一机。

(1) 卷扬式启闭机　是应用较广泛的一种启闭设备；我国有定型产品（QPQ 型系列）。它由电动机、减速箱、卷筒等组成，分单吊点和双吊点两种型式，可根据闸门尺寸大小选用。卷扬式启闭机操作灵活，启闭速度快，一般用于弧形闸门，或靠自重（或加重）关闭、以及要求在短时间内启闭的闸门。

(2) 螺杆式启闭机　它构造简单、耐用、价格低廉，在小型工程上广泛采用。大起重量的螺杆启闭机，多用于闭门时需加压的深孔闸门。

(3) 液压启闭机　是一种很有发展前途的启闭机。一般用油作为介质，利用液压泵系统带动多个活塞杆以启闭闸门。它的优点是动力小、启闭力大、机体体积小、重量轻、并能集中操纵，且操作平稳、安全，对闸门有减震效能。

五、工作桥和交通桥

(一) 工作桥

为了安置闸门启闭设备及工作人员操作的需要，通常在闸墩上设置工作桥。当工作桥位置较高时，可在闸墩上另建支墩或排架支承工作桥。

工作桥的高度视闸门、启闭机型式和闸门高度而定。若采用平面闸门和固定式启闭机，桥高约为闸门高度的 2 倍加 1.0～1.5m 的数值。若采用活动式启闭机，桥高可略低些，但应大于 1.7 倍的闸门高。若采用弧形闸门或升卧式平面闸门，则桥高可以较低。工作桥桥面宽度应满足机械安装和人员操作的需要，一般约 3～5m。

工作桥的结构型式，小型水闸一般采用板式结构，大中型水闸多采用钢筋混凝土预制安装的梁板结构。

(二) 交通桥

当有公路交通要求时，应按公路标准设置公路桥。无公路交通要求，也应建供行人和拖拉机等通行的交通桥。桥的位置应根据闸基应力及两岸交通连接条件来决定，一般位于闸门的下游侧。桥面宽度应按交通要求确定（参见第四章第四节）。

交通桥一般采用板式或梁式结构，小跨度的水闸常采用板式结构；中等跨度(8～20m)常采用 T 形梁结构；大跨度则应采用预应力钢筋混凝土结构；并且多数采用单跨简支式。

第五节　水闸的消能防冲及防渗排水设施

一、水闸的消能防冲设施

平原地区土质河（渠）床抗冲能力低，水闸泄流时极易在水闸下游造成冲刷。为了防止水流对河床的冲刷，要注意选取适宜的过闸单宽流量；在闸孔后建消力池以消除水流多余的能量；并采取必要的防冲措施。

平原河（渠）床多为宽浅式的，一般水闸孔口宽度较河床为窄，水流过闸时先收缩，过闸后再扩散。如果闸身布置不当或管理运用不善，出闸水流不能均匀扩散，形成水流集中，两侧发生回流，回流进一步压缩主流，使主流区单宽流量增大，并以较大的流速前进，进而形成左右冲击的所谓折冲水流，如图 7-20 所示。因此要合理地布置水闸平面，并制订合理的闸门操作制度，以利于促使水流均匀扩散，防止水闸下游的不利冲刷。

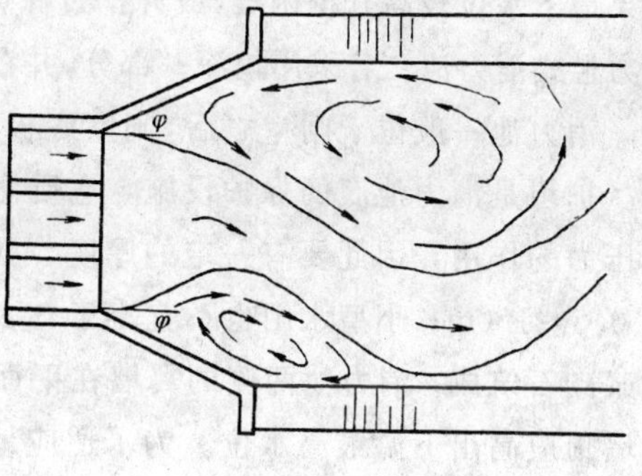

图 7-20　折冲水流

(1) 消力池　平原地区的水闸一般都采用底流式消能，建消力池促使形成淹没式水跃，以达到消能的目的。在实际工程中，即使按计算不设消力池也能形成淹没式水跃，一般也要作深度 0.5～1.0m 的匀流池，以稳定水跃位置和调整流速分布。

消力池的型式，一般有挖深式消力池、消力槛式消力池和综合式消力池三种，如图7-21所示。若下游水深较浅，不足以形成淹没式水跃，可将闸室下游的河床挖深，建成挖深式消力池。

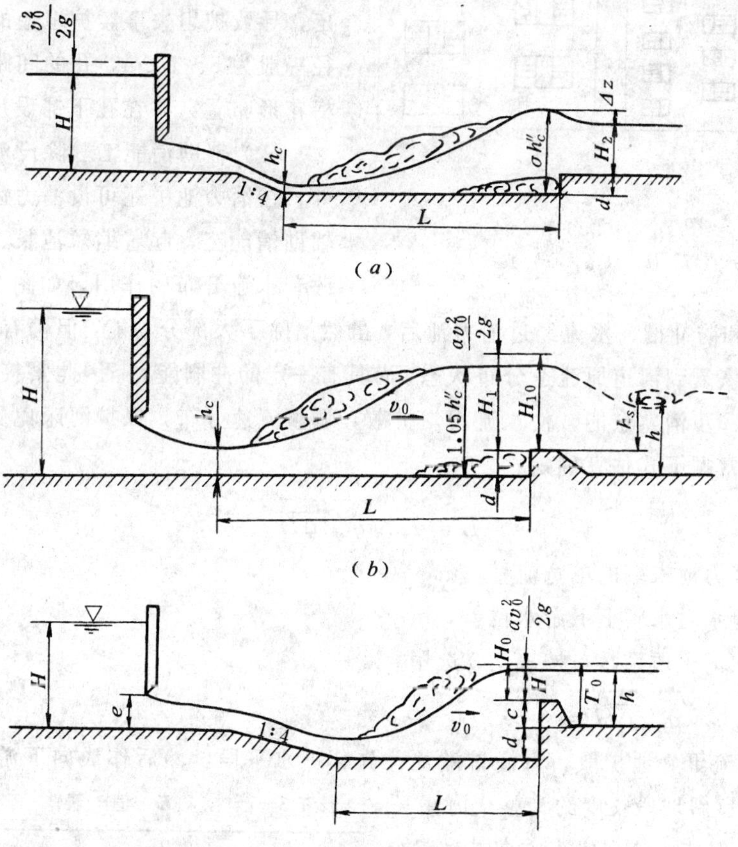

图 7-21　消力池的型式

(a) 下挖式消力池；(b) 消力槛式消力池；(c) 综合式消力池

如果地下水位较高开挖困难，或开挖过深会危及闸室稳定时，可建造消力槛来壅高水位，形成消力槛式消力池。若采用挖深一部分，并在池后建消力坎壅水，则形成综合式消力池。

消力池一般位于闸室之后，闸室底板与消力池底之间一般采用1∶3～1∶4的斜坡段联结。护坦是消力池底的保护设施，它受水跃漩滚急流的冲刷，又承受水流脉动压力和底部扬压力的作用，因此要有一定的厚度、强度和抗冲耐磨能力。大、中型水闸护坦厚度一般为0.5～1.0m；小型水闸也不宜小于0.3m。护坦常用C10～C15混凝土或M5～M10水泥砂浆砌石筑成。消力池两侧的翼墙在平面上应适当扩散，扩散角以不超过8°～10°为宜。翼墙墙顶应高出下游最高水位。为了适应地基的不均匀沉陷和护坦的温度变形，护坦与闸室底板、翼墙基础之间应设沉陷缝。护坦本身在顺水流方向也应该设缝，缝宽一般2cm左右。地基较好时，缝的间距可取15～20m；地基较差时，缝的间距可取8～12m。若缝在闸基防渗范围内，缝中应设止水设备。防渗范围以外的缝一般都铺贴沥青油毡，缝下面铺设反滤层，以保护闸基土不发生渗透破坏。垂直水流方向护坦通常不设缝。

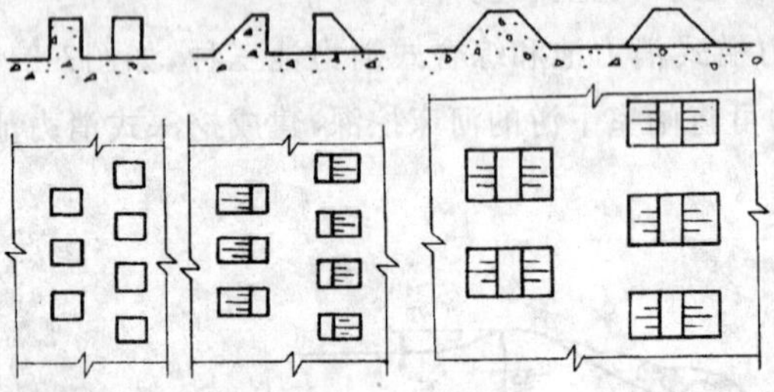

图7-22 消力墩
(a) 直墩；(b) 坡墩；(c) 坡墩

护坦后部通常要设排水孔，以降低闸基底部的渗透压力。排水孔不要设在护坦前端，以防高速水流将孔下地基土壤吸出，导致护坦失事。护坦上的排水孔，孔径一般为5～10cm，孔的间距1～2m，呈梅花形布置，并在孔下铺设反滤层。

(2) 辅助消能工　除设消力池消能以外，在消力池中还可设消力齿、消力墩等辅助消能工，起着缩短池长、减小池深和改善水流分布的作用，如图7-22所示。

(3) 海漫和防冲槽　水流经过消力池后，虽然消除了大部分动能，但仍有较大的余能；流速分布也未恢复到河道原流速分布状态，尚具有一定的冲刷能力。因此紧接消力池之后，应设置海漫进一步消煞余能，使水流均匀扩散，调整流速分布，保护河床免受冲刷。

海漫长度常据下式估算确定：

$$L = K\sqrt{q\sqrt{\Delta H}} \tag{7-11}$$

式中　q——消力池末端的单宽流量，$m^3/(s \cdot m)$；

ΔH——泄水时水闸上下游水位差，m；

K——河床土质系数，按表7-3选用。

此式适用范围为 $\sqrt{q\sqrt{\Delta H}} = 1 \sim 9$。

为了使水流更好地扩散，海漫首端往往先作一水平段，然后作成向下游倾斜1∶6～1∶10的斜坡段（斜坡段长度约为整个海漫长的2/3左右），促使水流在铅直方向扩散，如图7-23所示。

表7-3　**K 值表**

河床土质	粉砂，细砂	中、粗砂，砂壤土	壤土	硬粘土
K	13～15	10～12	8～9	6～7

海漫材料应是粗糙的，以加强消能效果；

应是透水的，以便排出渗水；应是柔性的，以适应河床变形。因水流速度沿海漫全长逐渐减小，故海漫可分段采用不同的材料和厚度。一般采用干砌块石铺护，下设碎石垫层。

海漫末端，为防止冲刷向上游扩展，危及海漫的安全，常紧接海漫挖槽并填以块石，作成防冲槽（图 7-23）。

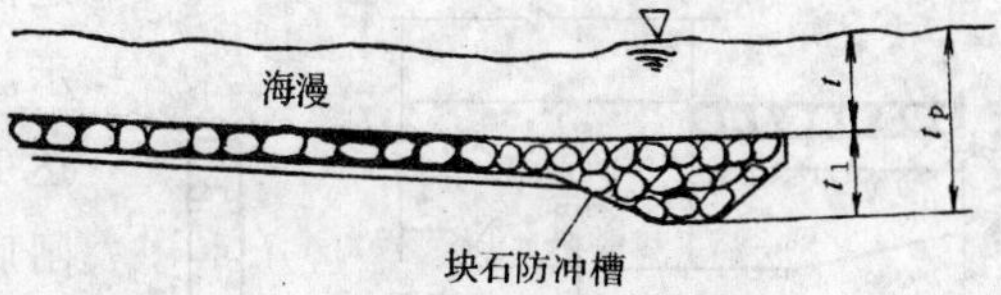

图 7-23　海漫和防冲槽

（4）护底护坡　水闸上、下游除设联结建筑物导流、防冲外，河床和岸坡还可能产生冲刷，必要时还应作护底或护坡来防止有害冲刷。水闸上游流速逐渐增大，在靠近铺盖的一定范围内，常需用块石护砌河床和河岸。为防止漩滚水流的淘刷，在上游护底、护坡的前端应做浅齿墙，以防冲坑向下游扩展，必要时应加设上游防冲槽。水闸下游岸坡，因受较大流速和水面波动的影响也应护砌，护坡长度一般应长于海漫。

干砌块石护坡厚度 0.3～0.5m，下面应铺筑砂石垫层，以防水位降落时岸坡土粒被渗水带走，护坡末端应设置深度 0.6～0.8m 的齿墙。

二、水闸的防渗排水设施

水闸建成挡水后，在上下游水位差作用下，水自上游经过闸基和绕过翼墙向下游渗流。渗流对水闸的不利影响有：①闸基渗流对闸底产生向上的渗透压力，从而减小闸室的有效重量，降低闸室的抗滑稳定性；②闸基渗流和两岸绕渗，可能引起地基和两岸土壤发生渗透破坏，甚至引起水闸的失事；③严重渗漏将引起大量的水量损失。为了防止渗流对水闸的不利影响，通常在上游采取防渗措施，尽量阻滞水流渗入闸基；下游采取排水措施，将渗入闸基的水排除出来。

（一）防渗设施

水闸中常用的防渗设施有水平铺盖、板桩和齿墙等。

(1)水平铺盖　用粘土、粘壤土或钢筋混凝土等透水性较小的材料(其渗透系数要比地基小100 倍以上)，在闸室上游铺设一层防渗层，用以延长渗径，从而减小渗透坡降和作用于闸底上的渗透压力。粘土防渗层上面应铺块石或混凝土块防冲保护层，并注意与闸底板联结处的止水，如图 7-24 所示。铺盖长度一般采用 4～6 倍闸上下游水位差，过长时防渗效果的增加并不显著。

（2）板桩　将板桩并排打入闸基形成一道防渗墙，在垂直方向延长渗径，起减小渗透坡降和渗透压力的作用。垂直防渗要比水平防渗效果显著。一般板桩适用于砂性土地基。

水闸工程中，常用木板桩和钢筋混凝土板桩。木板桩用 8～12cm 厚的木板做成，木板

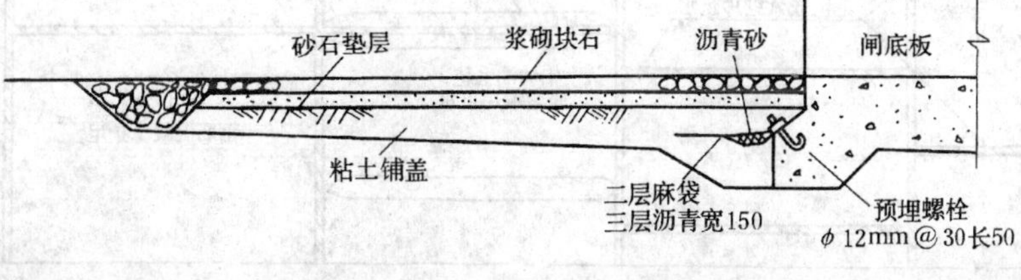

图 7-24　粘土铺盖（单位：cm）

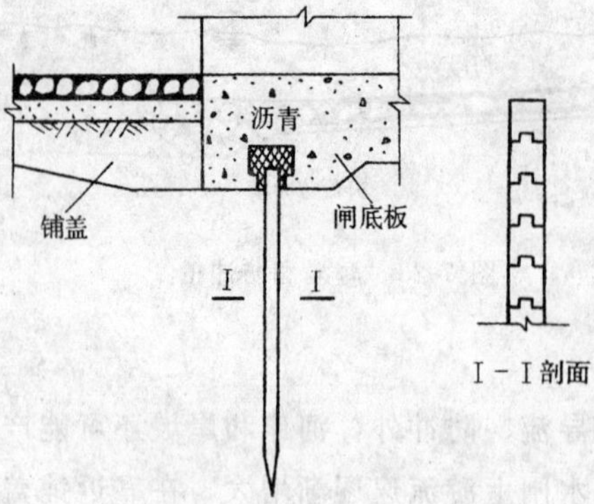

图 7-25　板桩

之间用榫槽结合，长度一般 3～5m，如图 7-25 所示。钢筋混凝土板桩厚为 10～50cm，入土深度可达 15～20m，板桩之间仍用榫槽结合。板桩应嵌入闸底板内，防止二者连接处漏水。为了适应闸室的沉陷，可在底板内作槽并填注沥青，使板桩顶部插入底板的沥青槽内。

(3) 齿墙　闸室底板的上、下游端，一般均设有浅齿墙，齿墙深为 0.5～1.5m。浅齿墙既可增加闸室的抗滑稳定性，又能加强闸底板的横向刚度，同时可延长渗径，起到防渗作用。

(4) 止水　凡具有防渗要求的缝都应设止水。止水又可分为垂直缝止水和水平缝止水两种，如图 7-26 所示。垂直止水设在闸墩与闸墩、闸墩与岸墙、岸墙与翼墙之间的垂直沉陷缝内，其构造如图 7-27 所示。其中 (*a*) 型止水简单，可用于翼墙间；(*b*) 型止水性能较好，常用于浆砌石结构，如岸墙与翼墙间；(*c*) 型止水性能好，适用于闸墩铅直缝。水平止水设在铺盖、底板、护坦之间，以及它们与岸墙、翼墙相接的水平缝内，其构造如图 7-28 所示。水平止水与垂直止水结合处，一般要用焊接，并外包沥青形成封闭的止水系统。

(二) 排水设施

设置排水的目的是将闸基渗水排到下游，以减小渗透压力，并防止地基土发生渗透破

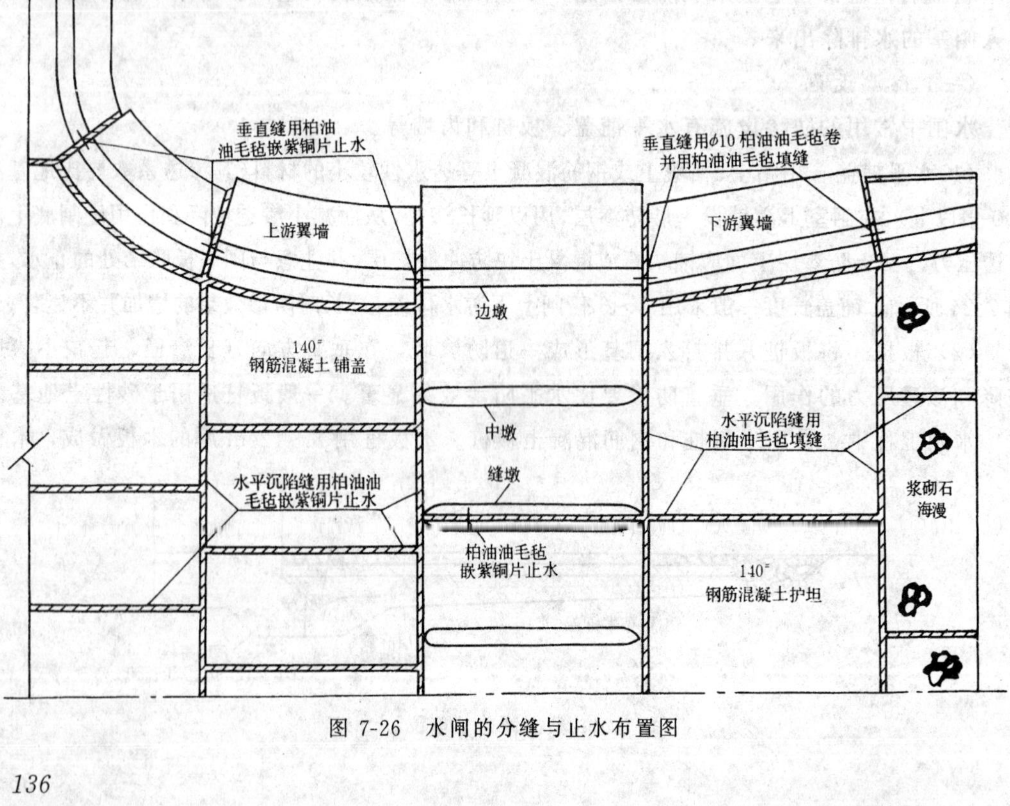

图 7-26　水闸的分缝与止水布置图

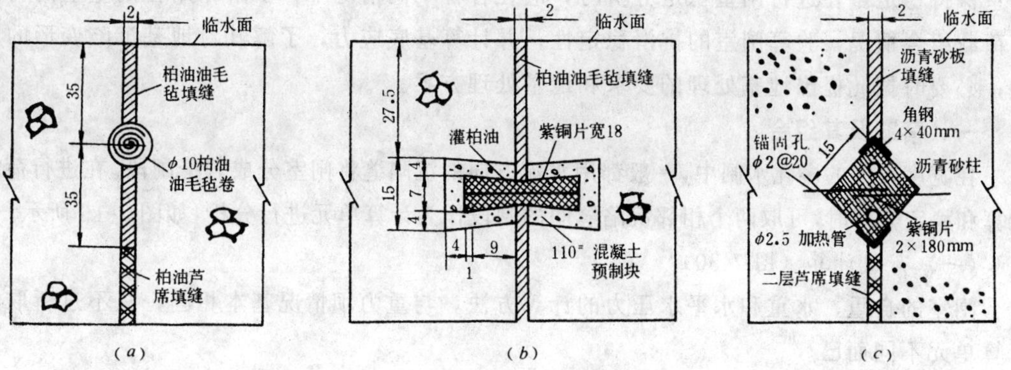

图 7-27　铅直止水构造图（单位：cm）

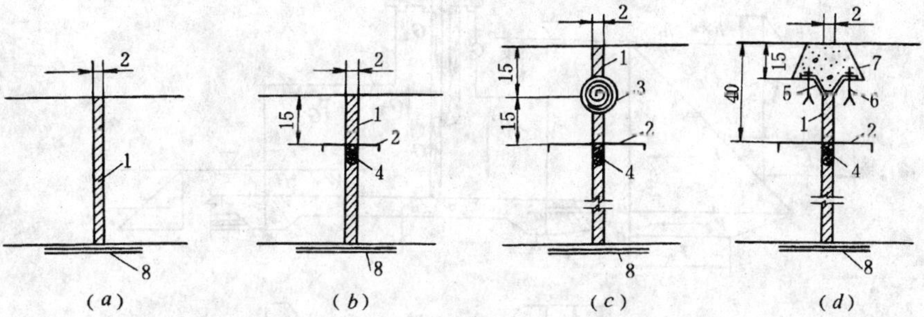

图 7-28　水平缝止水构造（单位：cm）

1—柏油油毛毡或沥青砂板、沥青杉板填缝；2—紫铜片或镀锌铁皮、塑料止水片；
3—ϕ7～10cm 柏油油毛毡卷；4—灌沥青或沥青麻索填塞；5—橡皮；6—鱼尾螺栓；
7—沥青混凝土；8—2～3 层柏油油毛毡或麻袋浸沥青，宽 50～60cm

坏。在水闸中多用平铺式排水，见图 7-29。即用直径 1～2cm 的卵石或砾石，平铺于护坦下面作为排水层，厚度约为 20～30cm。排水层与地基接触的渗流出逸处，最易发生渗透变形，因此应铺设反滤层。为使排水层与下游畅通，护坦上应设排水孔。

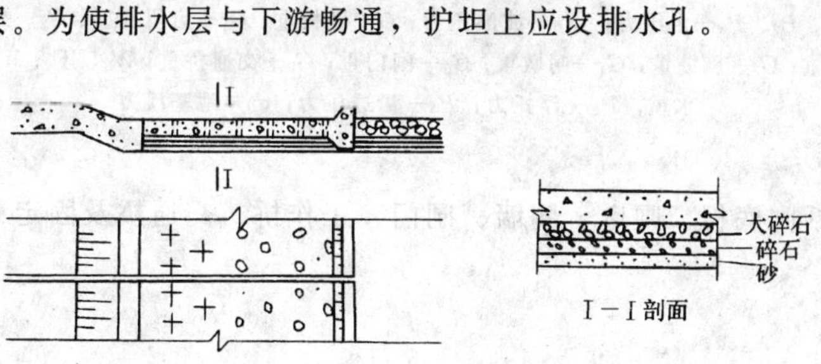

图 7-29　平铺式排水

第六节　闸室稳定分析与地基处理

闸室在运用期间受各种荷载的共同作用。一般地说，水平方向的合力促使闸室向下游滑动，而垂直方向的合力在闸基上产生的摩擦力阻止闸室滑动。当阻滑力大于滑动力时，则闸室保持稳定。在进行闸室稳定分析时，应在各种不同情况下，了解作用在闸室上的荷载及荷载组合情况，验算闸室的抗滑稳定性；并计算基底应力，了解其对地基沉陷变形的影响；必要时据此提出地基处理的要求和地基处理方案。

一、荷载及其组合

在宽度较大的多孔水闸中，一般都用水流方向的沉陷缝将闸室分成若干闸段。在进行荷载计算和稳定分析时，可取两个相邻沉陷缝间的闸段作为计算单元进行分析，如图 7-16 所示。

(一) 荷载计算（图 7-30）

闸室的自重、水重和水平水压力的计算方法，与重力坝情况基本相同，只不过所取的计算单元不同而已。

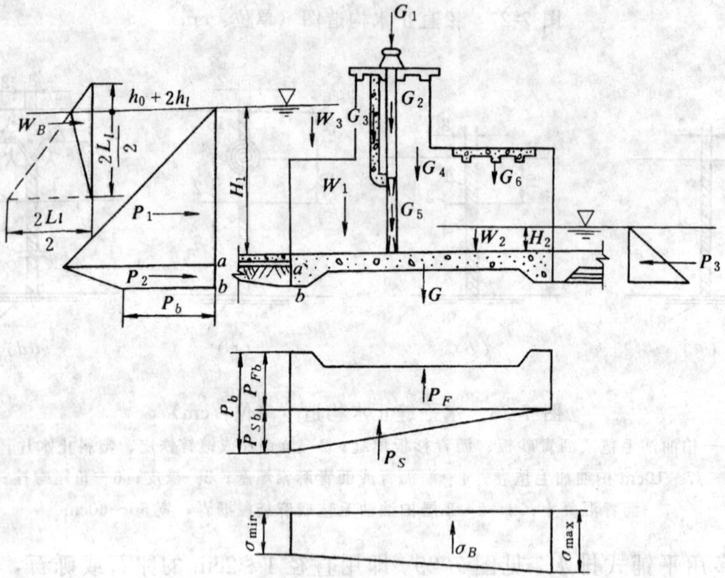

图 7-30 作用在闸室上的荷载

P_1、P_2、P_3—水压力；W_B—波浪压力；G—底板重；G_1—启闭机重；G_2—工作桥重；G_3—胸墙重；G_4—闸墩重；G_5—闸门重；G_6—交通桥重；W_1、W_2、W_3—水重；P_F—浮托力；P_S—渗透压力；σ_B—地基反力

1. 自重

闸室自重包括闸底板、闸墩、胸墙、闸门、工作桥、交通桥及固定于闸室上的永久设备重等。

2. 水重

作用于底板上的水体重量。

3. 水平水压力

作用于闸室上、下游的水平水压力。

4. 扬压力

扬压力包括浮托力和渗透压力。闸底板下任一点的浮托力等于该点至下游水位的高差与水容重的乘积。渗透压力可用直线比例法计算，即假定沿地下轮廓流动的渗流水头损失是均匀的，则距地下轮廓末端 x 处的渗透压力 h_x 为

$$h_x = \frac{H}{L}x \quad (\mathrm{m}) \tag{7-12}$$

式中 H——上、下游水位差，m；

L——渗径长度（地下轮廓线长度），m。

（二）荷载组合

水闸在施工、完建、运用及检修情况下，所受荷载是不同的。因而，设计水闸时应将可能同时作用的荷载进行组合，作为水闸设计的依据。水闸的荷载组合分为以下两种组合：

1. 基本组合

由经常作用在闸室上的基本荷载所组成。如结构自重、正常运用或设计洪水位时的水压力、扬压力、波浪压力及泥沙压力等。

2. 特殊组合

由基本荷载中的恒载和一种或几种特殊荷载组成。特殊荷载是指校核洪水时的水压力、扬压力、浪压力以及地震荷载等。

二、闸室抗滑稳定计算

闸室沿基础面的抗滑稳定性可按下列公式计算：

$$k = \frac{f\sum W}{\sum P} \geqslant [k_c] \tag{7-13}$$

式中 k——闸室抗滑稳定安全系数，要求等于或稍大于表 7-4 中规定的数值；

f——闸底板与地基之间的摩擦系数，见表 7-5；

$\sum W$——垂直方向作用力的代数和，kN；

$\sum P$——水平方向作用力的代数和，kN。

表 7-4　土基上闸室沿基面的允许抗滑稳定安全系数（k_c）

荷载组合		水闸级别		
		1	2	3
基本组合		1.35	1.30	1.25
特殊组合	Ⅰ	1.20	1.15	1.10
	Ⅱ	1.10	1.05	1.05

注　1. 特殊组合Ⅰ适用于施工期、检修期和校核洪水情况；

2. 特殊组合Ⅱ适用于地震情况。

表 7-5　摩擦系数 f 值表

地基土壤	卵　石	砂　土	砂壤土	粘壤土	粘　土
f	0.5～0.6	0.4～0.5	0.35～0.4	0.25～0.35	0.20～0.30

三、基底压力验算

作用在闸室上的各种荷载，将通过底板传给地基。由于顺水流方向闸墩的刚度较大，一般认为基底压力按直线分布，与重力坝情况相似。计算公式如下：

$$\sigma_{\substack{\max\\\min}} = \frac{\sum W}{LB} \pm \frac{6\sum M}{L^2B} \tag{7-14}$$

式中 $\sigma_{\substack{\max\\\min}}$——闸底板上下游端的基底压力，kPa；

$\sum W$——作用于闸室的全部竖向荷载之和，kN；

L——底板顺水流方向的长度，m；

B——底板垂直水流方向计算长度，m；

$\sum M$——闸室各种荷载对闸底板中心的力矩之和，kN·m。

为了水闸安全，土基上的闸室基底压力计算应满足下列要求：

1）在各种计算情况下，要求闸室基底压力不大于地基容许的承载力；

2）基底压力的最大值与最小值之比，应不大于规定的容许值，见表7-6。

表7-6　闸室基底压力最大值与最小值之比的容许值表

地基土质	荷载组合	
	基本	特殊
松软	1.5	2.0
中等坚实	2.0	2.5
坚实	2.5	3.0

注　1. 对于大型水闸，采用值可适当减小；

2. 对于地基地质条件较好，结构简单的中型水闸采用值可适当增加，但增大值不应超过0.5；

3. 对于地震情况，采用值可适当增大。

四、地基处理

在软弱地基，如淤泥层、粘土夹层、细沙和黄土地基上建闸，当不能满足稳定和承载能力要求时，应加以处理。常用的处理方法如下：

(1) 人工垫层　将软土层挖去，换成砂土称为人工垫层。由于砂土的摩擦系数大，承载能力高，因此，可以改善地基条件。为减少施工困难，垫层厚度不宜超过4～5m。

(2) 预压加固　对疏松的砂土和软弱的粘土地基，预先在其上堆放砂土或块石，压密地基，并在地基内作砂井排水，加快地基的固结过程。待压密后，移去砂土或块石，再进行建筑。这种方法费工费时，因此目前较少采用。

(3) 震动加密　在松散的砂土地基内钻孔，孔内装炸药，爆炸震动，使砂层密实。震动加密便于施工，但砂土若夹有粘土或壤土时，效果不好。

(4) 灌注桩基　灌注桩是先在地基上钻孔，然后在孔内灌注混凝土，成为灌注桩。在一排或几排灌注桩上修建桩台，作为闸墩的基础。灌注桩基可以大大提高地基的承载能力，并可承受水平推力。

(5) 振冲加固　在软弱地基上使用振冲器在软土内作垂直孔，孔内回填砂或碎石，在振冲器作用下压实，形成碎石桩（或砂桩）。这种方法，具有施工方便、工效高、可以就地取材等优点。

第七节　水闸与两岸联接建筑物

一、联接建筑物的作用

闸与河岸或土坝等联接处，需设专门的联接建筑物，它包括上、下游翼墙和边墩。其作用如下：

1）挡住两侧填土，保持河岸或土坝的稳定。

2）引导水流平顺进闸，并平顺地扩散出闸。

3）保护河岸或土坝不受过闸水流的冲刷。

4）控制绕过闸室两侧的渗流，防止两侧河岸或土坝发生渗透变形。

两岸联接建筑物的工程量较大，闸孔数越少，则联接建筑物占全部工程量的比重越大。

所以对联接建筑物的型式选择和布置方案应予以充分重视。

二、联接建筑物的结构型式

联接建筑物的性质是挡土墙。其迎水面有过闸水流，背水面有填土压重。挡土墙有重力式、悬臂式、扶壁式、空箱式等。

(一) 重力式挡土墙

重力式挡土墙依靠自身重量维持稳定，可用混凝土或浆砌块石做成，其结构见图 7-31。它的结构简单、施工方便，但耗费材料较多，适用挡土高度不超过 5～6m。

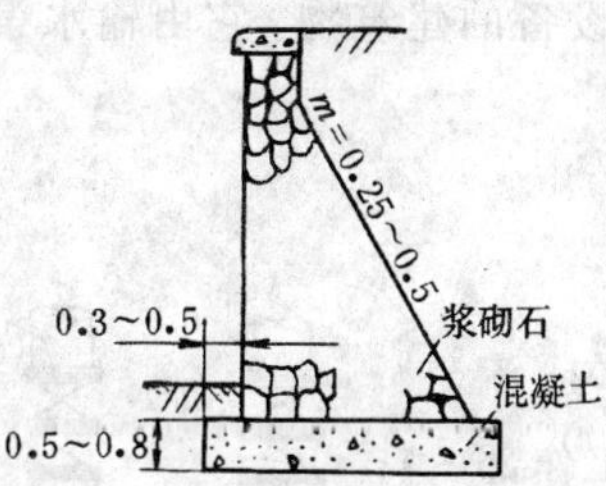

图 7-31 重力式挡土墙（单位：m）

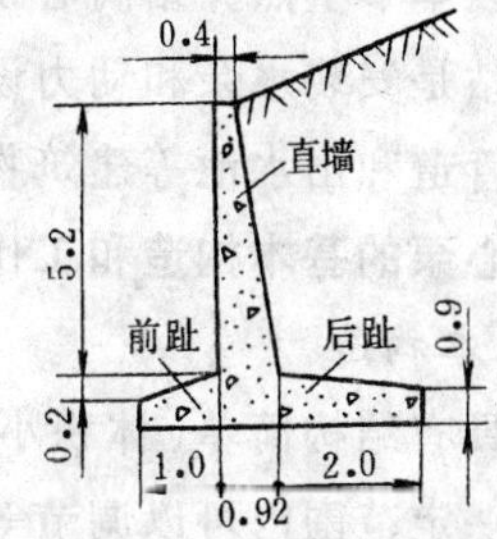

图 7-32 悬臂式挡土墙（单位：m）

(二) 悬臂式挡土墙

一般为钢筋混凝土结构，由直墙和底板组成。其结构见图 7-32。它具有厚度小、自重轻等优点，适用挡土高度为 6～10m。

(三) 扶壁式挡土墙

一般采用钢筋混凝土结构。它由立墙、底板及扶壁组成，见图 7-33。这种型式可利用底板上的填土维持稳定。若挡土高度在 9～10m 以上，则可采用扶壁式挡土墙。

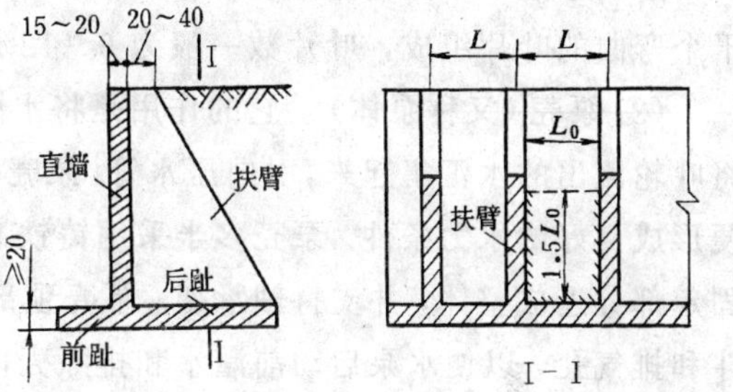

图 7-33 扶壁式挡土墙（单位：cm）

(四) 空箱式挡土墙

空箱式挡土墙由底板、前墙、后墙、扶壁、顶板和隔墙组成，见图 7-34。它利用前后墙之间形成的空箱来调整地基应力。所以当地基沉陷较大，为了减轻边墩重量时，多采用空箱式挡土墙。

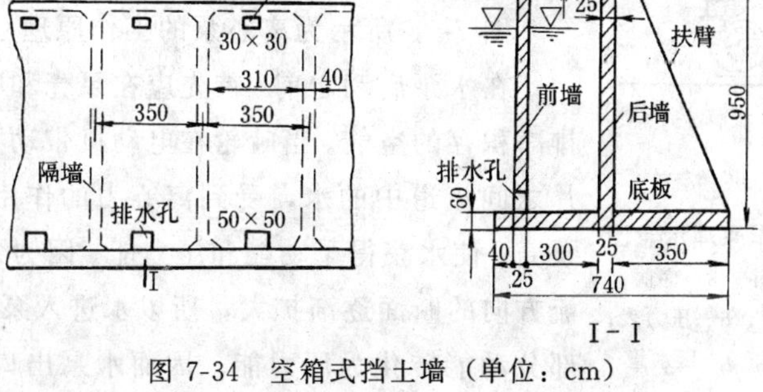

图 7-34 空箱式挡土墙（单位：cm）

第八节 水泵与抽水机站

水泵又叫抽水机，它是提升和输送水的重要工具。水泵在工农业生产中用途很广泛，农田排灌抽水机站就是用水泵抽水，进行灌溉和排水。城市工业生产及居民生活供水、矿山的排水、发电厂的锅炉给水、钢铁厂的冷却水等，都是由水泵完成的。水泵的种类很多，如离心泵、轴流泵、混流泵、活塞泵、水轮泵等等。由于在给排水工程中，离心泵得到广泛的应用，所以本节重点介绍离心泵的有关基本知识。

抽水机站是安装水泵和动力设备以及有关附属设备的建筑物。它由输水渠道、进水池、机房、压力管道和出水池等建筑物组成。

一、离心泵的基本构造和工作原理

（一）基本构造

离心泵具有结构简单、体积小、效率高、供水均匀、流量和扬程在一定范围内可以调节等优点。它的主要工作部件有叶轮、泵壳、泵轴、轴承和填料函，如图 7-35 所示。

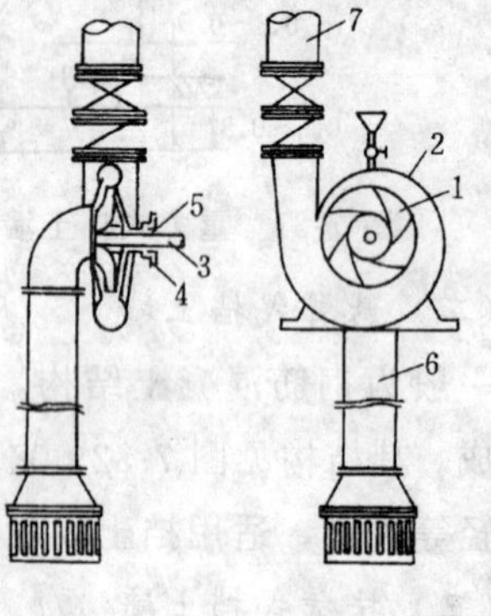

图 7-35 单级离心水泵构造示意图

1—叶轮；2—泵壳；3—泵轴；4—轴承；5—填料函；6—吸水管；7—压水管

(1) 叶轮 叶轮是离心泵的主要部件，它由轮盘和若干个弯曲的叶片组成，叶片数一般为 6～12 片。

(2) 泵壳（又称泵体） 它的作用是将水引入叶轮，再将叶轮流出的水汇集起来，引向压水管。泵壳呈蜗壳形，以便形成良好的水力条件。泵壳多半采用铸铁制成，将所有固定部分连成整体，并支持轴承架。泵壳顶部设有灌水漏斗和排气孔，以便水泵启动前灌水和排除壳内的空气。泵壳底部设有排水孔，是为了停用或检修时放水。

(3) 泵轴 泵轴用来带动叶轮旋转。它是将电动机的能量传给叶轮的主要部件。泵轴的一端用联轴器与电动机轴联接，另一端和叶轮联接。

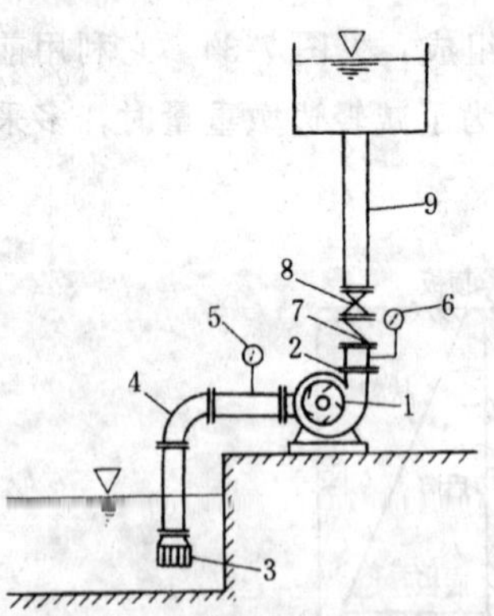

图 7-36 离心泵工作原理示意图

1—水泵；2—注水漏斗；3—底阀；4—吸水管；5—真空表；6—压力表；7—止回阀；8—闸阀；9—压水管

(4) 轴承 轴承是用来支撑泵轴，以便泵轴旋转。轴承经常用润滑油或油脂润滑。

(5) 填料函（又称盘根箱） 其作用是密封泵轴与泵壳之间的空隙，以防漏水和空气吸入泵内。

（二）离心泵的工作原理

图 7-36 所示为离心泵的工作原理。

在水泵启动之前，首先应在泵壳和吸水管中灌满水，并排净积存的空气。当叶轮在电动机带动下旋转时，充满于叶片之间流道中的水，受到离心力的作用从叶轮的中心甩向泵壳，使水获得了动能和压力能。因为泵壳呈蜗壳形，沿水流方向的断面逐渐扩大，所以水进入泵壳后流速逐渐减小，部分动能转化为压力能。因而水泵出口处的水就具有较大的压力。由于泵壳内的水流入压水管，叶轮进口处形成真空状态，在大气压力作用下，进水池中的水就可以源源不断地经吸水管进入泵内，这样离心泵就可以连续不断地进行工作。

二、离心泵的管路附件

离心泵的管路附件装置如图 7-37 所示。

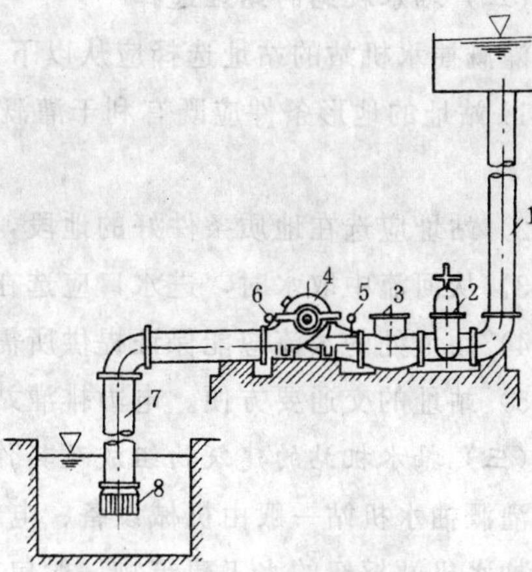

图 7-37　离心泵管路附件装置

1—压水管；2—闸阀；3—逆止阀；4—水泵；5—压力表；6—真空表；7—吸水管；8—底阀

(1) 充水设备　水泵启动之前必须先充水，排除泵内空气。若水泵口径为 300mm 以下的小型水泵，一般用漏斗靠人工灌水。当水泵口径为 300mm 以上的大中型水泵或吸水管较长时，一般都使用真空泵来抽真空充水。

(2) 底阀　底阀装在进水管的最下面。其作用是：当水泵启动前充水时，不让水从进水管内漏掉，保证水泵的启动。当水泵正常工作时，又可使水经过底阀进入吸水管。采用底阀的缺点是水头损失较大，且需要经常清洗修理。大中型水泵，充水采用真空泵抽真空引水时，则不需装设底阀。

(3) 吸水管（又称进水管）　是进水池至水泵吸水口之间的管道。在水泵运行时起连续吸水的作用。

(4) 压力表　测量水泵的出水压力。

(5) 真空表　一般设在吸水管上，用来测定水泵吸水口前的真空度。

(6) 逆止阀　防止水倒流到水泵中，装在靠近水泵的出水口处。

(7) 闸阀　装在水泵的出水口处，用于水泵的启动、停车、以及调节水泵的流量和扬程。

(8) 压水管（又称出水管）　将水泵压出的水送到需要的地方。

三、抽水机站

(一) 抽水机站的类型

按取水的水源不同可分为两种：

1) 从地面水源（河流、渠道、水库）取水的抽水机站。

2) 从地下水源（井）中取水的抽水机站。

按抽水机站的作用来分有：

1) 灌溉抽水机站。

2) 排水抽水机站。

3) 灌溉和排水结合的抽水机站。

4) 提水与发电结合及提水和蓄水结合的多功能抽水机站等。

在抽水机站的规划工作中，应根据地区自然条件及抽水机站工程建设的技术经济条件，尽可能做到一站多用，一机多用，以提高工程的综合效益。

下面以地面取水的灌溉抽水站为模式，介绍抽水机站的站址选择、建筑物组成以及机房设计等有关的基本知识。

（二）抽水机站的站址选择

灌溉抽水机站的站址选择应从以下几方面考虑：

1）站址的地形条件应既有利于灌溉渠系和进出口建筑物的布置，又能控制全部灌溉面积。

2）站址应选在地质条件好的地段，以降低工程造价并保证工程安全。

3）从河流中取水时，进水口应选在河床稳定的河流弯道凹岸顶点稍偏下游的地方。

4）站址处的水流应能保证提供所需的流量和合乎要求的水质。

5）站址的交通要方便。电力排灌站应尽量靠近电源，以减少输电变电工程的投资。

（三）抽水机站的建筑物组成及其作用

灌溉抽水机站一般由机械设备、电气设备及一系列水工建筑物所组成。

抽水机站枢纽的水工建筑物一般包括：进水建筑物、出水建筑物、机房及附属建筑物等。如图 7-38 所示。

图 7-38　以河流为水源的抽水机站枢纽

1—进水闸；2—引水渠；3—分水；4—进水池；5—吸水管；6—机房；
7—压水管；8—出水池；9—渠道；10—变电所

（1）进水建筑物　包括：进水闸、引水渠、分水闸（拦污栅）、进水池、吸水管等。它们的作用是将水流顺畅地引到进水池，为水泵的取水创造良好的条件。

（2）出水建筑物　包括：压力水管和出水池（或压力水箱）。水泵压出的水流通过压力水管流至出水池，然后流进输水渠道，送至用水处。压力水管是指从水泵至出水池之间的输水管道。常用的压力水管有钢管、铸铁管和钢筋混凝土管等。

压力水管的线路选择应和机房及出水池的位置统一考虑。管路应短而直，并尽可能布置在地质条件良好的地段。金属管多露天敷设，以便于安装检修，且不易锈蚀。钢筋混凝土管可埋设于地下，也可露天布设。

露天式水管一般由支墩和镇墩支承。水管上的各种作用力，通过支墩和镇墩传给地基。架设在支墩上的水管，能沿管的轴线方向，在支墩的支承面上滑动，以适应温度变化时引起的管道的伸缩。在水管的转弯处和过长的直管段，须设置镇墩将水管完全固定，不使它发生任何位移和转动。两镇墩之间可设伸缩节，以消除管壁的温度应力和减小作用在镇墩上的轴向力。

出水池和压力水箱，都是压力水管和输水渠道之间的联接建筑物。它们的不同之处，仅在于出水池为开敞式，而压力水箱为封闭式。它们的作用是消除压力管出流的余能，使水流平顺流入渠道。

(3) 抽水机站机房　抽水机站机房是安装水泵和动力机及其附属设备的建筑物，是抽水机站的主体工程。其主要作用是给机组运行和管理人员操作提供良好的工作条件。抽水机站机房的类型，按结构型式可分为固定式机房和移动式机房两大类。固定式机房，即一般建筑在地基基础上的机房；移动式机房可分为缆车式和囤船式两种，它们是可随水源水位变化而随时升降的机房，适用于取水口水位变化较大的情况。

第八章 水力发电工程

我国幅员辽阔，河川纵横，是世界上水力资源最丰富的国家之一。水能是可供人们利用的一种廉价能源，也是一种宝贵的物质财富。因此，如何最有效和经济合理的开发利用水力资源，兴修各种水电站，将自然界的水能转变为机械能和电能，为发展我国工农业生产和改善人民的物质文化生活服务，将是我们水电建设者的光荣任务，也是人类征服自然、改造自然的一项伟大的斗争。

本书第一章第四节中讲过，水力发电出力的基本计算公式为

$$N = 9.81QH\eta \text{ (kW)} \tag{8-1}$$

式中 Q——流量，m^3/s；

H——水头，m；

η——水电站效率。

水头和流量是水力发电能力的两个基本要素。为了有效地利用水流能量，一要集中水头，二要调节径流，使它符合水电站的用水需要。这也是水力发电工程措施的基本要求。为了最充分最有效地利用天然河流的水能，就要用人工措施，修建能集中落差和调节流量的水工建筑物。例如在河道上筑坝（或闸）抬高上游水位，集中落差形成水头，并在上游形成水库，使之具有水头和流量以修建水电站。

水力发电工程，就是利用水能来生产电能的工程。也就是采用工程措施，引导水流通过水轮发电机组，使水能变为电能，再通过输变电工程设施把电能输入电网或送到用户。

第一节 水能开发方式及水电站基本类型

所谓水能开发方式，通常是指集中落差和获得水头的方式。按照集中落差方式的不同，水电站主要有下述三种基本类型：即坝式水电站、引水式水电站和混合式水电站。

一、坝式水电站

在河流峡谷处筑坝，抬高水位，形成集中落差，这种水能开发方式称为坝式开发。用坝来集中落差获得水头的水电站称为坝式水电站。坝式水电站的水头取决于坝高，坝愈高，水电站的水头也就愈大。但是建坝要受地形、地质、水库淹没和工程投资等条件的限制，只能因地制宜，根据技术经济条件研究决定。

坝式水电站按照坝和水电站厂房相对位置的不同，又可分为河床式水电站和坝后式水电站。

(1) 河床式水电站 河床式水电站厂房和坝（或闸）一起建在河床中。电站厂房本身承受上游水压力，起挡水作用，成为挡水建筑物的一部分，故称为河床式水电站，如图8-1所示。

在河流的中下游，往往河面开阔、纵坡平缓、两岸地势不高。为了避免造成大量淹没，只能修建低坝或闸拦河挡水，适当提高上游水位，河床式水电站通常是低水头大流量水电站。

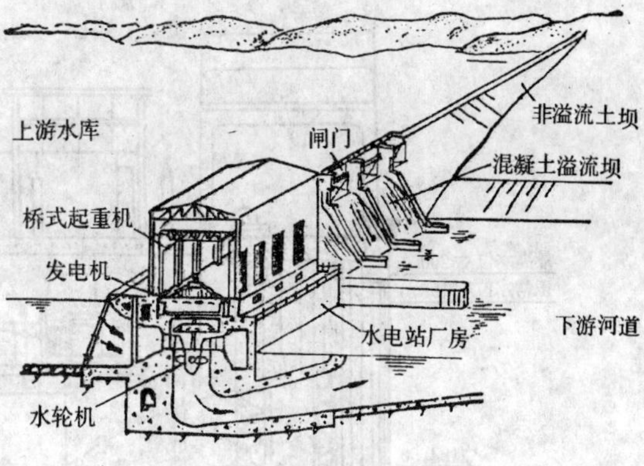

图 8-1　河床式水电站

（2）坝后式水电站　当拦河筑坝集中落差较大时，由于上游水压力较大，若用电站厂房来挡水难以维持稳定，且厂房受力较大增加建筑困难。因此，不得不将电站厂房移到坝的下游，使上游水压力由坝承担，这样布置的水电站称为坝后式水电站，如图 8-2 所示。

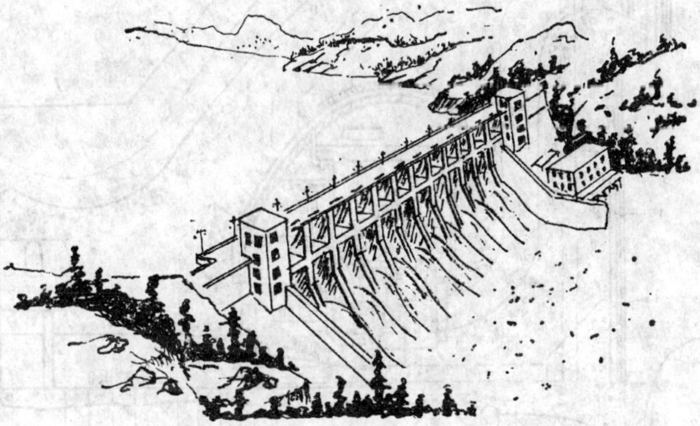
图 8-2　坝后式水电站

这种水电站允许水头较高，一般修建在河流的中上游。由于坝高较大，不仅使电站获得较大的水头，而且在坝的上游形成可以调节径流的水库。有利于发挥防洪、灌溉、发电、通航及水产等多种效益，并给水电站运行创造了十分有利的条件。

坝后式水电站厂房，多半布置在河床一侧的岸边，以便布置输变电装置和对外交通线路。

（3）坝内式水电站　在河谷狭窄，坝后无适当位置可建电站时，可将电站厂房设在坝体内部的空腹内，形成坝内式厂房，我国上犹江水电站即属这种类型的水电站，其布置如图 8-3 所示。

二、引水式水电站

在某些河段上，由于地形、地质或其他技术经济条件不宜采用坝式开发，而可以修建取水和输水建筑物（如明渠、隧洞等），来集中河段的自然落差，这种获取水头的方式称为引水式开发。

在河流的上、中游，坡度比较陡峻的河段上，常可采用引水式开发。如图 8-4 所示，沿山腰开挖一条引水渠道。由于引水渠道的纵坡远小于该河段的自然坡度，所以在引水渠的末端形成集中落差。河段的天然坡度愈大，引水渠道能够集中的落差也就愈大。采用引水

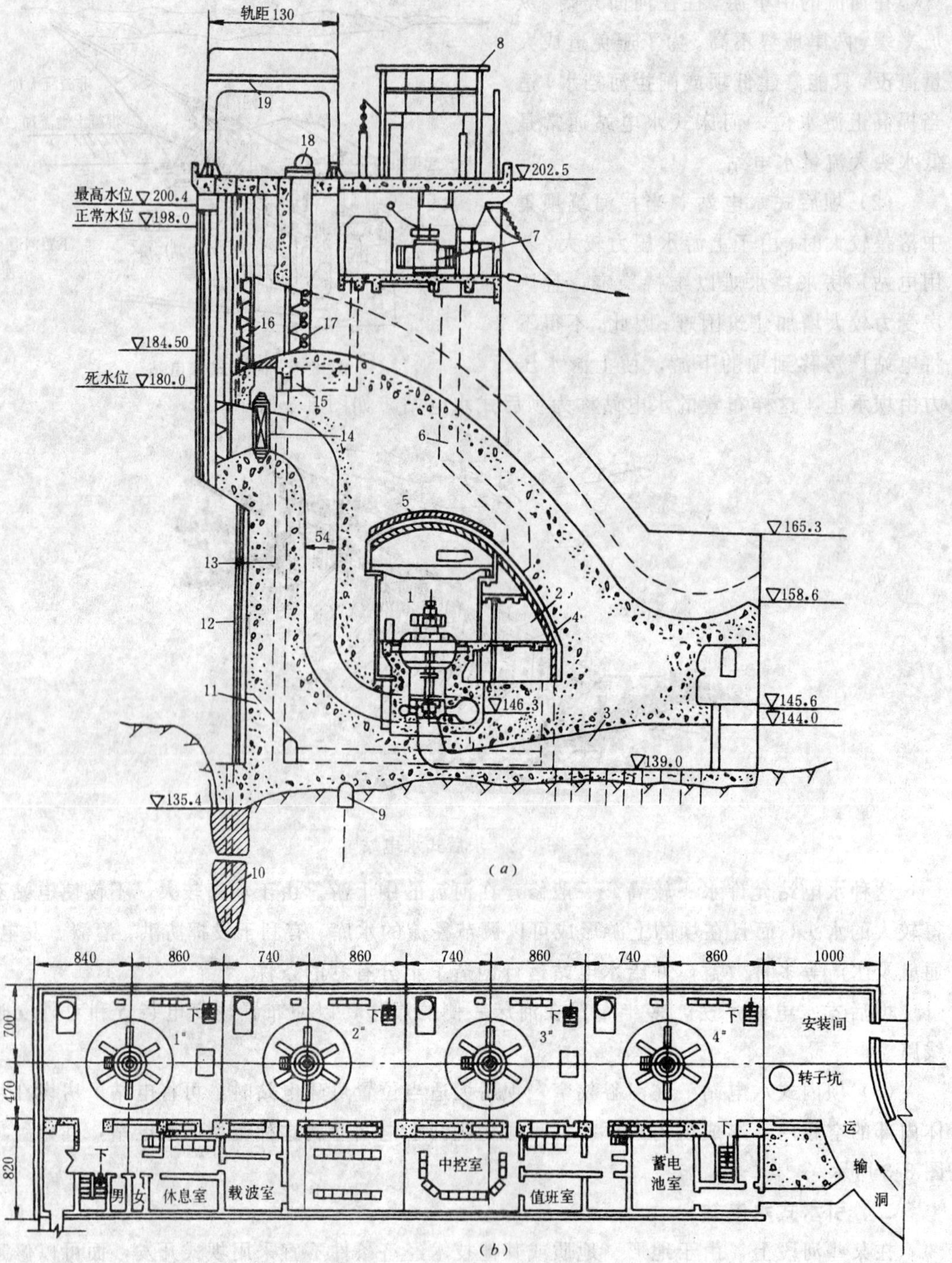

图 8-3 上犹江水电站坝内式厂房（单位：平面尺寸 cm，高程 m）

(a) 厂房横剖面图；(b) 发电机层平面图

1—坝内厂房；2—副厂房；3—尾水管；4—预制隔墙板；5—预制拱；6—出线洞；7—变压器；8—母线架；9—排水廊道；10—帷幕灌浆；11—灌浆廊道；12—坝面防渗层；13—检查竖井；14—蝶阀；15—检查廊道；16—堵水门；17—定轮门；18—卷扬机；19—门式吊车

图 8-4　引水式水电站

式开发修建的水电站，称为引水式水电站。

引水式水电站按引水建筑物中水流状态的不同又分为两种类型：

1）无压引水式水电站，它所用的引水建筑物是无压的，如明渠、无压隧洞等；

2）有压引水式水电站，它所用的引水建筑物是有压的，如压力隧洞、压力水管等。

引水式水电站，一般地说，引水流量较小，无调节能力，水量利用率较低。但工程规模较小，造价较低，且水头允许较高，所以引水式水电站多修建在河道坡降较陡、流量较小的山区河段上。

三、混合式水电站

在一个河段上，同时利用拦河坝和引水道两种方式来集中河段落差，这种开发方式叫做混合式开发，相应的水电站称为混合式水电站。

混合式水电站常常建在上游有良好的坝址适宜建库、而紧接水库以下的河道坡度较陡或有较大河湾的河段上。它的水头一部分由坝集中，一部分由引水道集中，因此具有坝式水电站和引水式水电站两方面的特点，如图 8-5 所示。

图 8 5　混合式水电站

第二节　水电站的主要机电设备

一、水轮机

水轮机是将水能转变为旋转的机械能的水力原动机，是水电站的主要动力设备之一。利用这种原动机带动发电机，使转轮的旋转机械能变为电能，这就是水轮发电机组。

水轮机的种类很多，按水流能量转换特征可将水轮机分为两大类，即反击式水轮机和冲击式水轮机。每一类根据其结构的不同又可分为很多种类。现将各种型式的水轮机分列如下：

- 水轮机
  - 反击式
    - 混流式
    - 轴流式
      - 轴流定桨式
      - 轴流转桨式
    - 斜流式
    - 贯流式
      - 全贯流式
      - 半贯流式
        - 灯泡式
        - 轴伸式
        - 竖井式
  - 冲击式
    - 水斗式
    - 双击式
    - 斜击式

（一）反击式水轮机

反击式水轮机的特征，在于流过转轮的水流是连续的，而且在同一个时间内所有转轮叶片间的流道都有水流通过。水流经过叶片流道后，流速的大小和方向均发生了变化，也就是水流经过叶片流道时，水流的动量发生了变化。这个动量的变化是转轮对水流作用而产生的。因而水流对转轮有一个反作用力，这个反作用力使转轮旋转。反击式水轮机常见的型式有：

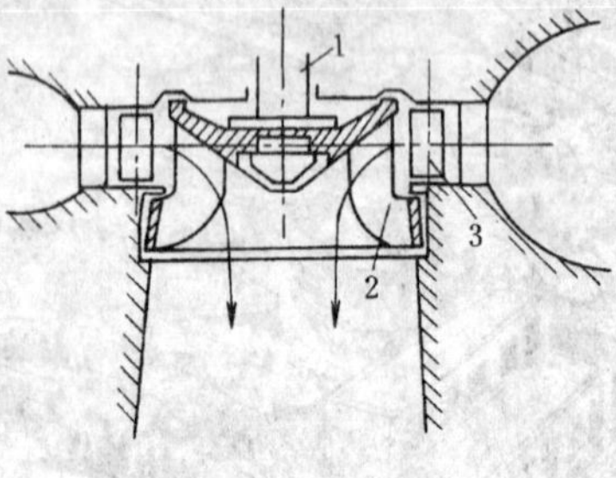

图 8-6　混流式水轮机
1—主轴；2—转轮；3—导水叶

（1）混流式水轮机　混流式水轮机的水流流经转轮时是辐向流进而轴向流出，如图 8-6 所示。这种水轮机的转轮叶片是固定的，叶片数目较多，约为 10～20 片，叶片呈扭曲形，所以工作效率高；并且结构简单、运行可靠，是现代应用最广泛的水轮机。其单机容量自几十千瓦到几十万千瓦。如刘家峡水电站就是用的混流式水轮机，其单机容量为 30 万 kW。

（2）轴流式水轮机　轴流式水轮机的水流流进转轮到流出转轮，其方向始终平行于轴。根据转轮结构特点，轴流式水轮机又可分为定桨式和转桨式。定桨式转轮的叶片不能随工作状况的变化而转动。转桨式水轮机的转轮叶片可随工作状况的变化而转动。因此转桨式水轮机的高效率区比较大，对水头变化的适应性能较好。轴流式水轮机构造如图 8-7 所示。

（3）贯流式水轮机　其水流由管道进口到尾水管出口都是轴向的。此式水轮机不设蜗壳，可简化为管状进水。进水管和尾水管的轴线与转轮的轴线重合，整个机组是卧式装置，如图 8-8 所示。

（4）斜流式水轮机　由于其轮叶轴线与主轴线斜交，并且进出轮叶的水流也和主轴斜交，所以称为斜流式水轮机。这是一种新型机组，它具有轴流式水轮机运行效率高，混流

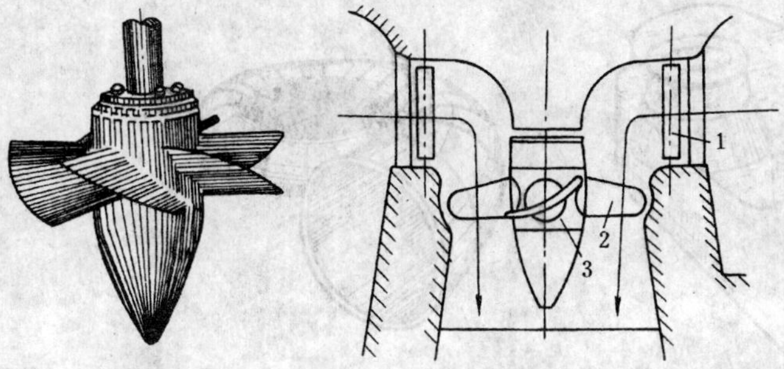

（a）　　（b）

图 8-7　轴流式水轮机

（a）定桨式；（b）转桨式

1—导水叶；2—轮叶；3—轮毂

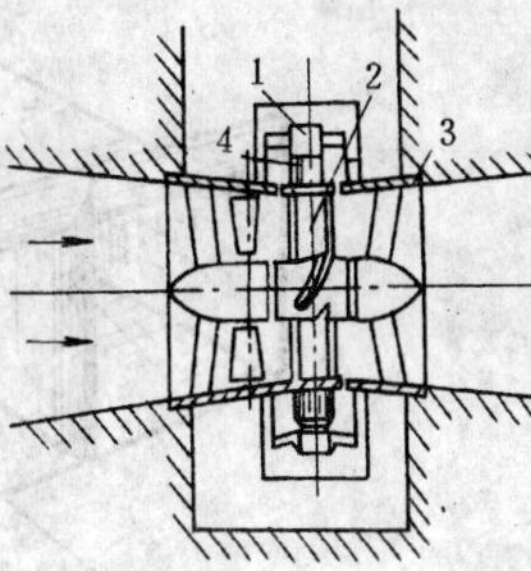

图 8-8　贯流式水轮机

1—发电机定子；2—水轮机转轮；

3—支承环；4—发电机转子

式水轮机强度高的相同优点，并且适应水头范围较广，如图 8-9 所示。

（二）反击式水轮机的主要部件

反击式水轮机由引水机构、导水机构、工作机构、泄水机构等组成。

（1）工作机构（转轮）　转轮是水轮机的核心部件，对水轮机的性能、结构尺寸起着决定性的作用，如图 8-10 所示。

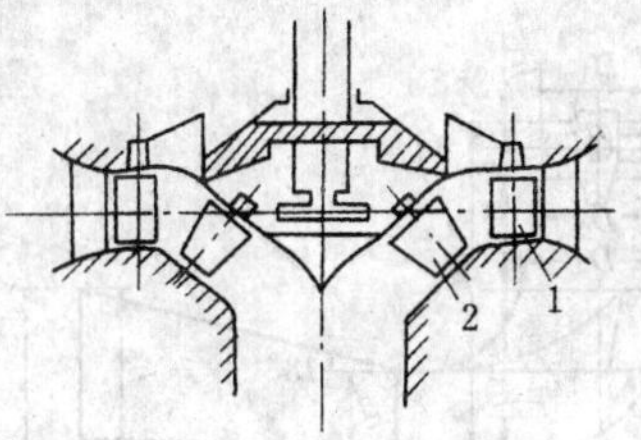

图 8-9　斜流式水轮机

1—导叶；2—轮叶

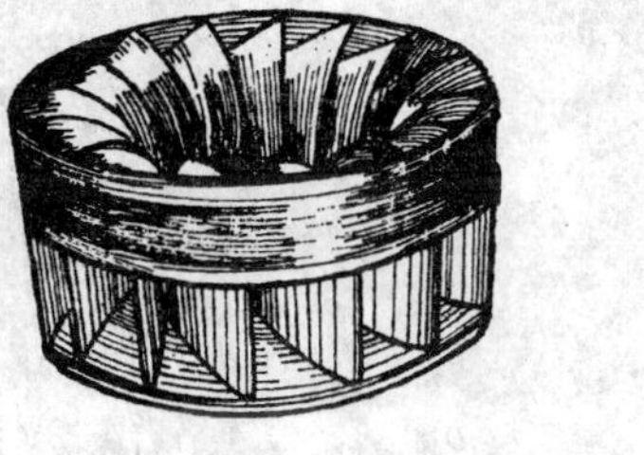

图 8-10　混流式水轮机的转轮

（2）导水机构（活动导叶、座环等）　导叶的作用是引导来自引水机构的水流，沿着有利方向进入转轮轮叶通道。当外界负荷变化时，可通过调速器转动导叶，调节进入转轮的流量，以适应外界负荷的变化。座环既是导水机构的支承部件，也起引导水流的作用，如图 8-11 所示。

（3）引水机构（蜗壳）　引水机构的作用是以较小的能量损失，将足够的水量平顺地引入转轮。目前大多采用蜗壳形状。水流从压力水管进入蜗壳后均匀地流入导水机构。随着通过蜗壳的流量减少，蜗壳的径向断面面积也随之逐渐减小。低水头水电站多采用混凝土蜗壳，其断面为矩形；高水头水电站多采用金属蜗壳，其断面为圆形，如图 8-12 所示。

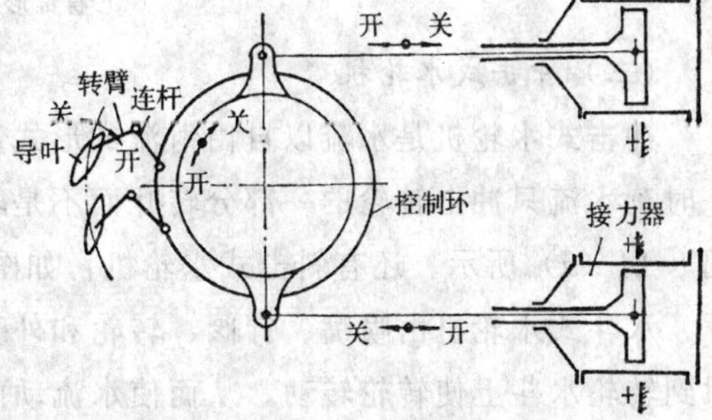

图 8-11　导水机构

（4）泄水机构（尾水管）　尾水管位于转轮出口的下面，是一种断面逐渐扩大的管

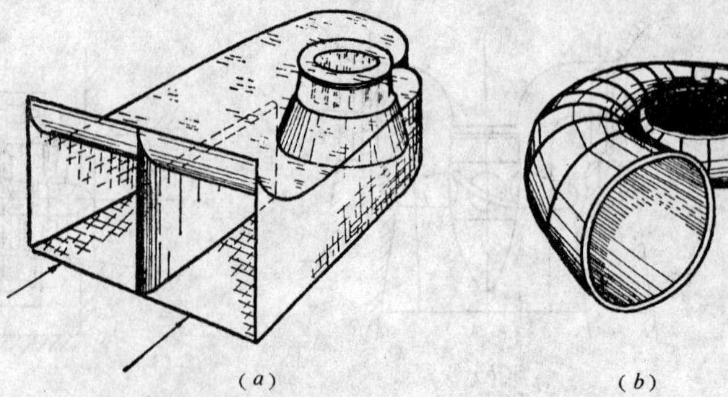

（*a*）　　　　　　　　　　（*b*）

图 8-12　蜗壳

（*a*）混凝土蜗壳；（*b*）金属蜗壳

道。它的作用是利用转轮到下游水位之间的静水头和回收部分动能，以提高水轮机的效率。常用的尾水管有直锥形和弯肘形两种，其构造如图 8-13 所示。直锥形尾水管结构简单，水头损失小，但长度大，基础开挖较深，多用于小型水电站。弯肘形尾水管由进口直锥段、肘管和出口扩散段组成。进口直锥段是铅直的圆锥形扩散管；肘管是一段 90°的弯管，其断面由圆形渐变为矩形；出口扩散段是矩形断面的扩散管。弯肘形尾水管的基础开挖较浅，多用于大中型水电站。

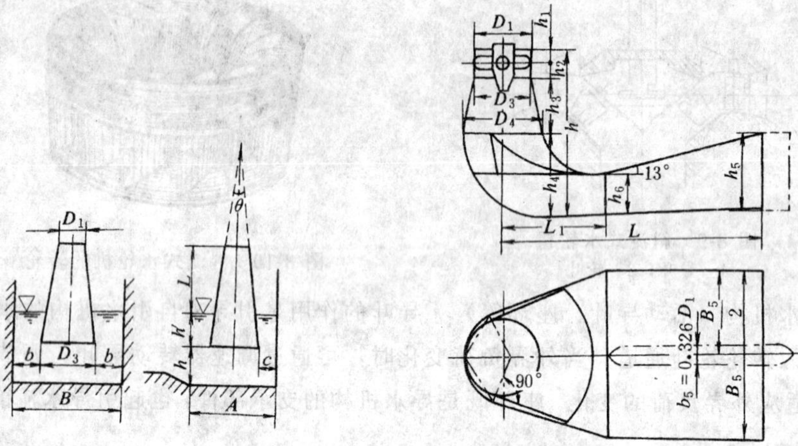

（*a*）　　　　　　　　　　（*b*）

图 8-13　尾水管

（*a*）直锥形；（*b*）弯肘形

（三）冲击式水轮机

冲击式水轮机是水流以自由射流的形式冲击转轮，利用水流的动能使转轮旋转，在某一时刻水流只冲击转轮的一部分转叶而不是转轮的全部轮叶。最常见的是水斗式水轮机，如图 8-14（*a*）所示。还有斜击式水轮机，如图 8-14（*b*）所示。

水斗式水轮机由喷嘴、针阀、转轮和外壳等组成。水流经过喷嘴将势能变为动能，喷射到转轮水斗上使转轮转动，从而使水流动能转变为机械能。这种水轮机是一种高水头水轮机，适用水头范围为 100～2000m。

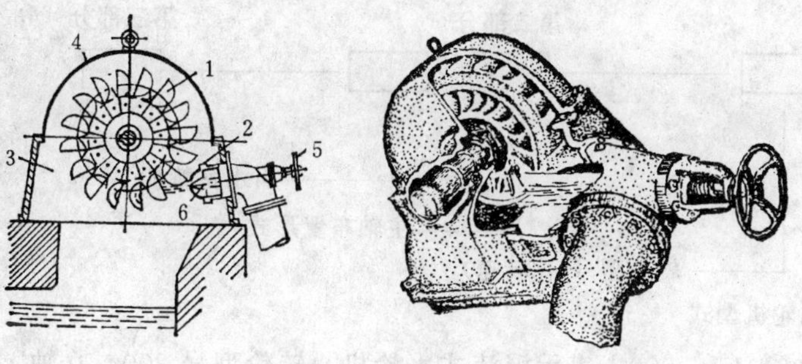

（a）　　　　　　　　　　（b）

图 8-14　冲击式水轮机

（a）水斗式水轮机；（b）斜击式水轮机

1—转轮；2—喷嘴；3—转轮室；4—机壳；5—调节手轮；6—针阀

各种型式水轮机的性能、特点及其适用条件，见表 8-1。

（四）水轮机型号

水轮机型号由转轮型式及比转速、装置型式、转轮标称直径三部分的代号组成，见表 8-2。

表 8-1　　各式水轮机的情况表

类型名称		适用范围和特点
反击式水轮机	混流式	应用普遍，性能稳定，效率较高，适用水头范围从十几米到六七百米，单机容量从几千瓦到几十万千瓦，适用于大、中、小型水电站
	轴流式	转桨式：适用于低水头（几米到几十米）、大流量，大、中型水电站，单机容量最大可达二十多万千瓦，性能稳定，高效率区宽广。 定桨式：适用于低水头、大流量，中、小型水电站，单机容量从几千瓦到数百千瓦，运行稳定性较差，低负荷运行时效率低
	贯流式	过水能力大，水力损失较小，效率较高，结构紧凑，适用水头可达二十多米，单机容量从几千瓦到几万千瓦，适用于低水头电站和潮汐电站
	斜流式	新型机型，适用水头范围较宽，最高达 200m，性能稳定，高效率区宽广
冲击式水轮机	水斗式	适用于高水头电站，单机容量从十多千瓦到二十多万千瓦，性能稳定，效率较反击式水轮机低些，但结构较简单
	斜击式	水头适用范围从二十多米到 300m，转轮结构较水斗式简单，制造容易，过水能力较水斗式大些

表 8-2　　水轮机型式及装置的代号

水轮机型式		主轴安装方式		引水室特征	
代号	意义	代号	意义	代号	意义
HL	混流式	L	竖轴（立轴）	J	金属蜗壳
ZZ	轴流转桨式	W	卧轴（横轴）	H	混凝土蜗壳
ZD	轴流定桨式			M	明槽
GZ	贯流转桨式			G	罐式
GD	贯流定桨式			Z	轴伸式
XL	斜流式			P	灯泡式
CJ	水斗式			S	竖井式
XJ	斜击式			X	虹吸式
SJ	双击式				

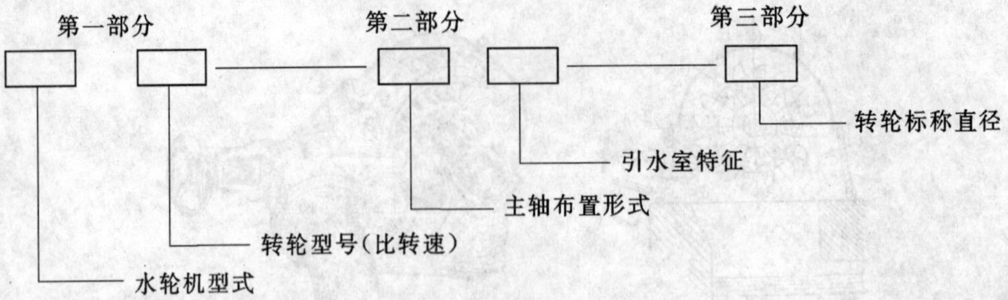

例如，HL200—LJ—500：表示混流式水轮机，转轮型号200，立轴，金属蜗壳，转轮直径为500cm。

二、水轮发电机

水轮发电机按轴的装置方式分为立轴式和卧轴式。一般小型水电站多采用卧轴式发电机；大中型水电站多采用立轴式发电机。立轴式发电机按其推力轴承位置不同，又可分为悬式发电机（图8-15）和伞式发电机（图8-16）。

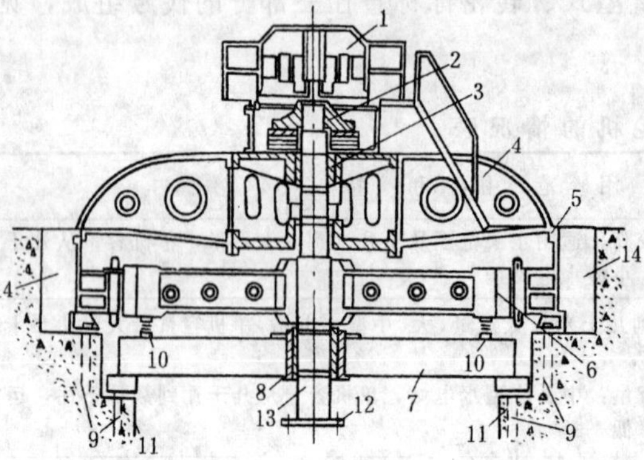

图8-15　悬式发电机

1—励磁机；2—推力轴承；3—上导轴承；4—上机架；5—定子绕组；6—转子；7—下机架；8—下导轴承；9—固定螺栓；10—制动闸；11—机座；12—法兰盘；13—主轴；14—通风道

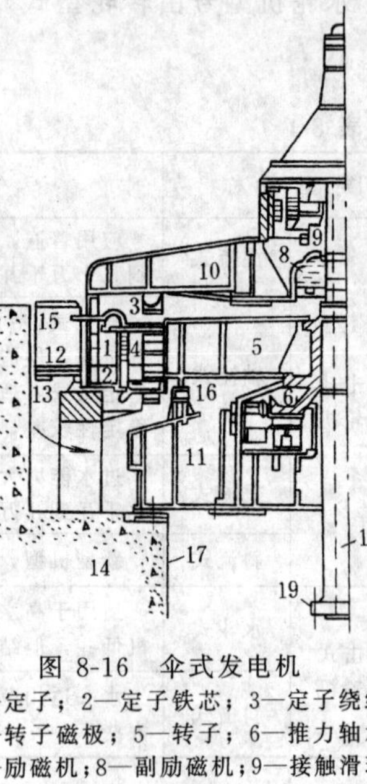

图8-16　伞式发电机

1—定子；2—定子铁芯；3—定子绕组；4—转子磁极；5—转子；6—推力轴承；7—励磁机；8—副励磁机；9—接触滑环；10—上机架；11—下机架；12—空气冷却器；13—定子基础板；14—下机架基础板；15—引出线；16—制动器；17—机座；18—主轴；19—法兰盘

1. 悬式发电机

其特点是发电机的推力轴承装在转子上面的机架内，它的转动部分(励磁机转子、发电机转子和水轮机转轮)的重量和水轮机转轮上作用的轴向水压力等，都是通过推力头和推力轴承传给上机架，上机架又传给定子外壳，定子外壳再把力传给机座。整个转动部分好像悬挂在上机架上一样，所以叫做悬式发电机。下机架的作用是支撑下导轴承和制动闸。下导轴承起防止主轴摆动的作用。当机组甩负荷需要停机时，可利用制动闸把转子顶起制动，防止飞车烧毁推力轴承。这种发电机的稳定性好，并且推力轴承在发电机层，维修方便。但是机组较高，相应使厂房增高，并且机组重量较大，消耗钢材较多。

2. 伞式发电机

其推力轴承设在发电机转子下面的下机架上，推力头像伞柄，立轴像伞把，转子像伞布，整个发电机像一把伞，所以叫做伞式发电机。机组转动部分的重量，通过推力头和推力轴承传给下机架，再由下机架传给机座。上机架只支撑上导轴承和励磁机定子，其结构比较轻便，尺寸较小。伞式发电机利用了水轮机和发电机之间的轴安放推力头，因而上机架的高度较小，相应厂房的高度也可降低。发电机的重量比悬式的小，且发电机转子可单独吊出，而不需卸掉推力头，因而安装、检修较为方便。

一般大容量、低转速的发电机多采用伞式；高转速的发电机多采用悬式。

3. 水轮发电机的主要技术数据

额定电压　在一定转速情况下，发电机发出的交流电电压值。一般水轮发电机的额定电压为6.3、10.5、13.6、15.75、18kV。

额定电流　在额定转速和额定电压情况下，能产生的最大电流值，单位为安（培）。

额定容量　其值是额定电压和额定电流的乘积，单位为千伏安。

额定功率因数　一般为0.8。

额定转速　正常运行时，水轮发电机每分钟的转数。

三、主要电气设备

（1）变压器　变压器是用来升高或降低交流电电压的电器设备。远距离送电时，升高电压有利于增大输送容量，减少输电损耗。我们日常使用的电压（如电动机、照明器等）多为380/220V，因此要降低电压。

（2）开关设备　用来断开或接通电路的电气设备，有高压开关和低压开关两类。高压开关有高压油断路器、高压隔离开关等。隔离开关不能在带负荷的情况下操作；油断路器可在正常运行情况下断开或接通电路，同时在短路时能切断短路电路。低压开关常用在380/220V电路中，其型式有闸刀开关、接触器、磁力起动器和自动空气开关等。熔断器是在电路中，当电流超过一定限度时，自动熔断而使电路断开。

（3）继电保护设备　在电压较高、容量较大的电气设备和输电线路上，需要用继电保护装置进行保护。继电保护由一些称为继电器的自动元件加上辅助元件组成。当电气设备处于不正常工作状态（例如电压偏高或偏低，负载过大等）时，它能自动发出信号报警；而当发生故障（例如短路、接地、断线等）时，它能自动将故障部分从运行的电力系统中切除，从而保护其他电气设备不受损害。

四、电气系统与主接线图

（1）一次回路　将水电站的各主要电气设备，如发电机、变压器和开关设备等，按一定规则联成的电路，称为一次回路。其线路系统图称为水电站电气主接线图。主接线图表示电站的电能输送和分配的关系，以及电气部分的运行方式。主接线图一般用单线图表示，即将电气设备的三相用一根线来表示，如有零线时，用虚线表示。

图8-17是水电站主接线图的一个例子。图中点画线框标出了放置各组电气设备的场所。

（2）二次回路　在电站中，用于测量、监视、控制、信号、操作、保护和自动装置等的全部低压电路叫做二次回路。例如测量电压、电流、频率、电能等的电气仪表；断路器

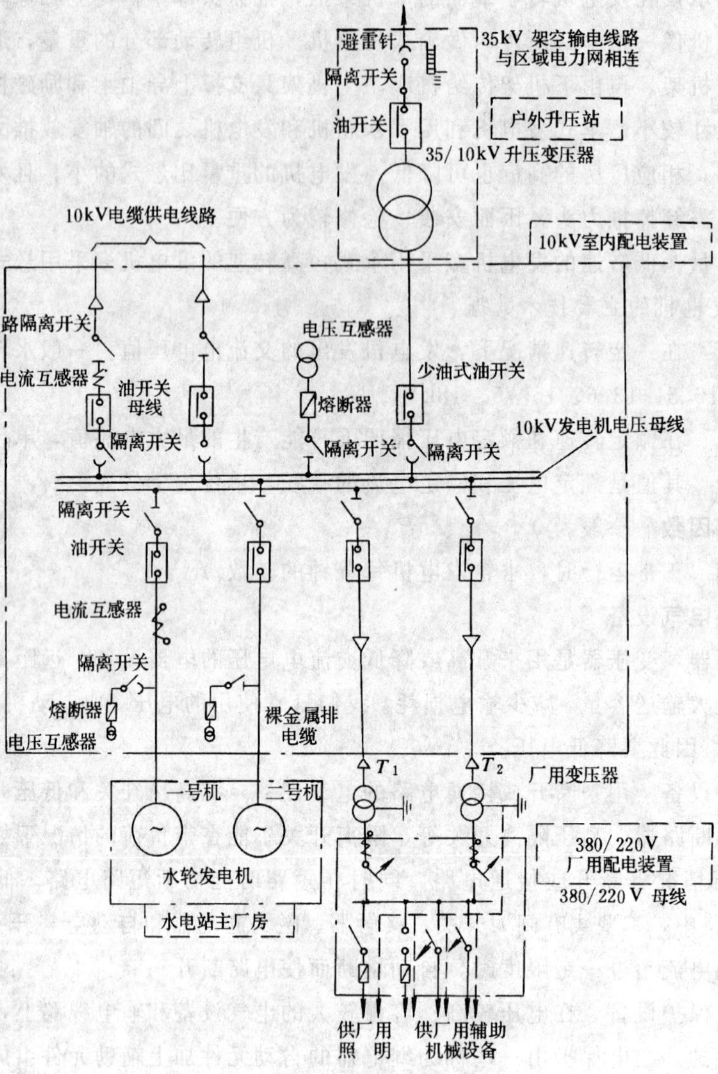

图 8-17　水电站电气主接线图

及隔离开关等的操作和控制；各种故障的信号和自动保护装置，以及自动化和电子计算机的控制和管理等等，均需要用二次回路的接线来处理。可见二次回路对电站的安全运行是非常必要的。二次回路比较复杂，必须由专门的电气技术人员来设计、安装和管理。我们不予更多介绍。

电站的各种仪表、操作控制设备，大部分集中在中央控制室。它是值班人员进行全电站控制管理的中心。

第三节　水电站建筑物

一、水电站建筑物的组成

水电站建筑物一般由下列六类所组成：

（1）挡水建筑物　用以截断河流、集中落差、形成水库，一般为坝或闸。

（2）泄水建筑物　用以宣泄多余水量，如溢洪道、泄水隧洞等。

（3）取水建筑物　用以将水引进引水道，如进水口、进水塔等。

（4）输水建筑物　用以将发电用水输送到水轮机，如明渠、隧洞、管道等。

（5）发电、变电和配电建筑物　如装设水轮发电机组及其控制设备的厂房；装设变压器的变压器场或升压站；装设高压开关设备的开关站等。

（6）平水建筑物　当水电站负荷变化时，用以平稳引水建筑中流量和压力的变化。如有压引水式水电站中的调压室；无压引水式水电站中的压力前池等。

本节主要介绍调压室、压力前池和压力管道，电站厂房及输变电建筑物将在下一节中介绍。其余各种一般性建筑物则在其他各章介绍，本章不再赘述以免重复。

二、调压室

（一）调压室的作用

在水电站运行中，由于某种原因，突然关闭（或开启）水轮机导叶（或压力水管末端阀门）时，由于水流的惯性和弹性作用，在很短时间内，在压力水管中引起压强的急剧上升（或下降），同时在尾水管中引起压强的急剧降低（或上升）。这种由于压力管道中流速的突然变化，引起管道中水流压力急剧升高或降低的现象称为水击。

水击所产生的压力升高或降低，都对压力水管和水电站运行有不利的影响，为了减小水击产生的不利影响，常在压力引水隧洞或压力管道上修建调压室。当调压室的一部分或全部设置在地面以上时，习惯上称为调压塔；而当调压室大部分埋设在地面以下时习惯上则称为调压井。

（二）调压室的类型

调压室的基本构造类型有如下五种：

（1）圆筒式调压室　这种调压室自上而下具有相同的断面，结构形式简单，施工方便，但水头损失较大，波动衰减较慢，如图 8-18（*a*）所示。

（2）阻抗式调压室　其构造形式为在简单圆筒式调压室的底部收缩成一较小孔口。它与简单圆筒式调压室相比，波动振幅较小，衰减较快，水头损失亦小。但反射水击波的效果较差，如图 8-18（*b*）所示。

（3）双室式调压室　由一个断面较小的竖井和上下两个断面扩大的储水室组成。这种型式多用在高水头水电站中，如图 8-18（*c*）所示。

（4）溢流式调压室　其顶部有溢流堰。当丢弃负荷时，调压室内的水位升高，升到溢流堰时自动溢流，故可限制水位的上升高度，如图 8-18（*d*）所示。

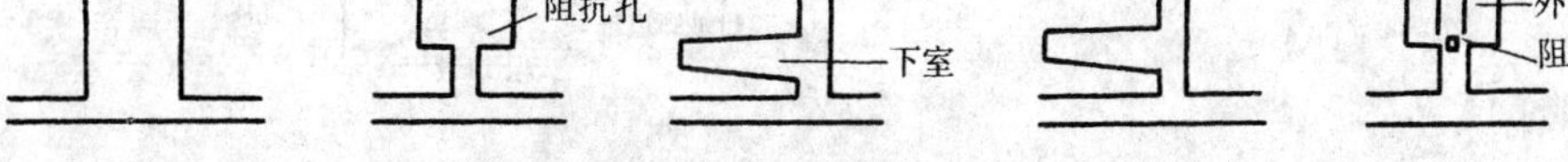

图 8-18　调压室的主要类型

(5) 差动式调压室　由两个直径不同的同心圆筒所组成。内圆筒直径较小，上部有溢流口，通常称为升管，其底部以阻抗孔口与外面大井相连，因此差动式调压室综合了阻抗式和溢流式两种调压室的优点，但结构较为复杂，如图 8-18 (*e*) 所示。

三、压力前池

压力前池设置在引水渠道或无压隧洞的末端，它是引水渠道和压力水管之间的连接建筑物。

(一) 压力前池的作用

压力前池的基本作用有：

1) 将引水渠中的流量适当地分配给各压力水管，并加以必要的控制。

2) 拦阻渠道来的漂浮物和有害泥沙。

3) 宣泄多余的水量。

4) 当水轮机引用流量迅速改变时，压力前池的容积可以起一定的调节作用，可减小水位波动的幅度，稳定水头。

(二) 压力前池的组成

压力前池由下列几种主要建筑物组成 (图 8-19)：

(1) 池身及渐变段　压力前池的宽度和深度，取决于压力水管进水口的要求，一般都

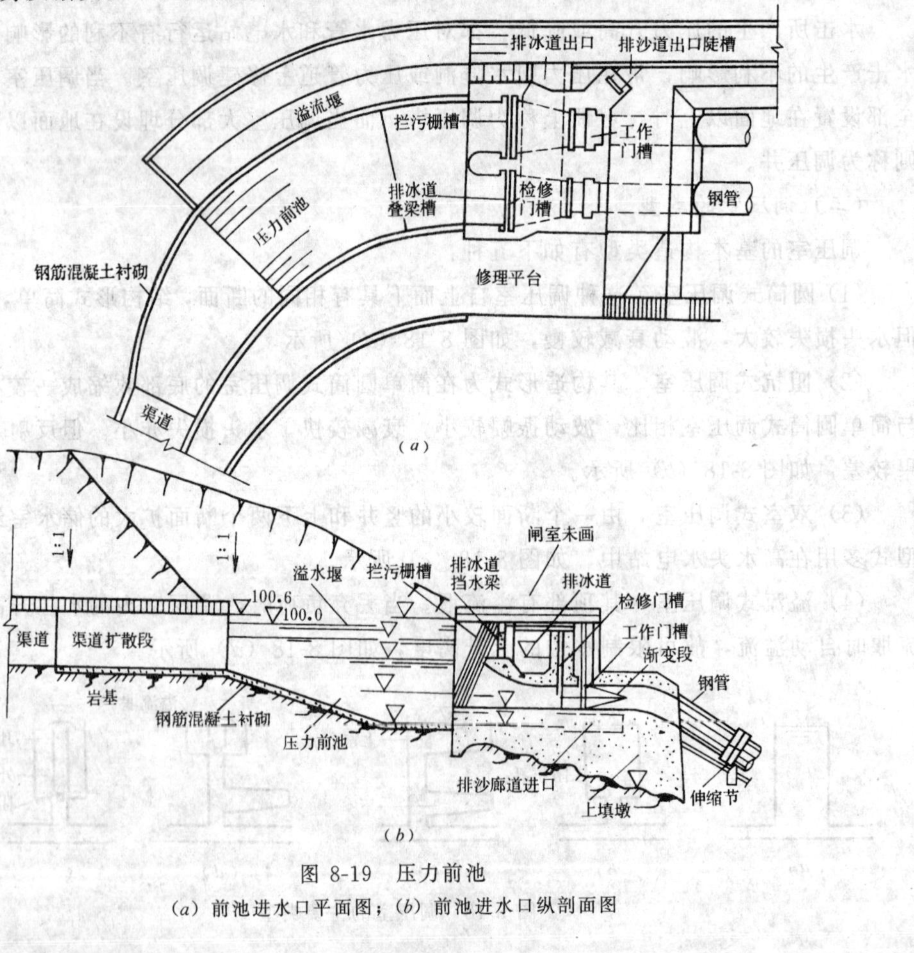

图 8-19　压力前池

(*a*) 前池进水口平面图；(*b*) 前池进水口纵剖面图

比引水渠道宽且深。在渠道和池身之间需要用渐变段（扩散段）来连接，以保证水流平顺，水头损失较小，无旋涡等不利水流形态发生。

（2）压力水管进水口　进水口有两种型式：

1）闸门式进水口。由工作闸门、检修闸门、启闭设备、拦污栅和通气孔等组成。

2）虹吸式进水口。由拦污栅、虹吸体、抽气设备、真空破坏阀以及为了向驼峰下游侧充水用的旁通管和它的控制闸阀等组成。

（3）泄水建筑物　用以宣泄多余的来水，保证前池不致于漫溢。有时也用来向下游供水。

（4）冲沙道或冲沙孔　渠道中水流挟带的泥沙将在前池内沉淀，故应在前池最低处设冲沙道或冲沙孔，并应装设闸门，平时关闭，需要时开闸门冲沙。它还起放空前池的作用。

（5）排冰道　只在严寒地区设置。

四、压力水管

由水库或压力前池向水轮机输水的管道叫压力管道。其特点是坡度陡，内水压力大，并承受水击压力，而且靠近水电站厂房，是水电站枢纽的重要组成部分。

（一）压力水管的作用和特点

1）集中水流的水头，给水轮机输送流量；

2）承受水电站水头的水压力；

3）在水轮机导叶迅速启闭时，承受所产生的水击压力。

（二）压力水管的布置形式

（1）露天式　压力水管布置在地面以上，多为引水式水电站地面厂房采用。

（2）坝内式　压力水管布置在坝体内，多为坝后式和坝内式电站厂房采用。

（3）地下式（隧洞式）　压力水管布置在地下，地下厂房和地面厂房都有采用的。

（三）压力水管的种类

水电站的压力水管多采用钢管或钢筋混凝土管，在水头较小的情况下也有用木制管和铸铁管的。木制管容易漏水，维修费用高，现已很少采用。铸铁管虽造价低，使用寿命长，但其性脆，只能承受较小的水压力，故仅在小型水电站水头较小时采用。钢管能承受很大的内水压力，高、中水头的水电站多采用之。钢筋混凝土管多在低、中水头的水电站采用。根据施工方法的不同，钢筋混凝土管又分为整体现浇式和预制安装式两种。小型水电站多用分段预制安装的钢筋混凝土管，较为经济简便。

（四）露天式压力钢管的敷设

露天式压力钢管一般敷设在一系列支墩上，水管离开地面一定高度，以便于维护和检修。在压力水管转弯处，或较长的直管段，设置有镇墩固定管道。管身在两个镇墩之间适当位置，用伸缩节将管身分段，如图 8-20。

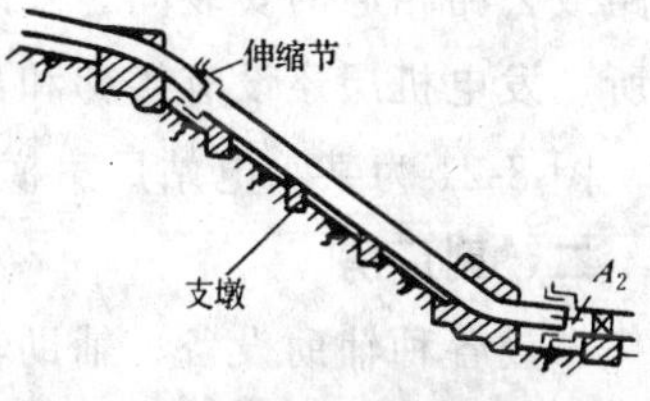

图 8-20　露天钢管敷设方式

当温度变化时，由于伸缩节的存在，管身在轴向可以自由伸缩。这样可以大大降低温度变化时管壁中的温度应力。为了减小伸缩节的内水压力和便于安装，伸缩节一般布置在管段的上端靠近上镇墩处。这样布置也常常有利于镇墩的稳定。伸缩节的位置也可以根据具体情况适当调整，以改善管身的受力状态和镇墩的受力情况。

在压力水管的进水口处通常设有闸门或阀门，以控制水流进入压力管道。在压力管道的末端，即水轮机蜗壳前面，还要设置快速启闭的蝴蝶阀。当机组发生故障时，蝴蝶阀可以在 2～3s 时间内关闭，停止供水。

布置压力水管时，必须注意与其他建筑物的关系。水管长度应尽可能缩短，要避免通过地形、地质复杂的地区，防止山坡崩塌、滑动以及不均匀沉陷发生。

第四节　水电站厂区枢纽

水电站厂区枢纽的建筑物，通常有主厂房、副厂房、主变压器场和高压开关站等四大部分。厂区布置主要指这四大部分的位置安排。厂区枢纽是发电、变电、配电的机电设备和其相应的水工建筑物的综合体。因此，我们应充分了解各部分建筑物的布置和设备情况，才可理解厂区布置的基本原则。

一、主厂房

安置水轮发电机组的厂房称为主厂房。主厂房是水电站的核心部分，是将水能转变为电能的生产场所。其主要作用是通过工程措施，将水流平顺地引入并泄出水轮机，并为各种机电设备提供良好的安装、检修和运行条件。同时也为运行管理人员创造良好的工作环境。

立轴水轮发电机的主厂房，通常分为发电机层和水轮机层。当发电机层和水轮机层之间的高度较大时，可增加一出线层，用来布置发电机引出母线。发电机层以上部分称为上部结构，发电机层以下部分称为下部结构，而水轮机层以下通常称为下部块体结构。下部块体结构中主要布置水轮机及其进出水设备。如蜗壳、尾水管、进人孔、排水廊道、集水井和抽水设备、压力水管和阀门等。

水轮机层主要布置水轮机顶盖、发电机机墩，以及辅助设备系统。例如：油系统包括透平油和绝缘油的存放、输送以及检验、过滤等处理设备；气系统包括压气设备、贮气筒及气管等，气系统一般又分高压和低压两个系统；水系统包括生产供水、生活供水、消防供水等供水系统和渗漏、检修排水系统等。此外，水轮机层还布置有调速器的作用筒（俗称接力器）及一些辅助电气设备。

发电机层一般布置有：发电机、励磁机、机旁盘、调速器操作柜以及起重设备（吊车）等。发电机层是电站的主机房，要求宽敞明亮、交通方便。主厂房的一端常布置有和铁路或公路相通的安装间。安装间既是机组检修的场所，也是设备到货卸车和拆箱组装的场所。发电机层还设有楼梯和吊物孔，作为工作人员和设备通往水轮机层的通道。

图 8-21 为某水电站厂房横剖面图。

二、副厂房

布设各种辅助设备、辅助车间、办公室和其他各种生产和生活用房的建筑物称为副厂房。副厂房中的房间使用分下述三类：

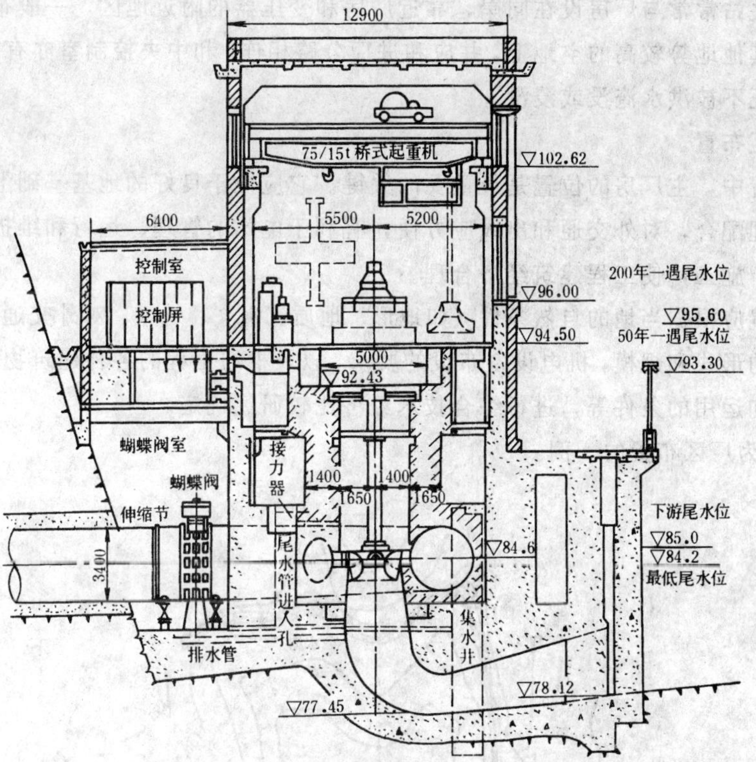

图 8-21　主厂房横剖面图（尺寸单位：mm）

1）直接生产用房：中央控制室、电缆室、继电保护室、蓄电池室、配电室、载波电话室、厂用变压器室等。

2）间接生产用房：仪表修理室、测量仪器试验室、电工修理间、仓库、油处理室、化验室等。

3）辅助用房：交接班室、办公室、会议室、夜班休息室、警卫室、卫生间、厕所等。

副厂房要临近主厂房建筑，大多建在主厂房的上游侧，也可建在主厂房的下游侧或主厂房的一端。进行副厂房的布设时，要首先考虑中央控制室的位置。因为各种控制表盘，多集中布置在中央控制室内，它是水电站运行的神经中枢。其位置应从电站运行、操作、维护的要求出发，力求做到巡视、监控方便，处理事故迅速，且能尽量缩短控制电缆的长度。

直流电系统的房间，如蓄电池室、充电机室、储酸室、通风机室等，要考虑防火、防爆和运酸便利等要求。

三、变压器场和高压开关站

变压器场（升压站）是设置主变压器的地方，应尽可能靠近发电机电压配电装置，以缩短昂贵的发电机母线。同时，要便于运输、安装和检修，还要便于巡视、维护和排除故障，并应满足防火保安的要求。

高压开关站一般是露天式的。布设时，要求高压进出线及低压控制电缆线路较短且进出线方便，便于运输、安装、检修和巡视，并且同样满足防火保安要求。

高压开关站常常与厂房设在同岸，靠近厂房和变压器的附近地区。一般布置在厂房侧面山坡上或其他地势较高的空地上，并应和进厂公路相连，和中央控制室亦有方便的通道。其场地应保证不被洪水淹没或浸没。

四、厂区布置

厂区布置中，主厂房的位置是最重要的关键。它应位于良好的地基基础上，应和整个枢纽工程合理配合，对外交通和出线应方便，有利于电站的管理、运行和维护，并且要工程量小，易于施工，使工程建筑经济合理。

厂区布置应根据当地的自然条件（如地形、地质、水文、气象、对外交通等），机组型式和主厂房的形式和规模，机电设备布设的要求，以及枢纽工程的各种建筑物的合理布局，施工、管理和运用的条件等，进行综合技术经济比较研究确定。

图 8-22 为厂区布置的一例。

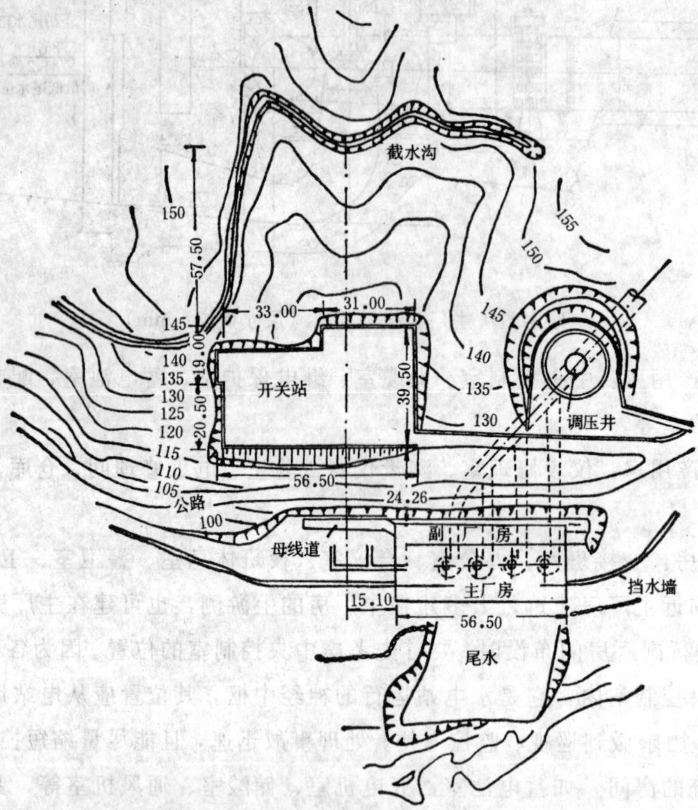

图 8-22 厂区布置图（单位：m）

第九章　给水与排水工程

水是工农业生产和人们日常生活中不可缺少的物质。随着科学技术和生产的发展，以及人民物质文化生活水平的不断提高，各种用水要求也愈来愈高。因此，建设集中式的给水工程是现代化建设的客观需要。给水工程的任务是将水由天然水源中取出，经过净化、加压，用管网供给城市、乡村、交通运输和工矿企业等部门。在对生产、生活以及消防用水的供水中，要做到经济合理，安全可靠地满足各用户在水量、水质和水压方面的基本要求。

人们在工农业生产和日常生活中，需要使用大量的水，这些水经过使用后大多变成了污水或废水。因此，在城镇、乡村、厂矿企业等地区和部门，要建设一套排水工程设施，来收集、输送、处理和排除污废水和城镇地面雨水，防止环境污染危害人们健康。排水必须符合国家规定的污水排放标准，必要时应对污废水进行处理，达到排放标准后才能排放。

第一节　给水工程系统

一、给水的水质与水量标准

（一）给水的水质标准

供水的水质必须达到一定的质量标准。随着经济和科学技术的不断发展，这种质量标准也将随之更新和提高。为了保障人民的身体健康，自来水中所含的各种成分指标应该符合我国 1985 年发布的《生活饮用水卫生标准》(GB5749—85) 中的有关规定。生活饮用水水质标准见表 9-1。供水水质的好坏不能单凭视觉判断，而需要严格地采用物理、化学和生物学的方法进行分析检验，才能得出正确的评价。

生产用水对水质的要求，要根据水的用途而定。当生产用水所需水质高于饮用水水质标准时，可以以饮用水为基础再进行高一级的净化处理。

消防用水只是在发生火灾时使用，它对水质没有什么具体要求。

（二）给水的水量标准

给水工程的供水对象是多种多样的，有生活用水、生产用水、消防用水以及其他类型的用水，它们对水量的要求也各不相同。生活用水是指供给人们日常生活所需要的水，如生活饮用、洗涤清洁、淋浴等的用水。由于我国幅员辽阔，各地用水量差异较大，因此用水量标准也不一样。目前我国生活用水量标准是按每人每日用多少升水来计算的。根据国家规范，居住区用水量的标准见表 9-2。

工业企业的生产用水量标准，应根据工业生产工艺过程的要求确定。工业企业用水量标准有两种计算方法：一种是按单位产品计算用水量；另一种是按每台工业设备一天所需的用水量进行计算。某些工业生产用水量标准可参考表 9-3 选用。

表 9-1　　生活饮用水水质标准

项目		标准	
感官性状和一般化学指标	色	色度不超过15度，并不得呈现其他异色	
	浑浊度	不超过3度，特殊情况不超过5度	
	臭和味	不得有异臭、异味	
	肉眼可见物	不得含有	
	pH	6.5～8.5	
	总硬度（以碳酸钙计）	450	mg/L
	铁	0.3	mg/L
	锰	0.1	mg/L
	铜	1.0	mg/L
	锌	1.0	mg/L
	挥发酚类（以苯酚计）	0.002	mg/L
	阴离子合成洗涤剂	0.3	mg/L
	硫酸盐	250	mg/L
	氯化物	250	mg/L
	溶解性总固体	1000	mg/L
毒理学指标	氟化物	1.0	mg/L
	氰化物	0.05	mg/L
	砷	0.05	mg/L
	硒	0.01	mg/L
	汞	0.001	mg/L
	镉	0.01	mg/L
	铬（六价）	0.05	mg/L
	铅	0.05	mg/L
	银	0.05	mg/L
	硝酸盐（以氮计）	20	mg/L
	氯仿	60	μg/L
	四氯化碳	3	μg/L
	苯并（*a*）芘	0.01	μg/L
	滴滴涕	1	μg/L
	六六六	5	μg/L
细菌学指标	细菌总数	100	个/mL
	总大肠菌群	3	个/L
	游离余氯	在与水接触30min后应不低于0.3mg/L。集中式给水除出厂水应符合上述要求外，管网末稍水不应低于0.05mg/L	
放射性指标	总α放射性	0.1	Bq/L
	总β放射性	1	Bq/L

在城市或居民区，消防用水量一般按人口或面积等因素，根据《建筑设计防火规范》进行确定。对于乡镇或县城，消防用水量一般不单独考虑。一旦发生火灾，可采取以下措施解决消防用水：一方面减少外部用户的供水量，另一方面增加水厂的产水量，以满足发生火灾时短期的消防用水需要。

二、给水系统的组成

给水系统按水源不同分为两大类：一是以地面水为水源的给水系统；另一是以地下水为水源的给水系统。

（一）以地面水为水源的给水系统

以地面水为水源是指用江、河、湖泊或水库中的水作为水源。这类给水系统由以下建

表 9-2　　居住区人均日生活用水量　(L)

用水类型	标准项目＼地区	一	二	三	四	五
A	最高日用水量 平均日用水量 时变化系数	20～35 10～20 2.5～2.0	20～40 10～25 2.5～2.0	35～55 20～35 2.5～2.0	40～60 25～40 2.5～2.0	20～40 10～25 2.5～2.0
B	最高日用水量 平均日用水量 时变化系数	40～60 20～40 2.0～1.8	45～65 30～45 2.0～1.8	60～85 40～65 2.0～1.8	60～90 40～70 2.0～1.8	45～60 25～40 2.0～1.8
C	最高日用水量 平均日用水量 时变化系数	85～120 55～90 1.8～1.5	90～125 60～95 1.8～1.5	95～130 65～100 1.8～1.5	95～130 65～100 1.8～1.5	85～120 55～90 1.8～1.5
D	最高日用水量 平均日用水量 时变化系数	130～170 90～125 1.7～1.4	140～180 100～140 1.7～1.4	140～180 110～150 1.7～1.4	150～190 120～160 1.7～1.4	140～180 100～140 1.7～1.4
E	最高日用水量 平均日用水量 时变化系数	170～200 130～170 1.5～1.3	180～210 140～180 1.5～1.3	185～215 145～185 1.5～1.3	190～220 150～190 1.5～1.3	180～210 140～180 1.5～1.3

注　用水类型及地域分区如下：

(*A*) 室内无给水排水卫生设备，从集中给水龙头取水；

(*B*) 室内有给水龙头但无卫生设备；

(*C*) 室内有给水排水卫生设备但无淋浴设备；

(*D*) 室内有给水排水卫生设备和淋浴设备；

(*E*) 室内有给水排水卫生淋浴设备和集中热水供应。

第一分区包括：黑龙江、吉林、内蒙古；

第二分区包括：北京、天津、河北、山东、陕西大部；

第三分区包括：上海、浙江及江西、安徽、江苏大部；

第四分区包括：广东、台湾及广西大部分；

第五分区包括：贵州的全部，四川、云南的大部分。

表 9-3　　生活用水量标准

产品名称	单　位	用水量 (m^3)	产品名称	单　位	用水量 (m^3)
火力发电			水泥	t	1～7
1. 直流	1000kW·h	150～300	玻璃	t	12～24
2. 循环	1000kW·h	8～10	造纸	t	1000～2000
轧钢	t	200～250	纸浆	t	200～300
生铁	t	65～220	皮革	t	100～200
氮肥	t	35～1000	糖	t	15～30
炼油	m^3	45	印染	1000m	15～75
硫酸 (90%)	t	30～200	人造纤维	t	1200～2000
煤气	1000m^3	5～10	机器制造	t	5～10
炼焦	t	9～14	啤酒	t	20～120

筑物组成：

(1) 取水建筑物　从江、河、湖泊等天然水源取水的建筑物，参见第七章“取水枢纽工程”。

(2) 一级泵站　它的任务是从取水建筑物中提水，并将水加压输送到净水建筑物中去。

(3) 净水建筑物　在自来水厂（净水厂）内所建造的各种净水建筑物，其任务是将从水源取来的原水进行净化处理，使水质得到改善，从而达到用户用水水质标准的规定。

(4) 清水池　为收集、贮备和调节自来水厂生产的水量和用户供水量之间的关系而修建的建筑物。

(5) 二级泵站　其任务是从清水池中取水，将水加压送到水塔或直接将水通过配水管网压送到各用户。

(6) 输水管　连接二级泵站和水塔以及配水管网之间的输水管道。

(7) 水塔　是调节水量和水压的建筑物。在一个城镇中，用水量是随时变化的，有时用水量很大，有时用水量又较小。由于用水量不断变化，因此需要设置水塔来进行调节。当用水量较小时，从水厂来的多余的水进入水塔，贮存起来；当用水量较大或达到高峰时，水塔里的水流入管网补充来水的不足，这样就使系统中的水量和水压均能满足用户的要求。

(8) 配水管网　配水管网分布于供水地区，它的任务是将水分配输送到各个用户。

以地面水为水源的给水系统如图 9-1 所示。

(二) 以地下水为水源的给水系统

以地下水为水源是指用潜水（无压地下水）、自流水（承压地下水）或泉水作为水源。由于地下水埋藏于地层之中，水质较好，一般经过比较简单的处理（如消毒）即可达到生活饮用水水质标准的要求。但地下水含矿物质较多，因此对某些工业用水（如纺织印染工业用水），为了保证产品质量，也必须进行水质净化处理。

以地下水为水源的给水系统一般由深井泵站（或集水井）、清水池、二级泵站、输水管道、水塔和配水管网组成，如图 9-2 所示。

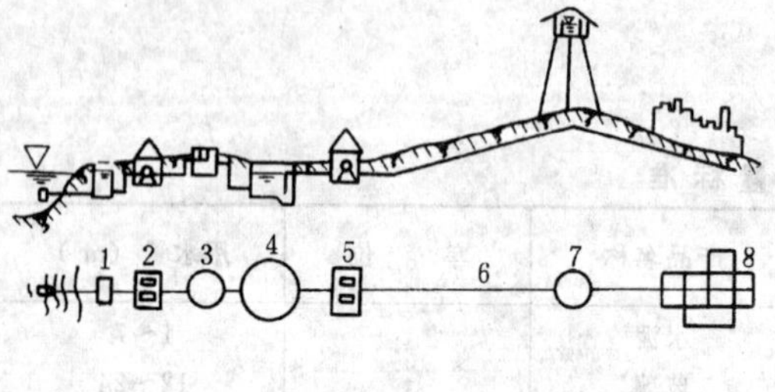

图 9-1　以地面水为水源的给水系统示意图
1—取水建筑物；2—一级泵站；3—净水建筑物；4—清水池；5—二级泵站；6—输水管；7—水塔；8—配水管网

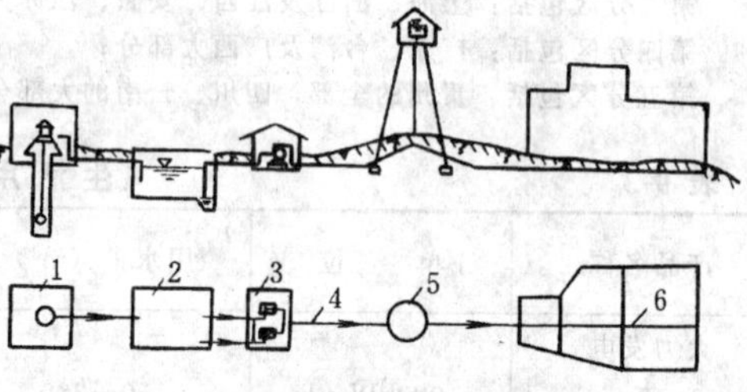

图 9-2　以地下水为水源的给水系统示意图
1—深井泵站；2—清水池；3—二级泵站；4—输水管；5—水塔；6—配水管网

深井泵站是以地下水为水源的给水系统的取水建筑物，它建在取水深井的上面。站内设有深井泵，将水由深井中抽上来，通过管道送到清水池。

由于地下水层的埋藏深度、含水层厚度和补给条件等各不相同，因此地下水的开采和收集的方法也不相同。常见的地下水取水建筑物除装置深井泵的管井之外，还有大口井和渗渠等形式。

在一个城市的给水系统中，一般有许多眼深井，每眼深井设一个深井泵站，分别将抽出的地下水送到清水池。

清水池、二级泵站、输水管、水塔、配水管网等的作用与地面水为水源的给水系统相同，这里不再赘述。

三、工矿企业的给水系统

给水系统在城市或工矿企业中最常见的有统一给水和分系统给水两种形式。在工业用水中，由于用水量大且对水质要求不高，为了节约用水应加强废水的回收利用，提高水的重复利用率。在工业用水中，根据水的利用情况，可分为直接、循环和循序三种给水系统。

(1) 直接给水系统　是指工业生产用水，从就近水源取水，水质可以根据生产需要进行适当处理，生产使用后的废水直接排入水体。这种给水系统是工矿企业中最常见的一种。

(2) 循环给水系统　这种系统是将已经使用过的废水经过适当处理后，重新回收再供给同一生产过程使用。但在循环使用水的过程中所损耗的水量，须定期补给，以提高供水的可靠性。

(3) 循序给水系统　它是根据各车间对水质的不同要求，将水重复利用。生产中让水质较好的水，首先经过需要此水质的车间进行使用，使用后的废水经过适当处理（如冷却、沉淀）或不处理直接送到其他水质要求较低的车间继续使用。

循环和循序给水系统，不仅可达到循环利用、重复利用、节约用水的目的，也可以减少耗电量、节省大量人力、物力和财力。

第二节　给水工程建筑物

一、取水建筑物

取水建筑物是给水工程的重要组成部分。水源不同，取水的方法和取水建筑物的型式也不同。取水建筑物按水源不同分为两大类，即地面水取水建筑物和地下水取水建筑物。

(一) 地面水取水建筑物

给水工程中的地面水取水建筑物，有固定式和活动式两大类。固定式取水建筑物又有岸边式和河床式两种；活动式取水建筑物常用的有缆车式和趸船式两种。

取水口是给水系统的首部。取水口位置的选择，对于保证安全用水，运行管理，降低造价等方面都有较大的影响。取水口的位置应尽量靠近用水地区，以节省输水管道和降低电耗。取水口一般应设置在离桥梁1km以外的地方，以免河流底部淤积增高而影响取水。取水口的位置还应在距码头100m以外的地方，以免水源受到码头装卸货物和船舶停靠时的污染。取水口离岸边污水排出口也有一定的距离要求，一般应在污水排出口的上游100～150m以上。取水口应设置在水流畅通和靠近主航道处，不应从回流区取水，以免带入较多的漂浮物、杂草和泥沙。取水建筑物的位置不宜选择在淤泥、流沙、滑坡及风化严重的岩层地区。

(1) 岸边式取水建筑物　直接从岸边进水口取水的建筑物称为岸边式取水建筑物。它由集水井和泵站两部分组成。岸边取水建筑物应用较广，当河岸较陡、主流靠近河岸，岸边水深足够，水质及地质条件较好，水位变化幅度不太大时，适宜选用这种型式。

(2) 河床式取水建筑物　从河心进水口取水的建筑物称为河床式取水建筑物。它通常由取水头部、进水管、集水井和泵站四部分组成。当河岸较平坦，枯水期主流离岸较远，岸边水深不足或者水质不好，而河心有足够水深或者较好水质时，适宜采用这种型式取水。

(3) 缆车式取水建筑物　它由泵车、坡道输水斜管和牵引设备四个主要部分组成。当河流水位涨落时，泵车由牵引设备带动，沿坡道上的轨道上下移动，泵车内的水泵从江河中吸水并通过输水管压送到净水厂或用户。当河岸地质条件较好，且有适宜的坡度时，可采用这种方式取水。

(4) 趸船式取水建筑物　水泵等提水机械设置在船上，船可随水位的升降而升降，以保证取水。

总之，当水源水位变幅较大（在 10～35m 或更大），而取水量又较小时，为了节约投资，减少水下工程量，或者供水要求急，可考虑采用活动式取水建筑物。但这类取水建筑物，只能取用江河中的上层水，故在漂浮物较多或冬季封冻的河流中不宜采用。

(二) 地下水取水建筑物

地下水取水建筑物常用的有管井（又称机井）、大口井、渗渠、引泉池等。

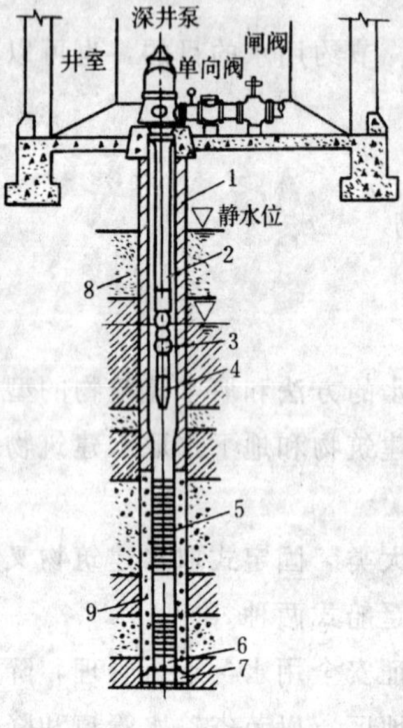

图 9-3　管井构造

1—井壁管；2—泵管；3—工作轮；4—吸水管；5—滤水管；6—沉砂管；7—扶正器；8—人工封闭物；9—人工填砾

(1) 管井　多数是指用凿井机开凿到含水层中，用井管保护井壁的垂直地面的直井。管井的构造特点是井的口径较小，一般为 150～600mm，深度较大，一般在 300m 以内。管井施工方便，能建造于任何岩性的地层中，适用于埋藏在各种深度的厚度大、层数多的含水层。

管井一般由井室和地下部分的井壁管、滤水管、沉砂管等组成，如图 9-3 所示。

(2) 大口井　大口井与管井相比，其井径较大，一般为 1.5～2.0m。大口井的深度较小，一般为 6～20m。大口井具有水量稳定、水质好、使用年限长、可以就地取材、施工方便等优点。在地下水埋藏较浅，水位离地面高度小于 10m，含水层厚度为 5～20m 的情况下，采用大口井提取地下水是合适的。

(3) 渗渠　渗渠与垂直式取水建筑物的管井和大口井不同，是水平式取水建筑物。在河流水位、流量变化较大，枯水期水浅，甚至露出河床，无法取用地面水的情况下，可在河床的砾石或砂卵石含水层中埋设水平集水管（渠）来收集潜水或河床渗透水，这便是渗渠。

渗渠一般由水平集水管、集水井、检查井、泵站等组成，如图 9-4、图 9-5 所示。

(4) 引泉池　它是一种贮存泉水的取水建筑物。在山区，可以选择水量充足而稳定的泉水出口修建引泉池，再通过管道将池中的水引到用水点。

二、水质净化概述

天然水源，包括地面水和地下水，都含有各种不同的杂质。这些杂质按其颗粒大小及存在的形态可分为悬浮物质、胶体物质和溶解物质三类。水质净化要去除的主要是水中的

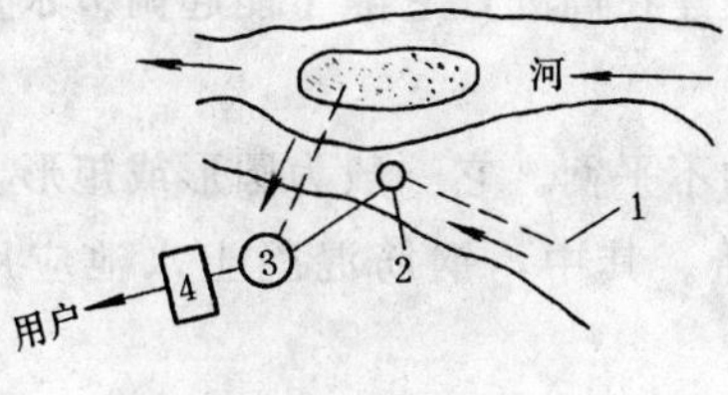

图 9-4　渗渠系统

1—集水管；2—检查井；3—集水井；4—泵站

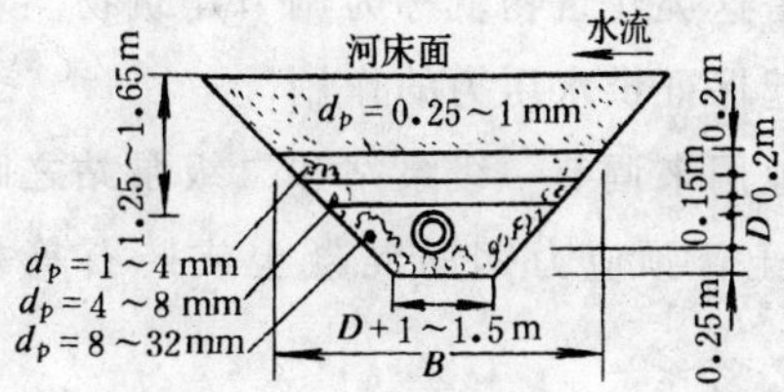

图 9-5　渗渠人工反滤层

悬浮物质和胶体物质。

水中杂质根据其成分性质，又分为无机物、有机物和微生物三类。

地面水中的无机悬浮物主要是泥沙等。有机悬浮物中大的如水草，小的如某些浮游生物。这些悬浮物和胶体杂质也是属于水质净化的主要对象。

通常，天然水源的水质和用户对水质的要求存在着一定的差距。水质净化（或称水质处理）的任务就是通过必要的处理方法，改善天然水的水质，使符合生活或生产用水的水质标准。

常用的给水水质净化的处理方法有：

(1) 澄清　水的澄清处理对象主要是原水中的悬浮物及胶体物质，以降低这些物质在原水中形成的浑浊度。具体的处理方法主要有混凝、沉淀和过滤。

(2) 消毒　水的消毒处理对象是水中的致病微生物，一般在原水经过过滤之后进行。消毒的主要方法是在水中投入氯气、漂白粉或其他消毒剂，用以杀灭水中的致病微生物。其中投氯消毒使用最为普遍。

(3) 软化　水的软化处理对象主要是水中的钙、镁离子。软化处理方法主要有离子交换法和药剂软化法两类。

除以上所述三类给水处理方法外，其它常用的处理方法还有除臭、除味、除铁、淡化和除盐等。在水质净化中，通常都是几种处理方法联合使用，对于采用地面水为水源的给水系统尤其如此。

三、给水管网

给水管网由输水管和配水管网所组成。它分布于整个给水区域。给水管网的任务是将水从水源或净水厂输送到用水地点，并保证供给用户足够的水量和水压。

给水管网的布置应满足下列基本要求：

1) 管线应遍布在整个给水区域，保证用户有足够的水量和水压。

2) 供水必须安全可靠，当管网局部发生故障时，应保证不中断供水。

3) 管线布置应力求最短，以降低管网造价和经营管理费用。

4) 按照区域总体规划的要求，应考虑管网分期建设的可能性，留有充分的余地。

配水管网的任务是将净化后的水从输水管引入并进一步输送、分配到供水区各用户。

四、调节建筑物

给水系统在它的工作中，会出现一级泵站、二级泵站和用户的用水量三者之间水量不平衡的问题。在实际工程中，水量不平衡是通过建造清水池和水塔来进行调节的。因此，清水池和水塔这类建筑物就称为调节建筑物。水塔一般建在高处，它除了能起调节水量的作用外，还起保证供水压力的作用。

清水池用来调节一级泵站和二级泵站之间水量的不平衡。它一般为圆形或矩形。常用钢筋混凝土，预应力钢筋混凝土或砖石等材料建造。其中，钢筋混凝土水池应用最为广泛。

水塔主要由基础、塔身、水箱（水柜）和管道四部分组成。常用钢筋混凝土、砖石、钢等材料修筑。目前采用较多的是钢筋混凝土水塔。

第三节 排水工程

一、污水的分类

在人类的生活和生产中，需要使用大量的水，水在使用过程中受到不同程度的污染，改变了它原来的化学成分或物理性质，这些水称为污水或废水。污水也包括降落到城镇地面的雨雪水。

按照来源不同，污水可分为生活污水、工业废水和降水三类。

降水比较清洁，但径流量大，若不及时排泄，能使居住区、工厂、仓库等遭受淹没。通常暴雨水危害最为严重，是排水的主要对象之一。一般雨水不需处理，可直接排入水体。

生活污水和工业废水的性质，随各种污水的混合比例及污染物质的性质而变化很大，需经过处理后才能排入水体、灌溉农田或再利用。

二、排水系统的体制

城镇和厂矿企业排出的污水有生活污水、工业废水和雨水三类。这三类污水可以通过同一个管渠系统排除，也可以通过两个或两个以上的管渠系统进行排除。这种不同的排水方式所形成的不同的排水系统，称为排水体制。

排水体制一般可分为分流制和合流制两种类型。

（一）分流制排水系统

将生活污水、工业废水和雨水分别在两个或两个以上各自独立的管渠内排除的系统，称为分流制排水系统。排除生活污水的称为污水排水系统；排除雨水的称为雨水排水系统；只排除工业废水的称为工业废水排水系统。

（二）合流制排水系统

将污水和雨水用同一个管道系统进行排除的排水体制，称为合流制排水系统。显而易见，这种排水系统是排除包括雨水在内的混合污水。早期出现的合流制排水系统，是将混合污水不经处理而直接就近排入到水体中去，国内外许多旧城市多采用这种系统。但随着城镇人口的不断增加，工业的高度发展，城镇的污水量大幅度上升，污水的成分也日趋复杂。因此若不经处理而直接排入水体，将会造成环境的严重污染。所以目前城镇不宜采用这种排水系统。

三、排水系统的组成

（一）污水排水系统

该系统承担排除生活污水和工业污水的任务，其主要组成部分如下：

(1) 建筑物内部的污水管道系统和用水设备　其作用是收集建筑物内部用水设备排出的污水，并通过室内排水管道系统排入室外污水管中。室内用水设备有浴盆、洗脸盆、洗涤池、污水池、大便器、小便器等。它们是整个排水系统的首端部分。

(2) 室外污水管道系统　它包括庭院或街坊内的污水管道系统和街道污水管道系统两部分。

(3) 污水泵站及压力管道　污水管道排除污水一般是在自流条件下进行的。某些区域，由于地形条件的限制，需将污水提升送到高处排除，则必须设置污水泵站。设在管道系统中某个位置上的叫中途泵站，设在污水管道系统终端的称总泵站。终点污水泵站的任务一般是将整个污水管道中的污水抽送到污水处理厂去。压力管道是指从污水泵站接出的压力管段。

(4) 污水处理厂　其任务是将城镇污水管网排出的污水进行适当处理，使水质达到一定的排放标准，不致污染环境。它的位置一般应选择在城镇河流的下流地段。

(5) 出水口　污水在污水处理厂经过妥善处理后，改善了水质条件，最后通过出水管（渠）排入水体。这段出水管（渠）称为出水口。它是整个排水工程的终端部分。

（二）雨水排水系统

雨水排水系统承担排除雨水以及清洗街道用水和火灾时消防用水的任务。该排水系统主要由建筑物内部的雨水管道和设备、室外雨水管道系统、出水口等组成。出水口是将系统汇集的雨水排入水体的终端管段。

第四节　污水的处理和利用

我们在第一章第六节水源保护中讲过：造成水体污染的污染物质，主要来自工业废水和生活污水；水体污染将恶化环境，影响工农业生产，损害人们的健康。为了保证江河不受污染，环境保护法规定，排放污水必须符合国家规定的排放标准。一般情况下，废污水必须经过处理，使其达到排放标准后才能排放。

污废水中某些有毒和有害物质，往往是有用的物质，因此应统一规划，妥善安排，尽可能回收利用，“变废为宝”。

污水处理就是采用各种技术手段，将污水中的污染物质分离出来，或者将污染物质转化为无害物质，从而使污水得到净化。按其作用的原理，污水处理的基本方法可分为物理方法、化学方法和生物方法三种类型。

(1) 物理方法　利用物质的物理作用，分离并去除水中呈悬浮固体状态的污染物。常用的有重力分离法、离心分离法、过滤法等。这类方法的优点是建筑物设备较简单，造价低，处理效果比较稳定，是污水处理中常用的基本方法。它的缺点是处理程度低。因此物理处理法常作为污水的预处理。

(2) 化学法　它是利用化学反应的作用处理或回收污水中的污染物质。常用的主要方法有：混凝、中和、氧化还原、萃取、吸附以及离子交换等。化学法的优点是处理效果好，运行管理方便。缺点是处理费用高。

(3) 生物法　它是利用微生物的生命活动，将污水中的有机物氧化分解成无机物，从而使污水得到净化。其主要方法有活性污泥法和生物膜法两种。生物法的优点是处理效果较好。缺点是运行管理比较复杂，对被处理的污水水质有一定的要求。通常作为物理法之后的后续处理，使污水得到进一步的净化。

第十章 水运及渔业工程

第一节 水上运输的特点及通航条件

一、水上运输的特点

水上运输的主要优点，一是运价低廉，二是运输量大。

船舶在水上航行所受的阻力要比火车运行的阻力小得多，这就使得铁路运输所需的动力较大。同时，船舶自重与其载重量相比，只占8%～25%；而火车车皮的重量则相当于其载重量的40%以上。此外，航运建筑物的建设和养护费用，比铁路的兴建和养护费用，要小得多，一般地说只有10%左右。所有这些，是航运价格低廉的主要原因。

随着科学技术的发展，目前船只吨位越来越大，几十万吨的远洋航船已不怎么希罕了。

在湖滨、河网地区，船只还可深入乡村并联接城市，发展航运对于便利城乡交通有着很大的意义。

水上运输一般地说要受气象水文条件的影响。我国大多数河流不封冻、具有常年通航的条件。

内河水道除了航行船只外，还可浮运木材。木材浮运的方式很多，概括地说有散放、笼放和木排浮运三种。散放是把单个的原木顺河浮运，它所需水深较小（0.5m以下），但这种浮运方式对船只航行不利，在通航水道上一般不允许散放木材。笼放是将木材围拢起来浮运。木排浮运是将木材组成木排的形式浮运，它可在水中自流，也可用船舶来拖带。

二、水道的通航条件

航运的航道、港口、码头要求水流平顺、无过度弯曲和过窄卡口；要求深槽稳定，并具有一定的航深、航宽和流速等。天然河流的航行条件随水文情势而变化，洪水时水位上升，流速加大；干旱季节则水位下降，流速减小。因此，必须了解其可能航行之历时以及洪水情况等等。

天然河流常有许多弯道，弯曲段的凹岸较深。在直河段或弯曲段从一个方向往相反方向转变的地方，往往形成浅滩。某段航道，船只的吃水深度应根据最浅的浅滩深度来决定，这个深度叫做航行的定额深度。增加航道的定额深度，可提高航行效益。

三、改善通航条件的办法

改善天然河道通航条件大致有以下几方面的措施：①增加定额深度；②改善河流的弯曲情况；③降低急滩段的流速；④设置航道标志。

增加通航深度通常可用如下一些办法：挖泥疏浚、河床整治、调节径流和河流闸化，而所有这些办法往往是配合使用。

（一）疏浚

疏浚一般是用机械设备进行河底挖泥，加深航道水深。若遇礁石或砂石滩，则常用爆破开挖。疏浚的优点是费用省、见效快，但其缺点是疏浚后常常发生回淤，使得经常要花

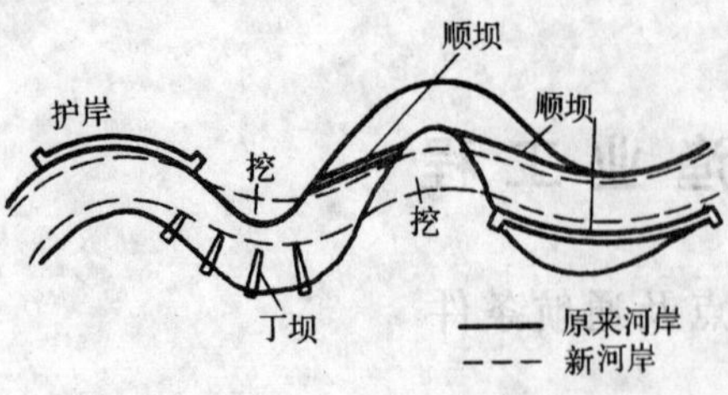

图 10-1　河床整治示意图

费疏浚费用。因此，疏浚必须和河床整治等工程措施相配合，以取得较好的效果。

（二）河床整治　裁弯取直、塞支强干、护岸固滩等，都属于河床整治的内容。通常用某些整治建筑物以使浅槽冲深，并稳定航道，参见图 10-1。

（三）调节径流

干旱季节必要的航道水深，可由上游水库泄水来调节。

（四）河流闸化

建造拦河坝和船闸来使河流闸化是保证航道加深的最好方法，河流闸化后将形成若干梯级水道，如图 10-2。

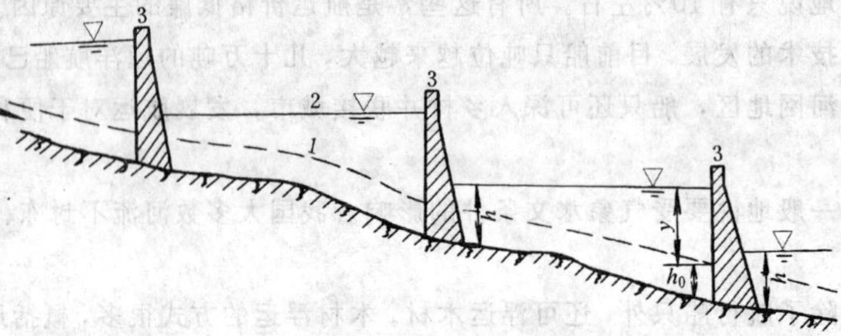

图 10-2　河流闸化示意图

1—渠化前水面线；2—渠化后水面线；3—坝

专门为通航而闸化河流时，坝高不宜太大，一般水头不超过 5m，坝与坝之间的距离一般为数十千米，这样的坝叫通航坝。通航坝可做成活动式的，仅在低水位时拦河挡水。

综合利用的高中坝，在坝的上游形成水库，水深大大增加，因而能通行较大的船只，极大地提高水道的航运能力。

至于为克服上下游水位差而使船只顺利通过的过坝建筑物，例如船闸等，将在后面通航建筑物中介绍。

第二节　人工水道及港口码头

一、人工运河

一般地说，天然河流各自有自己的流域，彼此并不相通；河流的方向与主要货物的运输方向，往往并不一致，这就使水运受到很大的限制。人们为了改善航运条件，很早就开挖了人工运河。远在公元前 1100 年就开挖了许多小运河。南北大运河是世界上最早也是最长的一条运河，北起北京，南达苏杭，全长 1782km，贯通海河、黄河、淮河、长江和钱塘江五大水系。

人工水道除可作航运外，还可有综合利用的效益。例如运河可作为水电站的引水道、灌溉的干渠、排水的干沟、给水工程的输水道等。

在进行运河选线时，应力求使运河长度最短，工程量最小。并且应注意地形、地质条件，尽量避开高地和洼谷，避免通过滑坡、坍塌及严重透水地段，尽量减少填方。务使工程安全、经济和管理运用方便。

在运河上，一般设有下列各种不同用处的建筑物：

1）调整运河水位，保证运河安全或检修的建筑物，如溢水堰、放水口等等。

2）与河流、谷地、道路相交的交叉建筑物，如桥梁、隧洞、渡口、平交道等。

3）通航建筑物如船闸和升船机等。

4）补充运河水量的建筑物如抽水站等。

运河宽度一般应使船只能双向行驶，运河深度要保证船底下有 0.3～1.0m 的富余深度。过分地减小运河过水断面，将使船只航行阻力急剧增加，对航运十分不利。运河过水断面面积和船体浸水横断面面积之比，一般地说不宜小于 4。运河弯道半径不宜小于 6 倍的船长，并且弯曲段应适当放宽。运河岸坡坡度应根据土壤性质确定，一般采用 1∶2～1∶4。为避免船头浪对岸坡的冲刷，在波浪影响范围内要进行护坡加固。

二、河港

河港是一个航运枢纽，是停泊船只，转运货物和旅客的集散地。水上运输要根据需要设置河港。

河港的陆上应布置有仓库、铁路、公路，以及其他附属建筑物。河港分为河床式和河外式两种，如图 10-3 所示。

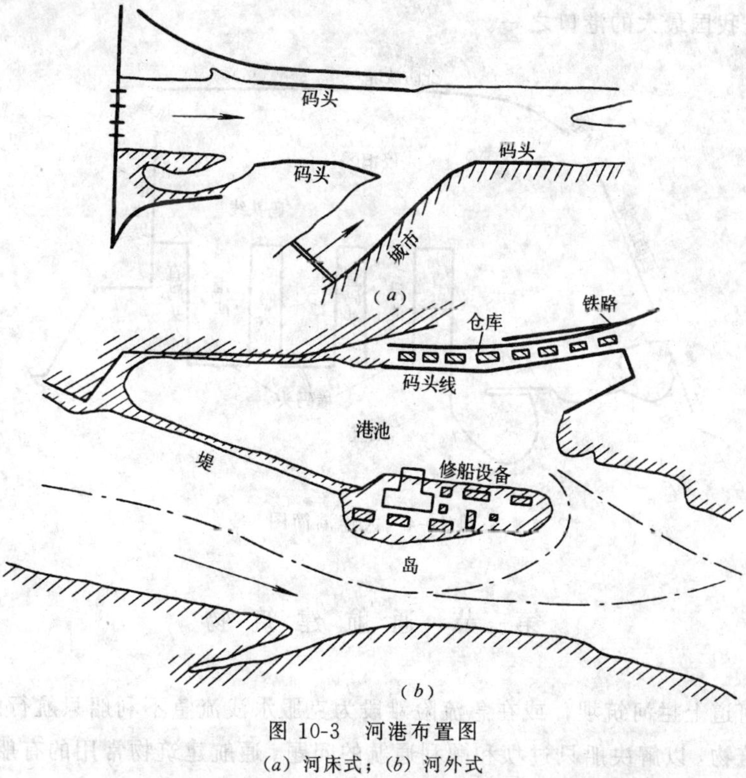

图 10-3　河港布置图

(a) 河床式；(b) 河外式

三、海港

海上运输要求建筑海港。海港是一个运输枢纽，除吞吐货物和转运旅客外，还供应船泊燃料、淡水、粮食及各种必需补给品。海港是一个建筑物的综合群体。海港建筑物按其作用可分为：

1. 防护建筑物

用以防御海流、波浪、风及泥沙对海港的侵袭，习惯上这类建筑物叫做防波堤。

2. 码头建筑物

供船舶停靠及装卸货物之用，有不同型式的横码头和伸入港池的直码头。

3. 修船、造船建筑物

有船台、船场及船坞等，供建造和修理船只之用。

4. 护岸建筑物

防护海浪对海岸的侵蚀。

5. 灯塔及其它通航标志

海港的平面布置应根据各地具体条件设计，基本要求是便于运输管理及节约投资。当然，将港口设在能防御波浪的天然海湾中，或用较短的防护建筑物能围成足够的防护水域，是很经济适宜的。

图 10-4 是我国大连港平面简图，海湾水深 7～18m，风速 28m/s。因为港口建在海湾内，波浪影响不大，最大浪高 3m，波长 40m，潮位差 1.4～1.6m。港内码头全部是深水码头，各码头设有装卸机械、堆场和仓库，以及对外交通的铁路和公路运输线路。旅客码头设备也很先进，是我国最大的港口之一。

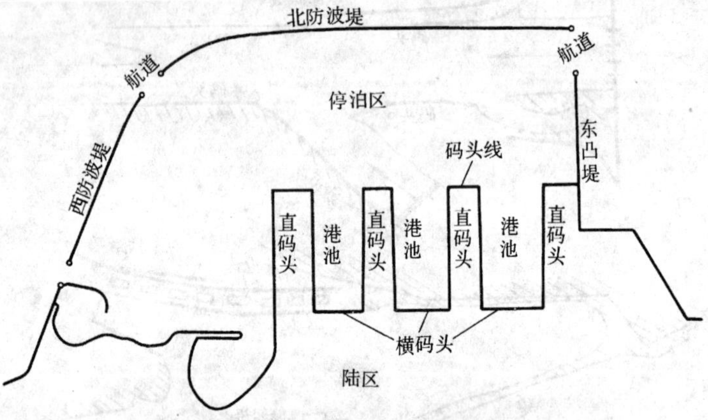

图 10-4　大连港简图

第三节　通 航 建 筑 物

在通航河道上拦河筑坝，或在急流险滩段为克服水浅流急不利船只航行的状况，常需修建通航建筑物，以解决船只过坝和顺利通航的问题。通航建筑物常用的有船闸和升船机。

一、船闸

船闸主要由闸首、闸室和引航道三部分组成，见图 10-5 所示。

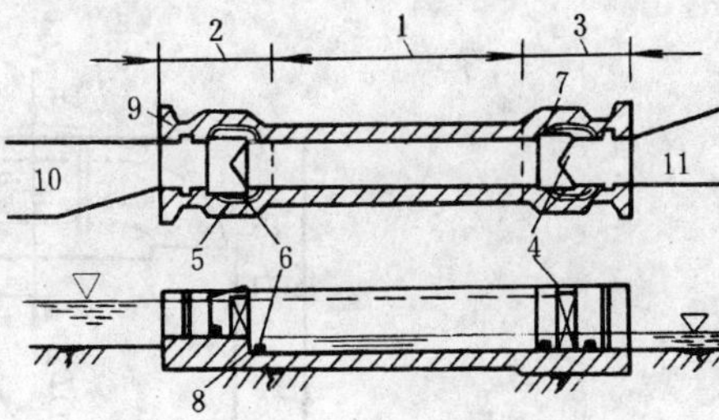

图 10-5　船闸组成示意图

1—闸室；2—上闸首；3—下闸首；4—闸门；5—阀门；6—输水涵洞；7—门龛；8—帷墙；9—检修门槽；10—上游引航道；11—下游引航道

船只过闸的程序如图 10-6 所示：当船只要由下游驶向上游时，船只先在下游引航道等候。当上、下闸首闸门均关闭时，先开启下游输水设备将闸室内的水位泄放到与下游水位齐平，然后开启下游闸门，让船只驶入闸室。而后关闭下游闸门及下游输水设备，并开启上游输水设备向闸室充水，待闸室水位与上游齐平后，开启上游闸门，船只驶向上游。船只由上游驶向下游时，其程序与此相反。

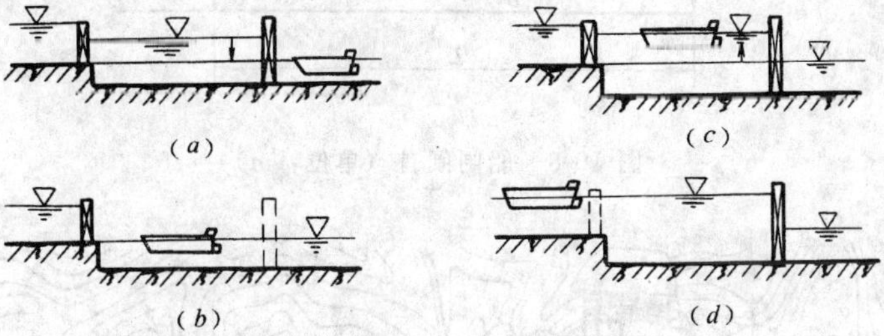

图 10-6　船只过闸示意图

船闸按闸室的数目分为单级船闸和多级船闸。单级船闸只有一级闸室，其上、下游水位差一般不超过 20m，如图 10-5。多级船闸是指在流向有两级以上闸室的船闸，把整个上、下游水位差分成几级来克服，如图 10 7。

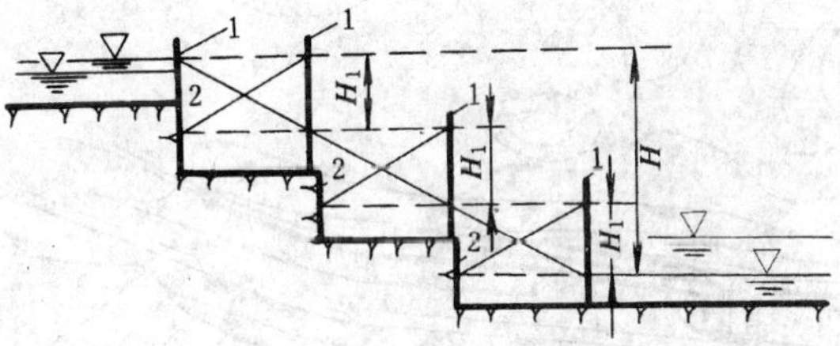

图 10-7　多级船闸示意图

1—闸门；2—帷墙

船闸按照通航线路分为单线船闸和多线船闸。当运输量大，单线船闸的通过能力不能满足要求时，可采用双线的型式。在双线船闸中，可将两个闸室并列，用隔墙分开，在隔墙内设输水涵洞，使两个闸室连通，尽量利用一闸室的泄水充灌另一闸室，以节约过闸用水量。

船闸闸首由边墙、底板、闸门、输水系统等部分组成。闸首的型式主要取决于输水系统和闸门的型式以及地质条件。闸门一般采用人字门，如图 10-8。

船闸在水利枢纽中的布置型式参见图 10-9。

二、升船机

升船机分为垂直升船机和斜面升船机两种。其工作原理是将船只开进承船厢内，利用机械力升降承船厢，使船只过坝。船只浮在承船厢内的叫湿运，船只搁置在无水承船厢内的叫干运。

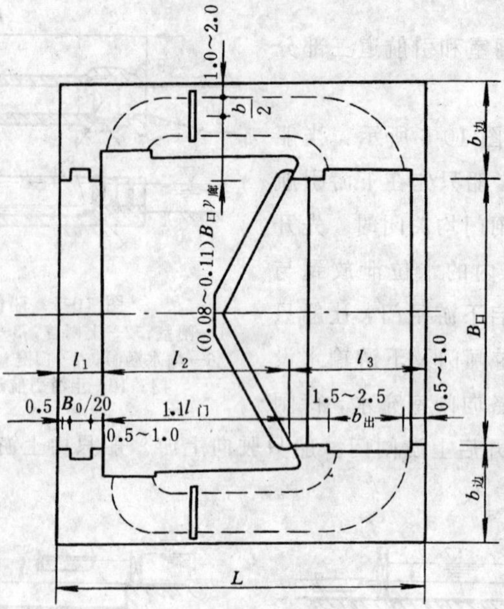

图 10-8 船闸闸首（单位：m）

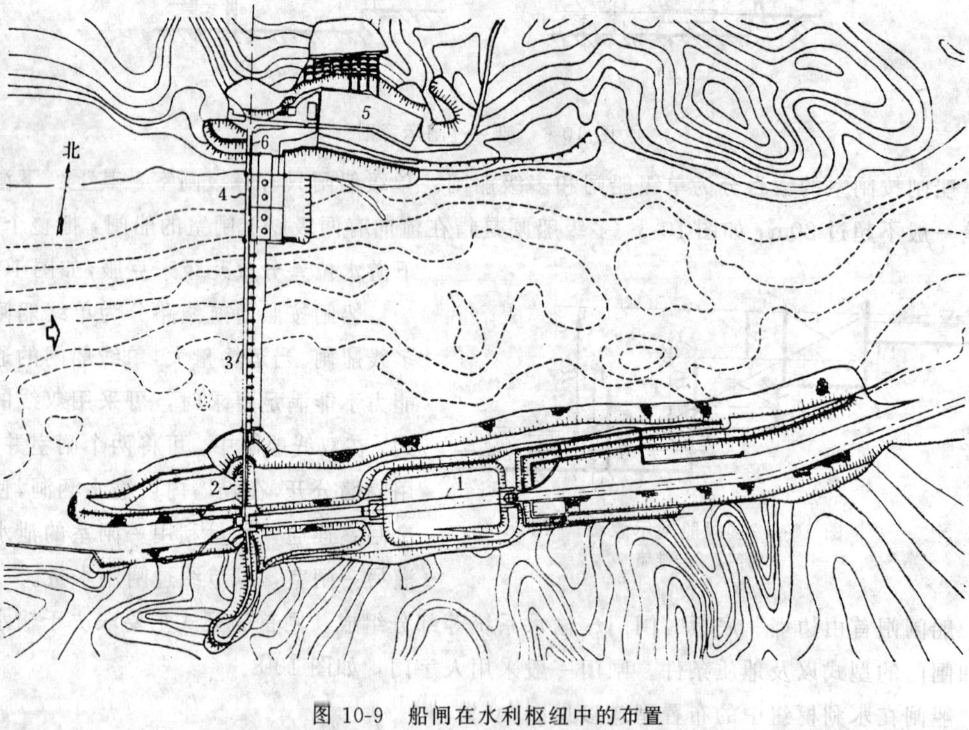

图 10-9 船闸在水利枢纽中的布置

1—船闸；2—非溢流坝；3—溢流坝；4—电站；5—变电所；6—公路

垂直升船机类似于桥式起重机，用起重机提升过坝。丹江口水利枢纽的垂直升船机即是这种类型，其最大提升力为 4500kN（约 450t），提升高度 83.5m，见图 10-10。

斜面升船机是承船厢沿着铺在斜坡上的轨道，用卷扬机牵引运送船只过坝，见图 10-11。

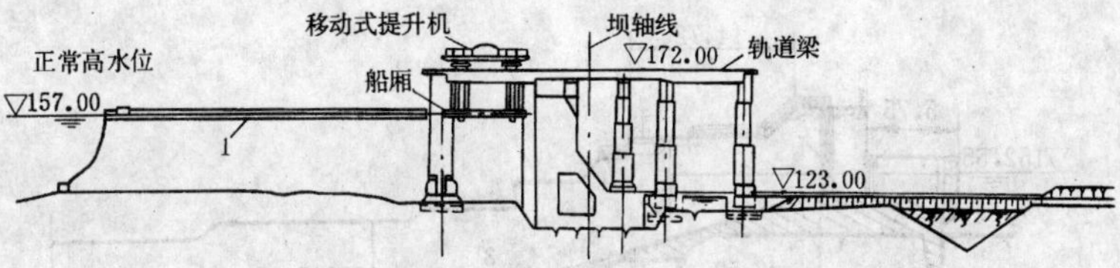

图 10-10　丹江口垂直升船机

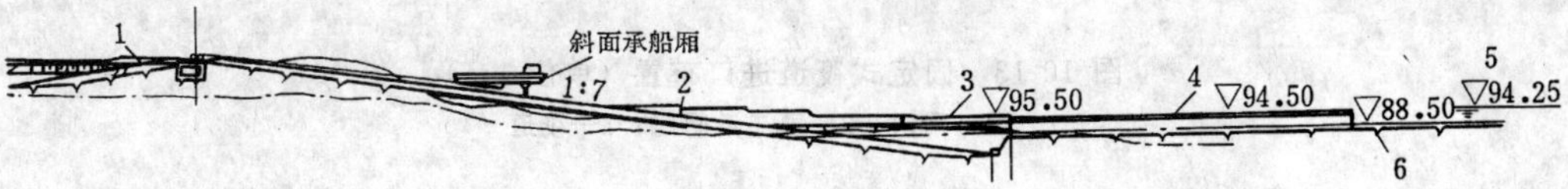

图 10-11　丹江口斜面升船机

1—上游斜道；2—下游斜道；3—隔水堤；4—导航墙；5—最高通航水位；6—最低通航水位

第四节　过木、过鱼建筑物

一、过木建筑物

在有木材运输任务的河道中筑坝或建闸，切断了木材下放的通道，需修建过木建筑物，解决木材过坝的问题。常用的过木建筑物有筏道、漂木道和过木机等。通航建筑物除运送船只外，当然也可以运送木材过坝；过木建筑物则只能运送木材过坝，而不能运送船只。

（一）筏道

筏道是一个浮运木排的陡槽，除上、下游引筏道外，筏道本身一般由进口段、槽身段和出口段三部分组成。

筏道的进口段必须适应上游水位的变化，调节筏道流量，一般有下面两种型式：

(1) 活动式　进口由闸门及活动筏槽组成，它们联合运行来调节过筏流量，见图 10-12。

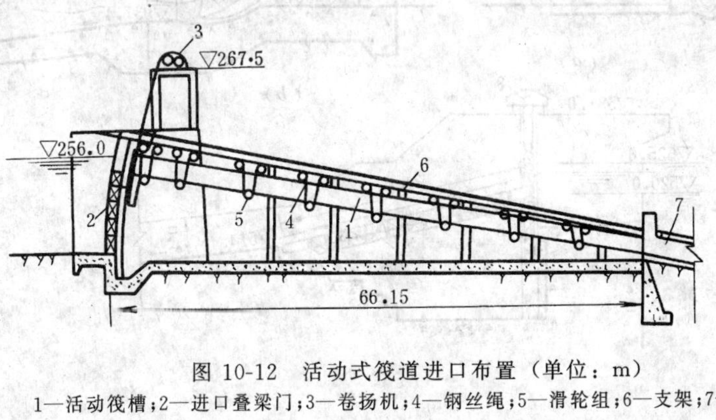

图 10-12　活动式筏道进口布置（单位：m）

1—活动筏槽；2—进口叠梁门；3—卷扬机；4—钢丝绳；5—滑轮组；6—支架；7—固定槽

(2) 固定式　进口段设二道闸门形成闸室，和船闸相似，如图 10-13。开启上闸门，木筏由上游进入闸室后，关闭上闸门，开启下闸门将水放空，木筏落在闸底斜坡上，然后用上闸门调节放水将木筏冲向下游。

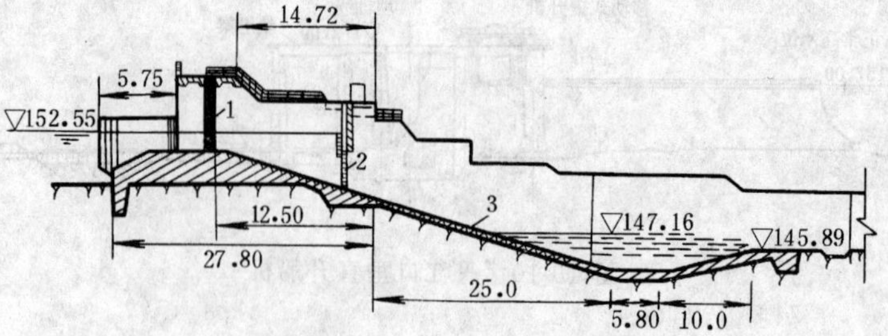

图 10-13　固定式筏道进口布置（单位：m）

1—进口闸门；2—第二道闸门；3—筏道

槽身段是一个宽浅的陡槽，槽中水深一般取木筏厚度的 2/3 为宜，通常水深 0.3～0.8m，槽底纵坡一般取 3%～6%，并在底部作齿坎加糙，槽中木筏速度一般选用 5m/s 左右。木筏速度一般比陡槽断面平均流速大 1.5 倍以上。

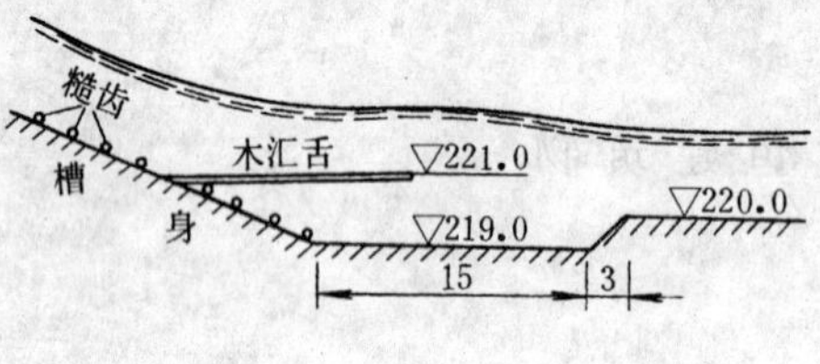

图 10-14　筏道出口型式（单位：m）

筏道出口一般按原有坡度延长至最低过排水位以下 1.5～2.5m。斜坡末端接一水平段，下游应防止出现底流式淹没水跃，防止木筏钻水撞击，最好采用面流消能，或使下游水深接近临界水深，见图 10-14。

（二）漂木道

漂木道与筏道类似，但只用于浮运散漂原木过坝。漂木道应该只引漂有原木的表层水流，因此常用下沉式的弧形门或平面门，以调节过木所需水深，如图 10-15 所示。木材浮在

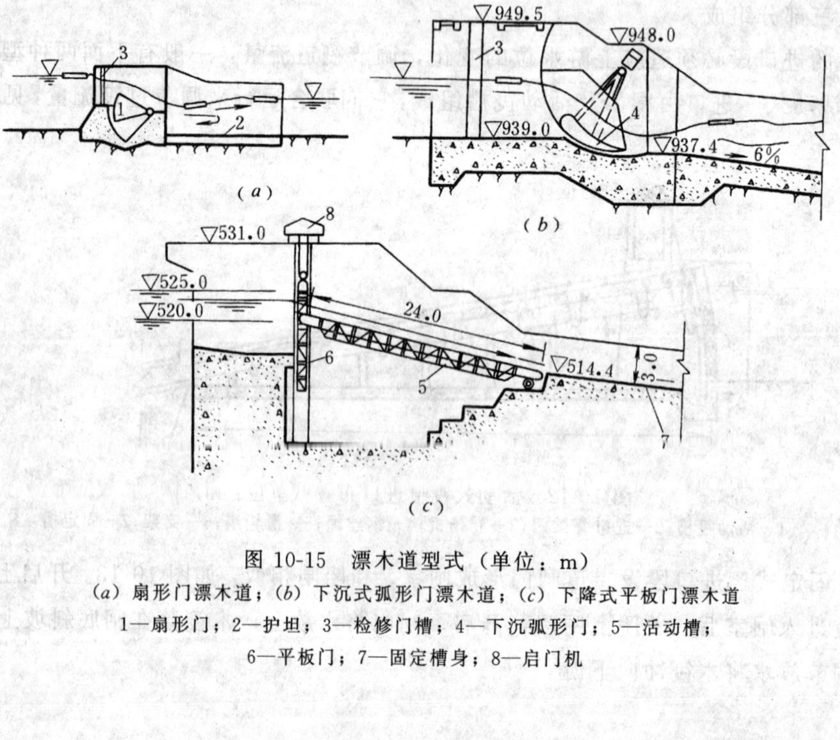

图 10-15　漂木道型式（单位：m）

(a) 扇形门漂木道；(b) 下沉式弧形门漂木道；(c) 下降式平板门漂木道

1—扇形门；2—护坦；3—检修门槽；4—下沉弧形门；5—活动槽；

6—平板门；7—固定槽身；8—启门机

槽内水中下放时，水槽纵坡一般小于 0.01。

（三）过木机

主要依靠起重或牵引传送机械运送木材过坝，多用于过木量小且散放木料的情况。

二、过鱼建筑物

兴建水利枢纽工程拦河筑坝之后，截断了鱼类的通路，使回游鱼和半回游鱼无法往上游产卵。并且在坝的下游河段，鱼类密集，鱼食不足。这种生态环境的变化，给鱼类的繁殖和渔业生产带来不利影响。过鱼建筑物即是沟通鱼类回游路线的工程措施。过鱼建筑物主要有鱼道、鱼闸和升鱼机等。

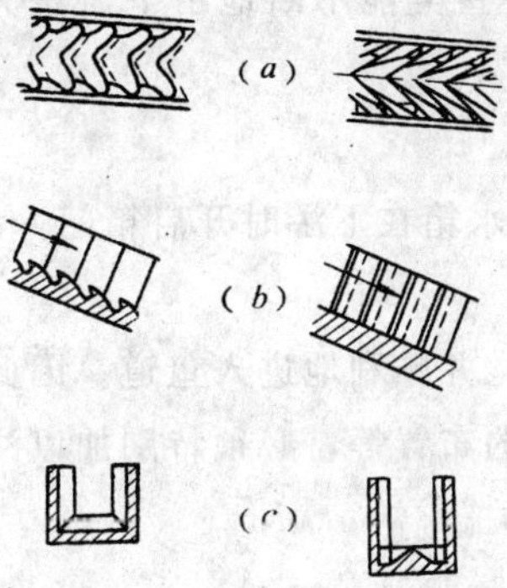

图 10-16　丹尼尔型鱼道
(a) 平面图；(b) 纵断面图；(c) 横剖面图

（一）鱼道

鱼道即过鱼的通道，按结构形式可分为以下几类：

(1) 槽式鱼道　人工建成一条斜坡式水槽，为了使鱼能沿鱼道溯游而上，鱼道中的流速必须小于鱼所能克服的流速。不同鱼种和不同大小的鱼类允许的极限流速是不同的，一般鲤科鱼类的设计流速可取 0.5～1.0m/s。为了减小过鱼槽中的流速，应在槽中人工加糙，消煞能量，如图 10-16。

(2) 池式鱼道　利用有利地形修建一连串上下相接的水池，水池间用低堰和渠道相接，水池间水位差为 0.5～1.0m。

(3) 隔板式鱼道　用一系列横隔板将鱼道分成若干较小的梯级落差，故又称梯级鱼道。在隔板上，孔口、孔位交错布置，利用水垫、扩散和水流冲撞来消能，具有较好的过鱼条件，如图 10-17 所示。

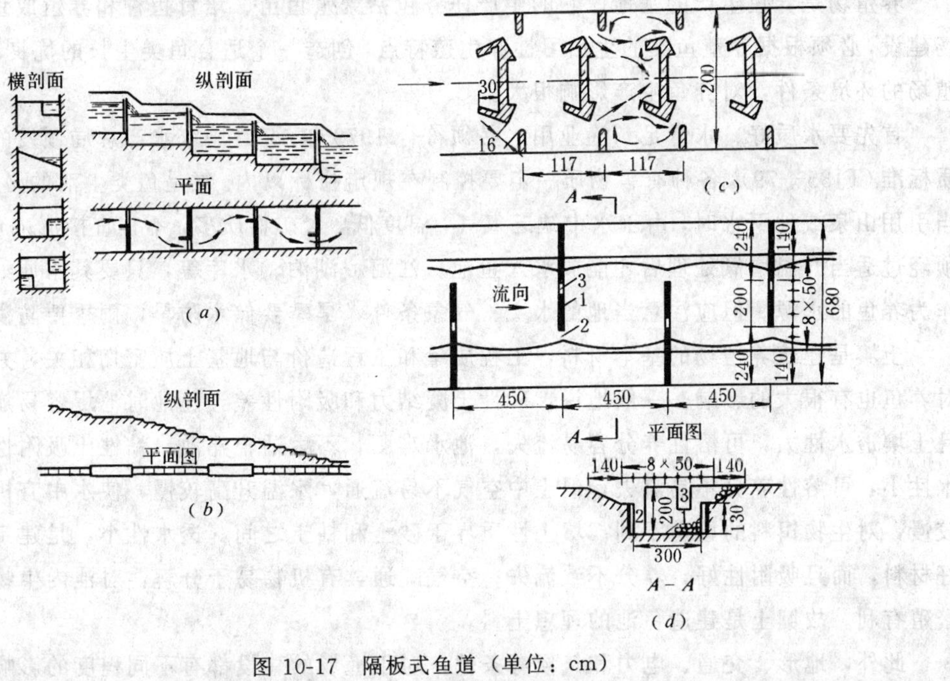

图 10-17　隔板式鱼道（单位：cm）
1—隔板；2—竖缝；3—堰孔

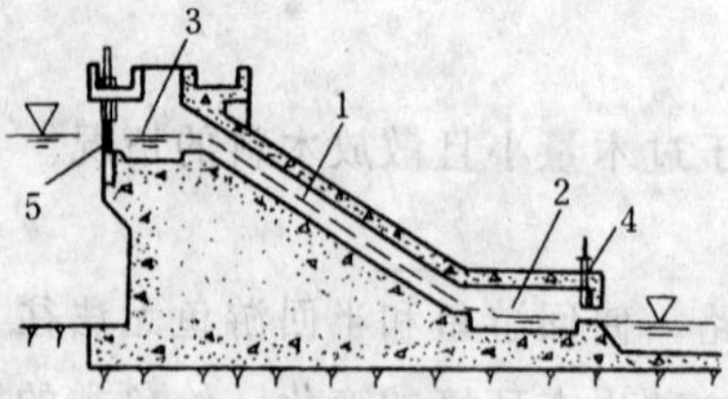

图 10-18　斜井式鱼闸
1—斜井；2—下闸室；3—上闸室；
4—下游闸门；5—上游闸门

（二）鱼闸

鱼闸的原理和船闸基本相似。图 10-18 为一斜井式鱼闸，由上、下闸门及上、下闸室组成。上闸适量放水引诱鱼类进入下闸室，而后关闭下闸门，开启上闸门。水位与上游齐平后，适当开启下闸门，适量的泄水引诱鱼类上溯，然后再打开下闸，用上闸门控制适量放水，如此反复循环鱼类能不断地由下游进入上游。

（三）升鱼机

升鱼机与升船机也很相似。升鱼机是一个上下移动的水箱。水箱在下游时开启箱门，使鱼进入鱼箱，然后关闭箱门，把水箱提升到上游后再开启箱门。

鱼道设计成败的关键，是鱼道的进口能否较快地被鱼类发觉并顺利地进入鱼道。因此鱼道进口平面位置的选择，色与光的处理，以及进口集鱼系统的布置等，必须特别加以注意。而这些设计又与过鱼品种、过鱼季节、水位条件等密切相关。

第五节　养殖建筑物

一、养殖场概要

从事人工养鱼的生产场地，称为养殖场。我们以池塘淡水养鱼的养殖场为主要对象作简单的介绍。

养殖场是养鱼生产的基地，它的生产任务包括繁殖鱼苗、培育鱼种和养殖成鱼。养殖场建设，必须根据养殖鱼类的生活习性和生殖特点，创造一个适合鱼类生长的优良环境。养殖场的环境条件，对养鱼生产影响很大。

首先要水质好、水量足。渔业用水必须符合 1979 年 12 月国家水产总局颁发的渔业水质标准（TJ35—79），各种有害物质一定要控制在规定指标以内。氧是鱼类生活的必要物质。当引用山泉或地下水时，由于水中缺乏氧气，温度低，含矿物质多，不宜直接流入鱼池，必须经过适当升温增氧处理后才能放水入鱼池。江河、湖泊、水库等，只要其水质好，都可作为养鱼的水源。但应注意当地的水文、气象条件，旱季要储水防旱，雨季要防洪排涝。

土壤是建筑养殖场的基本材料，工程质量和工程造价与地基土质密切相关，并且土质对养鱼也有很大的影响。一般地说，砂性土凝结力和吸附性差，建池时池堤容易崩塌；并且土壤透水性大，可溶性养分容易流失，池水难肥，不太适合建池。粘性土吸附性大，透水性小，可溶性养分不易流失，但土中空气不易流通，水温升高较慢，使水中有机物分解较慢，对生物饵料的繁殖不利。壤土性质界于砂土和粘土之间，透水性小，是建筑堤坝的好材料，而且吸附性好，养分不致流失；空气疏通，有机物易于分解，对池内生物饵料的繁殖有利。故壤土是建造鱼池的理想土料。

此外，地形、交通、电力和气候等条件，对于渔场的建设都有不同程度的影响。鱼场建设和其他水利工程一样，要求投资小、见效快。我们应根据各地具体情况进行分析研究，从有利于生产出发，既满足生产需要，又经济合理和切实可行。

二、养殖场的规划与布局

养殖场规划的目的，在于根据生产的需要，水源和场地等自然条件，确定生产规模；根据生产程序，统一安排合理布设各建筑物，使有利于操作和管理；确定各种鱼池的面积、畜牧业和饲料基地，以及各种生产和生活用房等。规划要近期和远景相结合，既有远景发展目标，又有近期计划安排，逐步把生产发展起来。

养殖场的布局，要根据水源和地形合理布置。一般都是根据水源位置，把场地分成几个区，如亲鱼饲养区、苗种培育区、成鱼养殖区等。各区的灌排系统通过每个鱼池，并和总灌排系统相连接。从有利于生产管理出发，各类鱼池的位置应按如下的顺序连接起来：

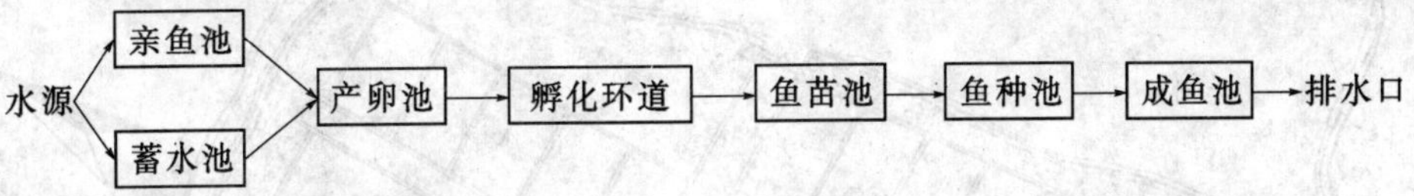

水源和各种鱼池的基本要求如下：

1. 水源

养鱼的池塘需要定期加水保持一定的水量，也需要经常灌注新水以调节池塘水质。养鱼池一定要有可靠的水源，不能只靠一塘死水养鱼。没有受到污染的河水、湖水和水库水是养鱼的良好水源。但利用这些水源时，必须设置一定的过滤设备，防止敌害生物及野杂鱼等进入鱼池。从水库、湖泊或河川引水，要建相应的取水和输水建筑物，必要时应有电动灌排的水泵房。进水口的位置要求能控制全场，灌排方便，而进水量则应满足生产的需要。

2. 蓄水池

其作用是为保证供给鱼池用水，其位置应接近进水口。必要时还应建沉淀池和过滤池，水质好则可不建。如果水源充足，灌排方便，也可不建蓄水池。

3. 催产池和孵化环道

二者应紧密相连，并靠近蓄水池和亲鱼池。建造产卵池和孵化环道，应根据养殖鱼类繁殖后代所要求的环境条件，人为地尽可能满足它们的要求，使亲鱼能在人工条件下繁殖。产卵池和孵化设备的构造请参阅有关专著。

4. 亲鱼池

其位置应接近产卵池，面积 3～7 亩，水深 2～3m 为宜。

5. 鱼苗、鱼种池

其位置应接近孵化设备。鱼苗池的面积 2～3 亩，水深 1.2m 左右。鱼种池的面积 4～5 亩，水深 1.5m 左右为宜。

6. 成鱼池

面积 4～10 亩，水深 2～3m 为宜。

灌排系统应和每个鱼池相连接，给各类鱼池排废换新是保证高产稳产的重要措施。

三、鱼池结构

考虑到养殖业将逐渐机械化，因此在同一作业区的同类型的鱼池，应当布置成同一规格并整齐划一。鱼池堤岸应当平整便于机械操作。在有条件的情况下，鱼池应建成流水式的。实践证明，流水鱼池的产量比同样条件的静水鱼池要高得多。鱼池大多为长方形，长与宽之比一般为 2∶1 或 3∶2。池边以东西向安排较好，这样接受光照的时间长，能提高生产率。池底要平坦，由进水口向排水口稍倾斜，坡度 1/300～1/200 为宜。从堤脚向中心渐深，由中心开一沟引向排水口，排水口为最深点。流水鱼池，水应从一头进而从另一头排出。从水中溶氧的角度来看，水流应从表面进，从底面出。进水口和出水口在平面上最好对称，尽量减少池内的死角，使全池的水体都能得到交换。

鱼种养殖场的布置参见图 10-19。

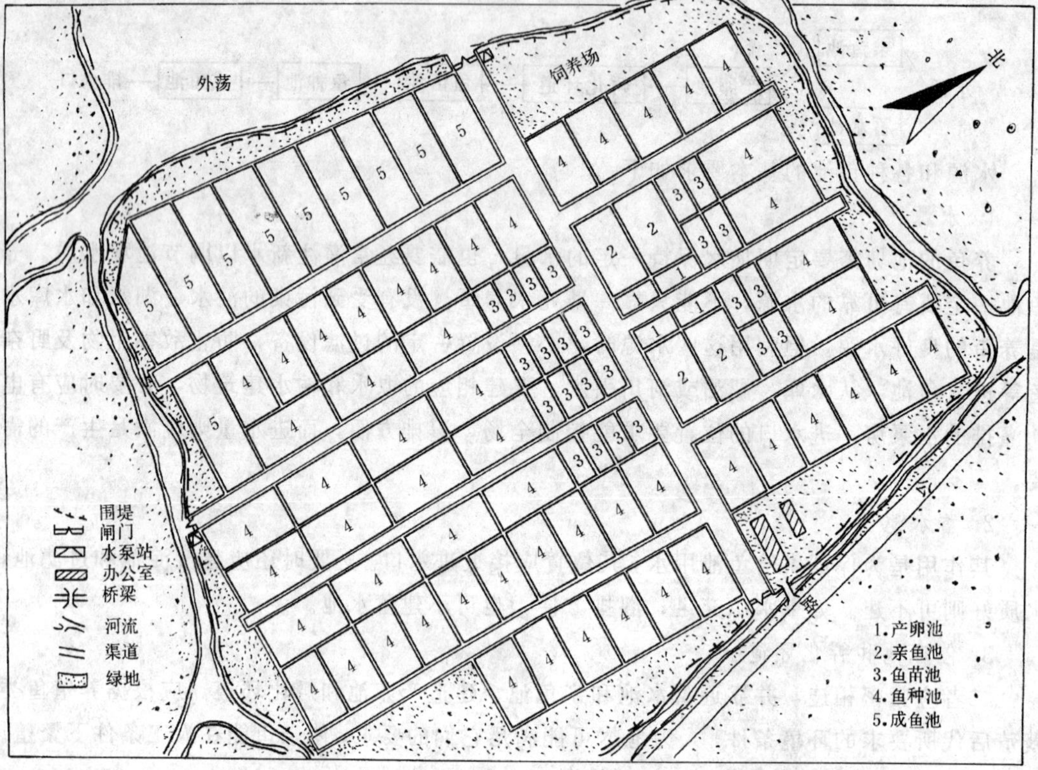

图 10-19　湖泊地区鱼种养殖场平面布置

第十一章 水利工程的勘测设计

人们认识事物总是由浅入深，由表及里，逐步深刻的；特别是大中型水利工程影响因素复杂，人们更是不可能一下子就对它有全面正确的深刻认识。水利工程基本建设，由于工程投资大，建设周期长，影响范围广，牵涉因素多，与国民经济各个方面关系密切，因此，必须首先做好勘测、调查、规划、设计等工作。本章主要介绍水利工程建设的前期工作内容。

第一节 水利工程的基本建设程序

根据长期工程实践的经验和教训，我国水利部规划设计总局制订了水利工程基本建设程序。水利工程建设必须按规定的基本建设程序进行，有关的审批手续必须按照国家或地方政府颁布的有关规定执行。制定基本建设程序是为了使修建的工程，既安全适用，又经济合理；既能充分发挥工程效益，又能取得最大的投资效果。基本建设程序是保证基本建设符合多快好省原则的有效措施。

现行水利基本建设程序的框图，如图 11-1 所示。

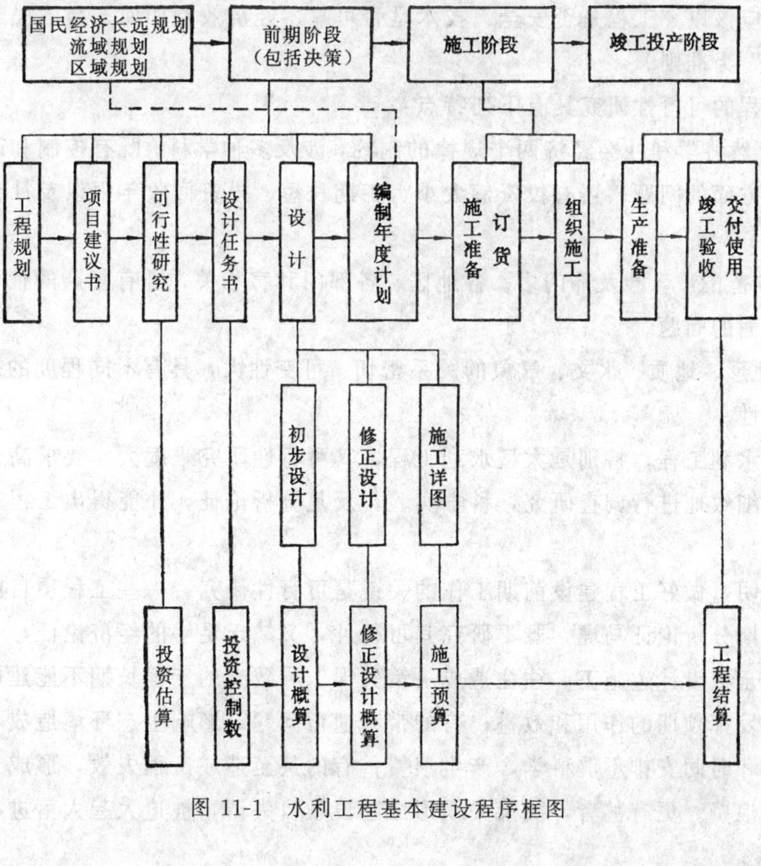

图 11-1 水利工程基本建设程序框图

现行水利基本建设程序，概括地说，分为三个阶段和十个环节。首先应根据国民经济长远规划、流域规划和地区规划的要求，在调查探明情况的前提下，编制项目建议书，进行可行性研究。可行性研究报告是工程决策的依据。决策后编制建设项目的设计（计划）任务书，选定建设地点。在设计任务书经批准后，进行地形、地质、水文、气象等的落实勘测，而后进行工程设计。设计经批准，项目列入年度计划后，组织工程施工。工程建成后，进行验收，交付使用。

第二节　水利工程的可行性研究

可行性研究是水利工程建设的一项重要的前期工作。在确定工程是否兴建以前，一般地说必须先做可行性研究。这在我国基本建设中是一项重大的改革，从根本上改变了决策程序。对拟建工程项目做可行性研究，就是要从技术经济的各个方面研究论证其可行性。也就是说，要从工程技术条件、投资经济效果、社会环境影响及国民经济效益等各个方面进行评价，为工程项目的决策提供可靠的依据。

一、可行性研究的目的与任务

可行性研究的目的，是为工程项目的决策提供依据。因此，必须通过调查研究，分析论证，方案比较，确定工程建设目标；证实工程建设条件的可靠性，技术措施的先进性，建设方案的合理性；从技术经济条件出发，研究该项工程是否合理可行。衡量水利工程是否合理可行，应该以"工程是否安全、技术是否可靠、经济效益如何、与国民经济和社会发展是否协调"为准则。

水利工程的可行性研究具有下列特点：

1）受自然科学和社会经济两个规律的制约，涉及多种学科。既有控制和改造自然的工程技术措施方面的问题，还有投资额大小、工期长短、投资回收年限以及社会经济效益方面的问题。

2）影响范围广，涉及部门多。各地区、各部门利害相关，既有复杂的社会问题，又有国家政策方面的问题。

3）与地形、地质、水文、气象的关系密切，可变性大，具有不同程度的风险性、随机性和不确定性。

因此，水利工程，特别是大型水利工程，其可行性研究难度大、要求高、范畴广，必须认真深入细致地进行调查研究，科学实验，反复分析论证，才能得出工程是否合理可行的最后结论。

实践证明，做好工程建设前期工作的关键是可行性研究。一些工程项目由于不重视前期工作，前期分析论证马虎，既不研究其可行性，又缺乏足够的经济论证，盲目决策，仓促上马，甚至边设计边施工，往往造成决策失误。导致有的工程长期不能建成投产；有的投产后不能发挥预期的作用和效益；有的带来遗留问题，影响生态环境造成不良后果；有的工程布置和时间安排不够科学，产生浪费；有的甚至造成工程失效，形成人力、物力和资金的大量浪费。更有甚者，决策失误形成建设项目失调，被迫大起大落进行全局性的调整，造成人力物力的巨大浪费。这种惨痛的教训，是我们应该引以为戒的。

二、可行性研究中的阶段划分

大型工程的可行性研究一般可分为三个阶段：一是项目的立案研究（项目建议研究）；二是初步可行性研究；三是最终可行性研究（技术经济研究）。各阶段的工作内容、目的和要求，不尽相同。某些较简单的中小型工程，也可适当简化以上可行性研究的步骤，例如直接进行工程项目的技术经济研究。可行性研究各阶段的工作内容和要求分述如下：

1．项目的立案研究

其主要任务是为工程建设项目提出建议。即根据国家经济发展的长远规划和行业、地区规划、经济建设方针、技术经济政策和建设任务，结合资源情况，建设布局等条件，在调查研究、收集资料、踏勘建设地点、初步分析投资效果的基础上，提出需要进行可行性研究的项目建议书。这一阶段的工作一般要求时间短且花费的人力物力不多，研究工作可以比较粗略。例如，投资额的大小，可根据类似工程进行估算，准确性达±30%即可。通过这一阶段的工作，要确定有无必要进一步获取资料进行初步可行性研究。

2．初步可行性研究

工程项目建议书提出了一个可能进行建设的投资项目，进一步应进行初步可行性研究。其主要目的是论证技术上的可靠性和经济上的合理性，据此确定应否进行下一步的技术经济研究。某些决定工程成败的关键性问题，必要时应做专题研究。

3．最终可行性研究（技术经济研究）

这是可行性研究的关键步骤，是对工程项目进行深入的技术经济论证的阶段，要对建设项目在技术和经济上是否合理和可行，进行全面分析、论证。通过调查其基本情况进行多方案比较，提出评价，确定重大发展原则，研究工程建设目标，为编制和审批设计任务书提供可靠的依据。工程项目越大，工作内容也就越复杂。要求计算的投资精度准确到±10%或±5%。

技术经济可行性研究报告，要能满足以下几项需要：①可作为下决心进行该项工程建设的依据；②可作为向上报批及向银行申请贷款的依据；③可作为向有关部门签订协议或合同的依据。

当然，有的拟建项目经过可行性研究，证明没有建设的必要时，经过审定，可以决定取消该项目。

三、可行性研究与工程设计的区别

可行性研究与工程设计，其区别主要是其目的和任务不同。

1）可行性研究是在项目确定之前，为了确定项目进行的研究，主要是为项目的决策提供依据；而工程设计是在项目已经确定的情况下进行工程的实施计划。

2）可行性研究主要研究工程项目的前提条件、关键性问题和综合技术经济效果；而工程设计主要解决工程建设时的具体措施问题。

3）可行性研究是工程项目决策的研究工作；而工程设计是实施工程任务的具体技术经济工作。

当然，可行性研究中会有工程设计的内容，但这仅是为了证实技术经济的可行性，为综合分析技术经济效果提拱依据。所须设计内容的深度和广度，按可行性研究的要求而定，因此，它不能取代工程设计。

四、可行性研究报告的编制内容

水利工程可行性研究报告的内容，大致可概括为以下四个方面：工程技术论证，经济效益分析，环境影响评价和工程实施计划。由于各种项目的工程情况不同，调查分析和研究论证的重点内容各不相同，因此其可行性研究报告的编写内容和格式将有所不同，应根据具体情况，既简明扼要而又突出重点进行编写。

水利工程可行性研究报告，一般地说，其基本内容有如下一些部分。

1. 综合说明

概述项目提出的缘由，工程建设的目的、必要性及其社会经济意义。简述工程地理位置，所在河流（河段）的规划成果；可行性研究工作的依据、目的和过程。扼要叙述工程所在地的自然条件和工程地质问题的结论。简要说明工程的目标、工程的规模和综合经济效益。说明水库的淹没处理及对环境的影响。对选址选型、工程布置、施工导流、对外交通、施工进度、以及主要工程量、材料、劳力和投资控制数等，进行简要的说明。最后应列述技术经济综合评价的结论，以及存在的主要问题和对今后工作的建议。

2. 水文情势

地区的一般水文气象特性，径流、洪水、泥沙的分析计算成果，天然状态下的水位流量关系，以及水资源的分析评价。

3. 工程地质

概述区域地质、地形、地貌、地层、岩性、地质构造及物理地质现象等特征；地震的基本烈度和水库诱发地震的可能性估计；库区和建筑物地基的工程地质条件和存在的主要地质问题；提出本阶段建议采用的主要技术参数；天然建筑材料的贮量分布及开采条件的评价。

4. 需求分析

河流的规划成果，防洪、灌溉、供水、航运等水利设施的现状，工程影响地区的社会经济情况（人口、土地、工农业、矿藏及交通等），国民经济近期和远景发展规划，国民经济各部门对水资源综合利用的要求，本工程的作用和近期开发的必要性，结合实际条件选择的合理方案（包括分期实施方案）。

5. 工程规模

各种工程设施的布局及其组成建筑物；工程等级的划分；工程标准的确定；初步选定主要的特征水位，发电装机规模和灌溉引水量等；选择枢纽及建筑物的位置，渠道或堤防的线路，主要建筑物的型式及机电设备的类型；初估各项工程的规模大小。

6. 主要技术问题

工程中重大技术问题的专题研究，例如，建筑物安全预测、城镇保护、泥沙淤积、防止土壤盐碱化措施等。

7. 淹没及环境影响

回水影响下的淹没损失，列出分高程的淹没数据，提出移民安置方案。评估工程对自然状态，生态系统和社会环境的影响，提出减免不利影响的措施。

8. 施工计划

工程的施工条件，施工导流方式，施工方法，施工进度和施工总布置规划。论述各阶段施工控制性进度和施工强度，估计工程所需材料数量和劳动力。

9. 投资估算

工程投资估算应按规定的表格进行编制，并写出编制说明。简述工程投资估算的主要成果及各项费用估算的依据。

10. 效益评价

包括工程技术经济指标，效益分析，财务及其敏感性（可能误差范围）分析，社会经济的宏观效果和其对社会的影响。

下列资料可视需要列为可行性研究报告的附件。

1）上级批准的项目建议书；

2）有关的专题技术讨论（或审议）意见；

3）有关部门对水资源利用要求的报告；

4）水文分析报告；

5）工程地质勘测报告和坝址地震烈度的鉴定意见；

6）水库淹没处理移民安置规划方案；

7）主要设备的制造、供应协议；

8）有关对外交通、施工征地、施工用电的报告；

9）环境影响评价报告。

最后值得指出的是：进行可行性研究要花费一定的人力和物力，但这是为了保证工程建设在可靠的基础上，取得较好的投资效果所必须的投入。即使有的工程项目经过可行性研究证明不可行而被否定，它所花费的时间和资金也不能算浪费，因为这样避免了盲目上马，避免了建设过程中因考虑不周而出现的方案变动或返工浪费的损失。因此，可以说，可行性研究是做好工程建设前期工作的中心环节，是保证社会主义四化建设顺利进行的有效措施。

第三节　勘 测 调 查 工 作

勘测调查是水利工程建设的基础工作，其任务是收集资料，为工程决策和规划设计提供依据。勘测调查要求对与工程有关的地形、地质、水文、气象，当地工农业生产的现状和发展远景，交通运输，建筑材料，物资供应，以及劳力等情况进行了解。不仅对自然的，而且对社会的、经济的以及历史的各项基本情况都必须进行勘测调查搜集资料。勘测调查工作必须坚持科学的实事求是的态度，勘测调查得到的资料必须是能客观全面反映实际情况的，否则工程决策将失去可靠的依据。

各项水利工程在国民经济中的地位和作用不同，工程规模的大小也不相同，而且工程建设前期工作各阶段对勘测调查的要求也不尽相同，因此要认真研究情况，明确主次，使勘测调查的资料，在广度和深度方面都应恰如其分的适应各阶段的要求。既不至于使投入的人力物力过多而造成浪费，也不至于失之过粗不能满足分析研究和设计的要求。

下面我们分项叙述水利工程勘测调查工作的主要工作内容。

一、测量工作

进行规划和工程布置，计算集水面积和水库容积，绘制回水曲线和研究淹没损失，进行地质测绘，计算工程量等，都离不开地形图。水利工程建设的各个阶段都需要不同比例尺的地形图和纵横断面图。在施工过程中，为了按照设计图纸进行建筑物的定位和放线，以及进行施工控制，还需要进行经常性的施工测量工作。

地形图是用等高线和地物符号绘成的地表平面图，从这种图上我们可以看出地势的特性和地物（河流、道路、森林、房屋及各种建筑物等）的分布情况。

地形图因使用的目的不同，要求也不一样。有的时候要求地形图简明；有的时候要求地形图详尽。为了不同的目的，往往采用不同比例尺的地形图。大致有如下几种：

（1）流域地形图　主要用作规划布置。并用以推算流域集水面积，河流长度及河床坡降，计算水库来水量、来沙量和可能出现的各级洪水。流域地形图可借用测绘部门现成的1：50000或1：100000的地形图。

（2）库区地形图　主要用以计算不同水位时的库容和水面面积，并由此绘出水位库容曲线和水位面积曲线。库区地形图还用以填绘库区地质图和研究库区淹没损失。库区地形图一般采用1：5000或1：10000的比例尺。

（3）坝区地形图　主要用作水利枢纽和建筑物的布置，填绘坝址地区的地质图，以及施工场地的总体布置等使用。地形图的比例尺，在比较阶段可采用1：2000～1：5000，在选定坝址应采用1：500～1：2000。有时为了建筑物的定位或准确计算工程量，还需要有一部分纵横断面图相配合。

（4）料场地形图　主要用作料场布置及计算料物的贮量。其比例尺可根据精度的要求，采用1：1000～1：5000。

上述各种地形图，其等高线的高程间距，视不同地区（例如平原、丘陵、山地）和采用的比例尺而不同，通常采用1m。大比例尺地形图可采用0.5m或0.2m，小比例尺图可采用2m或5m。地形图上的地物、地貌应采用国家统一规定的图例来标志。

二、水文工作

水文资料是水利工程规划设计的一项关键性资料。我们开发水利、防治水害，如果对水文现象的特性和规律缺乏必要的深入了解，水利工程建设就失去了依据，就可能造成规划方案的错误，很难保证工程建设的经济合理和使用安全。水文工作对水利工程建设的成败和效益起着决定性的作用。例如，确定水库的防洪库容，溢洪道的泄水能力，需要洪水资料。进行径流调节，综合利用水资源，合理地满足国民经济各部门的不同用水要求，必须掌握河川径流及其年际、年内变化规律。多沙河流的河道整治、水库淤积及泥沙对工程的影响，必须了解泥沙的运行规律等。

水文工作首先要搜集和整理计算流域和工程所在地的流域特征值和水文观测资料，着重复查对径流、洪水、泥沙计算成果影响较大的年份的整编资料。确定选用的水文系列，分析计算下列基本成果：

（1）径流资料　径流系列的还原和插补延长，系列代表性的分析论证，根据本阶段规划设计要求，提出径流分析成果。

（2）洪水资料　历史洪水的调查、估算与重现期的确定，洪峰、洪量系列的统计和插补延长，并提出设计洪水成果。必要时需估计可能最大洪水和分析洪水地区组成等。

（3）泥沙资料　插补延长泥沙系列，分析工程所在地以上流域的泥沙来源及分布，统计悬移质和推移质的泥沙量，分析计算其特征值、了解泥沙的颗粒级配等。

（4）水位流量关系　根据工程所在地附近的观测和调查资料，分析提出天然情况下的水位流量关系。缺少观测资料时，应开展必要的水文测验工作。

（5）自然地理情况　简述流域和工程所在地区的一般水文气象特征，如降雨、蒸发、温度、湿度、霜冻、风向、风力等。调查分析流域内的水利措施等人类活动对本工程来水来沙的影响。

三、地质工作

水利工程地质勘察的任务，是查明建设地区的工程地质条件，为规划、设计和施工提供可靠的依据。我们要充分利用有利的地质因素，避开或改造不利的地质因素，比较合理地选择坝（闸）址、库区、坝型、引水线路和厂址等水工布置。同时，预测水工建筑物在施工和运行过程中可能发生的工程地质问题（如渗漏、坍岸、滑坡、不均匀沉陷等），使设计人员在设计时能根据这些情况，制定出解决这些问题的合理措施，保证建筑物安全可靠。

水利工程工程地质勘察的内容，大致有如下几个方面：地形和地貌，地质构造，岩石和土壤的物理力学性质，物理地质作用，区域地震烈度，以及水文地质条件。

水利工程的地质勘察，一般按规划选点、初步设计和施工图设计三个阶段进行。各阶段的地质勘察工作应与规划设计工作紧密配合，必须根据各阶段的任务要求、设计意图和有关的规划设计指标，按照由面到点，点面结合，由地表到地下的原则，抓住主要的地质问题，因地制宜，综合利用各种勘察手段，做好第一性资料的搜集、整理和分析，写出各阶段的工程地质勘察成果的报告。

工程地质的勘察方法有许多种，如地质测绘、地球物理勘探、钻探、山地工作（开挖试坑、试槽、竖井及平洞）、野外渗透试验、岩土物理力学性质试验等。各种水利工程对地质工作的要求不同，因此地质勘察要根据具体情况有重点地进行。

工程地质勘察报告一般地说应包括下列主要内容：

1. 勘察工作概况

简述库、坝（厂、闸）区勘测工作经过，完成的工作量及主要成果资料。

2. 区域地质

概述区域地质，简述地形、地貌、地层、岩性、地质构造以及大型物理地质现象等特征。评价区域构造稳定性，对地质构造复杂、地震活动频繁的地区，还应阐述晚更新世以来的断裂，分析新老构造复合关系，列出地震部门对坝（厂）址区地震基本烈度的鉴定意见，并对建库后诱发地震的可能性做出估计。

3. 水库工程地质条件

阐述水库区地质概况，对水库渗漏、浸没、库岸稳定、库区矿藏等作出评价。

4. 坝址或枢纽主要建筑物工程地质条件

坝址地质概述。阐明各比较坝址及其主要建筑物的地形、地貌、地层岩性、地质构造、覆盖层厚度及其组成物质、岩石风化及物理力学性质、水文地质条件及物理地质现象等主要工程地质条件和存在的主要地质问题。对推荐的坝址，分析其地质条件对基本坝型选择和枢纽布置、引水方式等的适应性，预测蓄水运行后可能变化的趋势。并提出本阶段建议采用的主要技术参数。

5. 天然建筑材料

根据所需要的天然建材的种类和数量，选择料场，对贮量、质量、开采及运输条件做出评价。在天然建材贮量不足，料场分散或运距较远时，尚应提出人工砂石料的料源。

四、社会经济调查

水利事业是国民经济的一个重要组成部分，它与国民经济的其他各部门有着非常密切的联系，水资源的开发利用，必须兼顾国民经济各个部门的需要。社会经济调查，就是要了解影响工程建设的各种社会因素，并为论证水利工程的合理性和经济性准备条件。

水利工程，特别是大型水利工程建设，对附近地区的自然状况、生态环境及社会经济将产生很大的影响。例如，减免水旱灾害、供给廉价的电力、形成有利的通航条件、保证城市和工矿企业用水、改善附近地区气候等等，对当地工农业生产的发展起着促进作用。另外，水库的淹没和浸没，水沙条件变化及生态环境的不利影响，也对工农业生产和人民生活有很大的影响。因此必须进行社会经济调查，为提出合理的水利工程设施方案提供依据。社会经济调查成果也是确定工程经济效益及投资理由的一个方面的依据。

社会经济调查一般包括以下一些项目：

1）当地国民经济、工农业生产的现状，近期和远景国民经济发展规划。

2）所在地区的水旱灾害情况，影响的范围和程度，发生的成因和频率，每次延续的时间，造成的损失等。

3）灌区范围内的耕地面积，作物组成，土壤种类，地下水位的高低，农业耕作技术，灌溉制度，灌区内原有水利设施及其抗旱能力。

4）供水、供电的对象，区域分布，及各主要用户的要求；航运、过木、养殖等部门对水资源综合利用的要求。

5）水库淹没范围内的村镇、人口、房屋、耕地、道路桥梁、工矿企业、建筑物、文物古迹和森林资源等。应分别按高程作出统计资料。

6）与工程所在地联结的交通线路，电力和用水的来源和供应能力，建筑材料和施工机具的来源与数量，技工和民工的来源情况及当地的居住条件，施工场地及临时建筑物布置需要，施工管理系统及技术力量的配备可能的情况等。

第四节　设 计 与 试 验

水利工程设计通常分为初步设计和施工图设计两个阶段。对于工程规模大而又技术复杂的大型工程，必要时应编制专题报告，进行修正设计（技术设计）。

工程设计必须在可行性研究报告已经批准的基础上，经有关单位编制工程设计任务书，扼要阐明工程建设的目的，工程规模和经济效益，设计的基本资料和依据，设计的原则和任务，投资控制数和建设期限等，下达给设计单位组织设计工作。

初步设计的主要任务是，根据批准的可行性研究报告所确定的工程规划，进一步论证选定工程位置（坝址）、工程总体布置、主要建筑物的型式和控制性尺寸；选定控制运用水位（水库特征水位）和控制运用方案；确定主要建筑物的施工方法、导流方案、施工进度和施工总布置；确定建筑材料、施工机具、劳力调配、供水供电的要求；提出移民安置计划；计算出工程总概算；进一步作技术经济分析，阐明工程效益。

技术设计是在初步设计的基础上进行的，应根据初步设计提出的主要技术问题作为技术设计的内容。其任务是通过计算和试验，最后确定工程布置、建筑物的型式和尺寸、地基处理和施工方法，并最后确定（修正）建筑材料、工程费用和它的完成期限。

由于人们认识的局限性，目前许多复杂问题，我们还不能掌握住它的规律，在水利工程建设中往往要通过模型试验，来解决认识落后于实践需要的矛盾。模型试验也是验证设计和充实理论的一项重要的技术措施。例如，为了论证工程总体布置的合理性而作水工整体模型试验；在多泥沙河流上为了预测河床演变而须作动床水工模型试验；为了研究结构物的位移、应力及稳定而作结构模型试验等等。近代科学技术的发展，使我们有可能采用各种先进的试验方法和量测技术，来进行各种实验研究。如光弹性力学实验、声波和红外线探测、放射性同位素以及各种自动化电测仪表等。

施工图设计应以批准的初步设计或修正设计为依据，进一步确定经济合理的建筑物断面尺寸，进行各部分结构设计和细部构造设计；绘出施工详图，并附文字说明，以便按图施工；确定施工方法，进行施工总体布置；提出施工进度计划、劳力调配计划、物资器材计划和施工预算等；并提出施工组织和技术管理的意见。

第十二章 水 利 工 程 施 工

水利工程施工应以规划和设计的成果为依据。而规划和设计也应考虑施工方面的问题，并受施工实践的检验。施工起着将规划和设计的方案转变为工程实体的作用。规划、设计和施工都应充分重视建成后运用和管理方面的需要，水利工程建设各个阶段应前后关照，相辅相成。

第一节 水利工程施工的特点

水利工程施工，实践性强，涉及面广，影响因素多。其特点归纳起来主要有以下几点：

1）水利工程施工多在河道上进行，受地形、地质、水文、气象等因素的影响大。在河流上修建水工建筑物，需要采取施工导流、基坑排水等措施，还应注意防洪度汛等问题。冬季温度过低，夏季温度过高，以及下雨、下雪，都需要采取适当的措施来保证施工质量和施工进度。

2）河流上的水工建筑物工作条件较为复杂，如果施工质量不良，不但会影响建筑物的寿命和效益，而且会增加维修和加固的费用。更严重的，会造成建筑物的失事，给人民生命财产带来巨大损失。因此，水利工程施工应特别注意保证工程质量。

3）水利工程往往由许多分部工程组成，而且工程量大、工种多、施工强度高，施工干扰的机会也多，因而施工组织复杂。

4）在河流上修建水利工程，涉及到许多部门的切身利益，如航运、灌溉、工业与城市用水等。因此必须妥善安排，从而增加了工程施工的复杂性。

5）水利工程施工过程中，不仅有地面作业，还有地下、高空、水上、水下作业；不仅有许多施工机械，还有大量的运输以及爆破工作。这些作业或平面交叉，或立体交叉，因而必须十分重视施工安全问题。

随着我国四个现代化建设逐步进展，水利水电工程的施工技术水平必将相应提高和发展。

第二节 导 流 与 截 流

一、施工过程中的水流控制

在河流上修建水工建筑物，必然会引起河道水流的变化。水利工程从修筑围堰起直至完建的整个施工过程中，都必须对原河道的水流进行控制，也就是说要采取导、截、拦、泄、蓄等措施，来解决施工和水流之间的矛盾，避免水流对水工建筑物施工的不利影响，以保证工程顺利施工。并且，在施工期间要尽可能减小对通航、筏运、渔业、供水、灌溉或水电站运行等的影响。

施工过程中水流控制设计的主要内容有：选定导流标准，确定导流时段，决定导流设计流量；选择导流方案及导流建筑物的型式，确定导流建筑物的布置、构造和尺寸；拟定导流建筑物的修建、拆除、堵塞的施工方法，以及截断水流、拦洪度汛和基坑排水的措施等。

正确合理的水流控制，可以加快施工进度，降低工程造价。否则会使工程施工遭受意外的障碍，拖延工期，增加投资，甚至会引起工程失事。

二、施工导流的基本方法

在河流上修建水利工程时，为了使水工建筑物能在干地上进行施工，需要用围堰围护基坑，并将水流引向预定的泄水建筑物往下游宣泄，这就是施工导流。施工导流的基本方法，常分为全段围堰法和分段围堰法两类。

（一）全段围堰法导流

全段围堰法导流就是在河床主体工程的上、下游各建一道围堰拦断河流，使河水经河床以外的临时泄水道或永久性泄水建筑物下泄。主体工程建成或接近建成时，再将临时泄水道封堵。此法多用于无通航要求的中、小河流上。

全段围堰法按其泄水道的类型区分，有下列几种方式：

(1) 隧洞导流　在河谷狭窄、山岩坚实、两岸地形陡峻的河流中，采用隧洞导流较为普遍（图 12-1）。导流隧洞通常结合永久隧洞统一布置和设计。

(2) 明渠导流　在岸坡较缓并有较宽广的滩地，或者岸坡上有溪沟可以利用时，常采用明渠导流方式（图 12-2）。当河流弯曲，可用渠道裁弯取直时，采用此法导流更为有利。

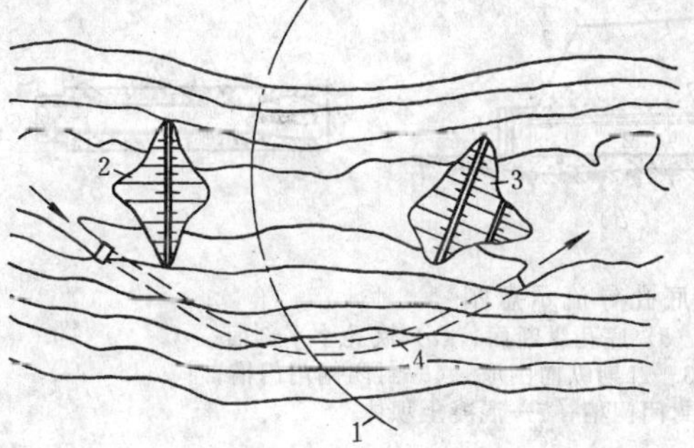

图 12-1　隧洞导流

1—水工建筑物轴线；2—上游围堰；3—下游围堰；4—导流隧洞

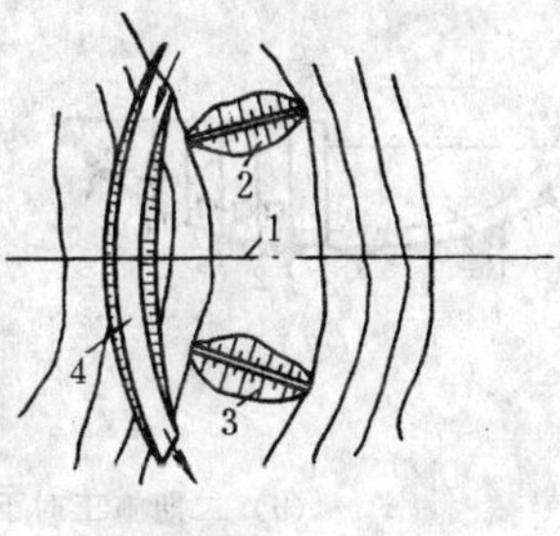

图 12-2　明渠导流

1—水工建筑物轴线；2—上游围堰；3—下游围堰；4—导流明渠

(3) 渡槽导流　渡槽导流（图 12-3）多用于河道流量小，河床窄，导流期短的中、小型工程。渡槽一般为木制或装配式钢筋混凝土矩形槽。

(4) 涵管导流　涵管导流（图 12-4）一般在修筑土坝、堆石坝等工程中采用。涵管通常布置在河岸岩滩上，其位置常在枯水位以上，待涵管建成后再建上、下游围堰，将河水引经涵管下泄。

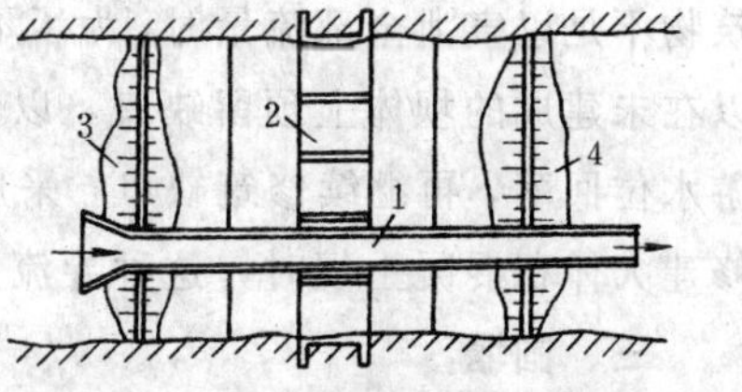

图 12-3　渡槽导流示意图

1—渡槽；2—坝体；3—上游围堰；4—下游围堰

（二）分段围堰法导流

分段围堰法导流，是用围堰将河床分期分段围护起来进行施工（图 12-5）。这种方法一般适用于河道较宽阔、流量大、施工期较长的工程中。在通航河道上，当河道不允许断流时，它是惟一可行的方法。

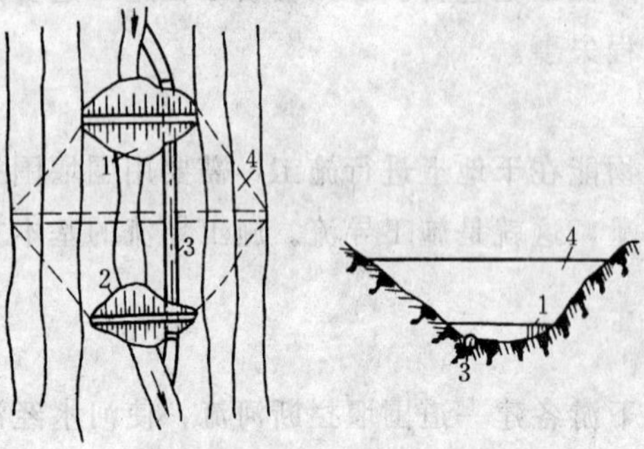

（a）　（b）

图 12-4　涵管导流示意图

（a）平面图；（b）上游立视图

1—上游围堰；2—下游围堰；3—涵管；4—坝体

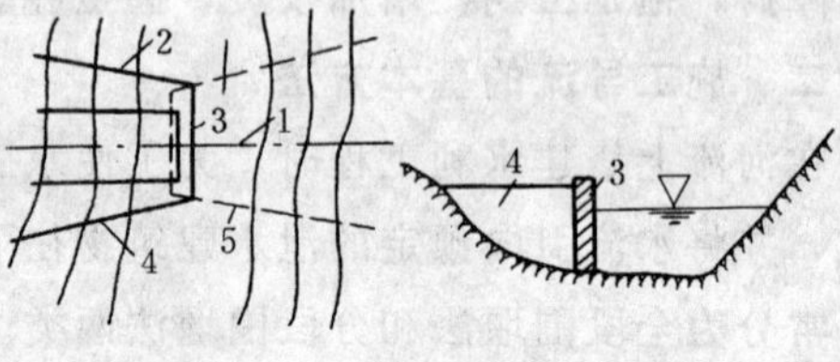

（a）　（b）

图 12-5　分期导流示意图

（a）平面图；（b）剖面图

1—坝轴线；2—上横围堰；3—纵向围堰；4—下横围堰；5—第二期围堰轴线

这种导流方法，前期可由束窄的河道泄水，后期可利用修建好的泄水道导流，其类型有：

（1）底孔导流　先在混凝土坝体内修好临时底孔或永久底孔，二期围堰时让全部或部分水流通过底孔宣泄到下游，保证工程继续施工。如系临时底孔，则在工程接近完工或需要蓄水时加以封堵，如图 12-6 所示。

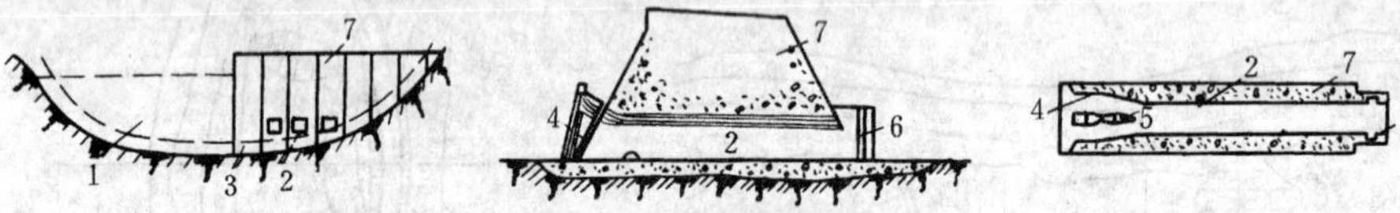

（a）　（b）　（c）

图 12-6　底孔导流示意图

（a）二期施工时下游立视图；（b）底孔纵断面；（c）底孔水平剖面

1—二期修建坝体；2—底孔；3—二期纵向围堰；4—封闭闸门门槽；5—中墩；6—出口封闭门槽；7—混凝土坝体

采用底孔导流，挡水建筑物上部的施工不受水流的干扰，有利于均衡连续施工，这对修建高坝特别有利。

（2）坝体缺口导流　混凝土坝枢纽施工过程中，当汛期洪水暴涨暴落，而其他导流建筑物不足以宣泄全部流量时，为了不影响坝体施工进度，使大坝在涨水时仍然继续施工，可以在未建成的坝体上预留缺口，以便配合其它导流建筑物宣泄洪峰流量。待洪峰过后，上游水位回落，再继续修筑缺口。采用不同高程的缺口时，其高差以不超过 4～6m 为宜，在修建大体积混凝土坝时，这种导流方法常被采用。

三、围堰

围堰是导流工程中的临时挡水建筑物，用来围护施工中的基坑。在导流任务完成以后，如果围堰对永久建筑物的运行有妨碍，应予拆除。

围堰除满足一般挡水建筑物的要求（如稳定性、防渗性和抗冲性）外，还应要求工程量小、结构简单、施工方便和便于拆除等。

在我国水利工程中，土石围堰和混凝土围堰，采用较多。此外，还有草土围堰、木笼围堰、板桩围堰等。

(1) 土石围堰　土石围堰的断面形式如图 12-7 所示。它可以利用当地材料或废弃的土石方填筑，并可在流水中和有覆盖层的河床上建筑，构造简单，施工方便。但这种围堰一般不允许堰顶过水。

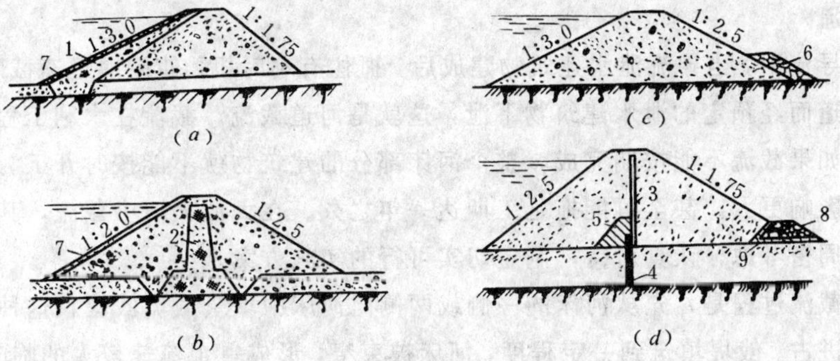

图 12-7　土石围堰

(a) 粘土斜墙围堰；(b) 粘土心墙围堰；(c) 均质壤土围堰；(d) 木板心墙围堰
1—斜墙；2—心墙；3—木板心墙；4—钢板桩防渗墙；5—粘土；6—压重；
7—护面；8—滤水棱体；9—反滤层

(2) 混凝土围堰　混凝土围堰常用于岩基上的水利工程。这种围堰的抗冲和抗渗性能好，挡水水头高，底宽小，易于与永久性混凝土建筑物相连接，必要时还可以过水。目前，多数工程以重力式混凝土围堰作纵向围堰，作为第一期和第二期围堰的共同部分，工程竣工后，以它作为电站坝段和溢流坝段之间的永久性隔墙，如图 12-8。

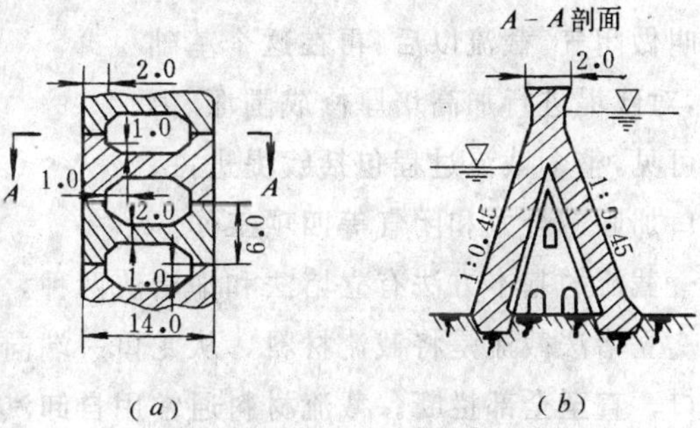

图 12-8　混凝土纵向围堰（单位：m）

(a) 平面图；(b) A-A 剖面

四、导流设计流量的确定

导流设计流量是设计导流建筑物的依据。它是按照导流时段，根据导流设计洪水标准来加以确定的。

(1) 导流标准　导流设计洪水标准，应根据工程的等别，确定导流建筑物的级别，再据以决定相应的设计洪水标准。导流建筑物的设计洪水标准见表 12-1。

(2) 导流时段　导流时段是根据各个施工阶段对导流的要求，而决定的必须的保证导流安全的时间。一般地说，土石坝是不允许溢水的，如果在一个枯水期不能达到拦洪高程时，导流时段就要考虑以全年为标准，其导流设计流量，就应是已定设计频率对应的全年最大洪水流量。若导流建筑物只须担负枯水期的挡水或泄水任务，显然可以大大减少导流

表 12-1 导流建筑物的设计洪水标准

工程等别		一	二	三	四
导流建筑物的级别		3	4	4	5	5
洪水重现期（年）	土石建筑物	50～30	30～20	30～20	20～10	20～10
	混凝土、浆砌石建筑物	20～10	10～5	10～5	5～3	5～3

建筑物的工程量，改善导流建筑物的工作条件，具有明显的技术经济好处。因此，合理确定导流时段，是既安全又经济地完成导流任务的关键。

五、截流

在施工导流中，当导流泄水建筑物建成后，抓住有利时机，使围堰迅速截断河床水流，迫使河水改道而经预定的泄水建筑物下泄，这就是河道截流。截流在水利工程施工中是十分重要的，如果截流不能按期完成，整个河床部分的建筑物就不能按时开工。一旦截流失败，造成的影响更大，甚至可能拖延工期达一年之久。在大江大河中截流，其难度是相当大的，必须周密考虑，认真对待，制定切实可行的实施方案。

一般的截流过程是，先从河床的一侧或两侧向河床中填筑截流戗堤，这种向水中筑堤的工作叫做进占。戗堤填筑到一定程度，河床被束窄，形成一个流速较大的临时过水缺口，这个缺口称为龙口。封堵龙口的工作叫做合龙。在合龙开始之前，为了防止龙口处河床或戗堤两端被水流冲刷，应在龙口处及戗堤端头作防冲设施予以加固。合龙以后，戗堤本身仍是漏水的，须在其迎水面设置防渗设施，在戗堤全线设置防渗设施的工作叫做闭气。截流以后，再在这个基础上，对戗堤进行加高培厚修成围堰。由此可见，整个截流过程包括戗堤进占、龙口加固、合龙和闭气等四项工作。

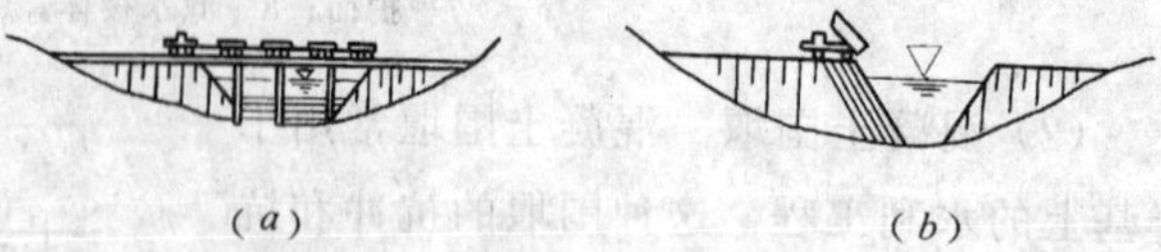
(a)　　(b)

图 12-9　截流方式
(a) 平堵法；(b) 立堵法

截流的基本方法有立堵法和平堵法两种，如图 12-9 所示。

立堵法截流是将截流材料，从龙口一端向另一端或从两端向中间抛投进占，逐渐束窄龙口，直至全部拦断。截流材料通常用自卸汽车在进占戗堤的端部直接卸料入水，个别巨大的截流材料也有用起重机辅助吊放入水的。

· 平堵法截流事先要在龙口架设浮桥或栈桥，用自卸汽车在沿龙口全线的浮桥或栈桥上，均匀地逐层抛填截流材料，直至戗堤高出水面为止。

截流材料的选择，主要取决于截流时可能发生的流速及工地上现有起重、运输设备的能力。一般应尽可能就地取材。块石是截流的基本材料，其他有如块石串、装土草袋、装石铁丝笼、装石竹笼、梢卷等。当截流水力条件较困难时，有时须使用混凝土六面体、四面体、四脚体及钢筋混凝土构架，如图 12-10 所示。

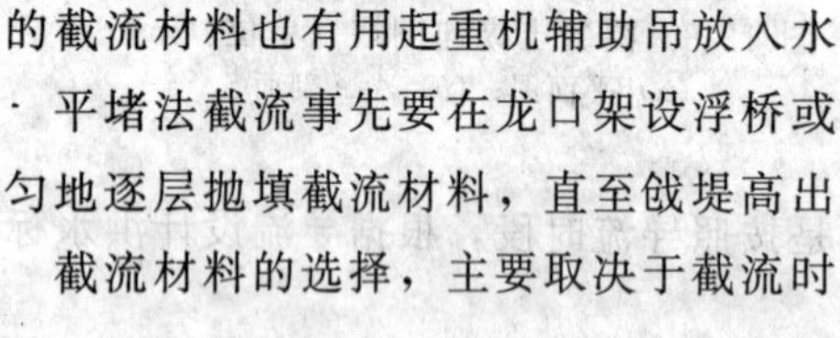
(a)　(b)　(c)　(d)

图 12-10　预制抛投体
(a) 混凝土六面体；(b) 混凝土四面体；(c) 混凝土四脚体；(d) 钢筋混凝土构架

截流多在枯水期进行，截流时间一般不长，可根据工程的重要性，采用截流时期频率

$P=5\%\sim10\%$（20 年～10 年一遇）的旬或月平均流量作为截流设计流量。

第三节　基坑基本工作、抽水与降低地下水位

一、基坑的基本工作

水工建筑物对地基的要求非常严格，不仅要求地基有足够的强度和稳定性，而且还要求具有一定的不透水性。因此，做好基坑工作是保证工程质量的首要环节。基坑基本工作，一般包括基坑排水、基坑开挖和地基处理。

基坑开挖和地基处理，应严格依据设计的要求，拟定施工方案。并作好实施前的各项准备工作，包括施工放样，场内的运输线路，障碍物的清除，机械设备与劳动力的准备，以及施工需用的风、水、电等的供应等等。

二、基坑排水

在围堰合龙闭气以后，须立即进行基坑排水工作。基坑排水一般又分为两个阶段，即基坑开挖前的初期排水和基坑开挖及建筑物施工过程中的经常性排水。

(1) 初期排水　初期排水是指排除围堰闭气后的基坑积水。初期排水的排水量一般可按基坑积水的 4～10 倍估算。排水时间主要受基坑水位允许下降速度的限制。基坑水位的允许下降速度视围堰型式、地基特性及基坑内水深而定。水位下降太快，则围堰或基坑边坡中渗水压力过大，容易引起坍坡；下降太慢，则影响基坑施工进度。因此，基坑水位下降速度一般限制在每日 0.5～1.0m。

根据初期排水流量即可确定所需的排水设备容量。由于排水量很难估算准确，且机械设备可能发生故障，因此水泵至少应有 20%～100%的备用率。并且，要妥善地布置水泵站，避免施工干扰，减少人力、物力的浪费。

(2) 经常性排水　经常性排水是指在基坑开挖和建筑物修建的过程中，排除基坑内的渗水、雨水，以及冲洗基岩和养护混凝土的废水等。

基坑内的积水排干后，围堰内外的水位差增大，渗透流量相应增大，这时容易引起管涌或流土，造成围堰、基坑塌坡和基坑面土壤松散的严重后果。因此，初期排水工作完成后，应不断地进行经济性的排水，避免基坑再次被淹。

经常性排水系统的布置，常须考虑两种不同的情况，一种是基坑开挖过程中的布置；一种是基坑开挖完成后修建建筑物时的布置。当然，最好能用一种布置来完成这双重任务，并使排水系统尽可能不影响其他施工。

基坑开挖过程中布置排水系统，应以不妨碍开挖和运输工作为原则。一般常将排水干沟布置在基坑中部，以利两侧出土，如图 12-11 所示。通常保持干沟深度为 1.0～1.5m，支沟深度为 0.3～0.5m。集水井布置在建筑物轮廓线以外，井底应低于干沟的沟底。

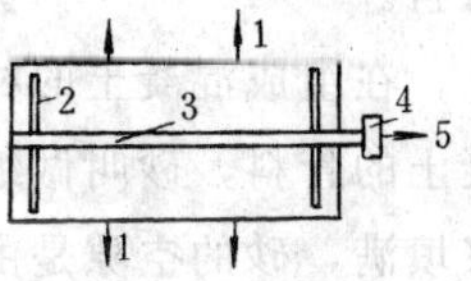

图 12-11　基坑开挖过程中排水系统的布置

1—运土方向；2—支沟；3—干沟；4—集水井；5—抽水

修建建筑物时的排水系统，通常都布置在基坑的四周，如图 12-12 所示。排水沟应布置在建筑物轮廓线的外侧，且距离基坑边坡坡脚不小于 0.3～0.5m。集水井布置在建筑物轮廓线以外较低

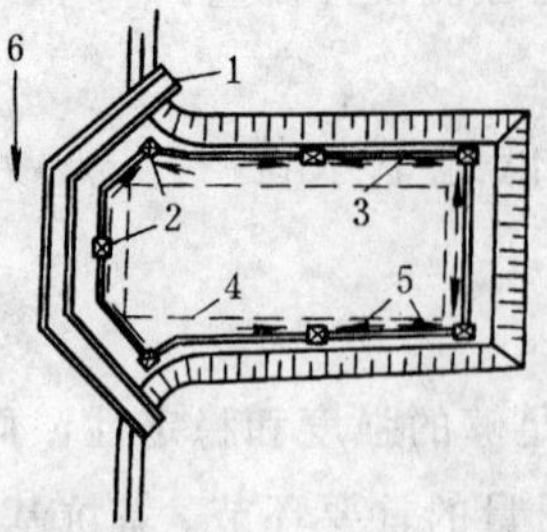

图 12-12　修建建筑物时基坑排水系统的布置

1—围堰；2—集水井；3—排水沟；4—建筑物轮廓线；5—水流方向；6—河流

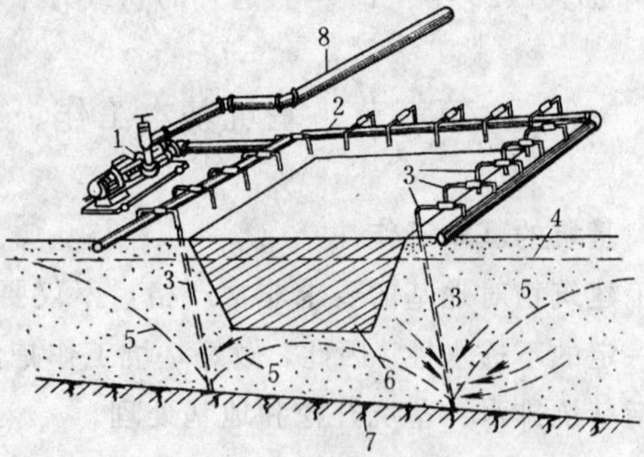

图 12-13　轻型井点系统

1—带真空泵和集水箱的离心式水泵；2—集水总管；3—井管；4—原地下水位；5—排水后水面降落曲线；6—基坑；7—不透水层；8—排水管

的地方。它与建筑物的外缘的距离必须大于井的深度。井的容积至少要能保证水泵停机10～15min，井中的水不致漫溢。经常性排水的排水量最好由抽水试验确定。

三、人工降低地下水位

在经常性排水过程中，为了保持基坑开挖工作始终在干地上进行，常常要多次降低排水沟和集水井的高程，变换水泵站的位置，影响开挖工作的正常进行。此外，在开挖细砂土、砂壤土一类地基时，随着基坑底面的下降，坑底与地下水位的高差愈来愈大，在地下水渗透压力作用下，容易产生边坡脱滑、坑底隆起等事故，对开挖工作带来不利影响。

采用人工降低地下水位，可以避免上述缺点。人工降低地下水位的基本作法是，在基坑周围钻设一些井，地下水渗入井中后，随即被抽走，使地下水位线降到开挖的基坑底面以下。人工降低地下水位的方法，按排水工作原理又可分为管井法和井点法两种。管井法是单纯重力排水，即地下水在重力作用下流入井中，用水泵抽走。井点法则还附有真空排水作用，如图12-13所示。

第四节　水工混凝土与水工砂浆

一、水工混凝土

水工混凝土是用水泥、水、砂和石子四种主要材料，按照适当的配合比配料，用人工或机械搅拌均匀，浇灌到模型内捣固密实，经过一定时间的养护、硬化而成的坚固的建筑材料。

在组成混凝土的材料中，水泥加水成为灰浆，它是混凝土中的胶凝成分。砂、石是混凝土的骨料，砂叫做细骨料，石子叫做粗骨料。密实的混凝土中，石子的空隙是由砂及灰浆填满，砂的空隙是由灰浆填满的。灰浆起化学变化，逐渐硬化成水泥结石，把砂和石子牢固地胶结成一个整体。

（一）水工混凝土的特点

水工混凝土与普通混凝土比较，具有下述特点：

（1）具有良好的抗渗性与抗侵蚀性　坝或闸在水中工作，在水压力的作用下，水会通过坝（闸）体向下游渗透，溶解混凝土中的游离石灰质，影响工程寿命。因此，要求水工混凝土具有较好的抗渗性和抗侵蚀性。

（2）能抗冲耐磨且有良好的抗冻性　溢流坝、泄水闸、排砂底孔等，需经受高速水流及泥沙的冲磨作用，这就要求水工混凝土能够抗冲耐磨。在水位变化区，需经受冻融循环的作用，故抗冻性比普通混凝土要求高。

（3）水化热低有利于防止温度裂缝　水工建筑物不少是大体积的，由于体积大不易散热，容易使混凝土产生温度裂缝。因此要求采用水化热较低的水泥，并且在施工过程中要采取防止温度裂缝的措施。

（二）混凝土的强度标号

《水工混凝土施工规范》（SDJ207—82）规定，混凝土的强度标号，是按规定方法制成20cm×20cm×20cm的立方体试件，在标准条件下养护28d，根据其抗压强度（以MPa为单位），划分为C7.5、C10、C15、C20、C25、C30、C40、C50等8种标号。其中常用的是C10、C15、C20及C25号混凝土。标号C10表示它的抗压强度范围是10～14.9MPa，其它指标均满足相应要求的混凝土。

混凝土的强度是随着混凝土的养护龄期逐步增长的。在正常养护条件下，混凝土的强度在最初7～14d以内增长较快，以后逐渐缓慢，28d以后增长较慢。事实表明，如果条件适宜，混凝土的强度增长可以延续几十年。

有的工程，混凝土浇筑后不会很快挡水，为了节约水泥，有时设计上不用28d的强度，而用90d或180d的强度。

（三）水工混凝土的耐久性指标

水工混凝土，除了要求具有设计的强度，能够保证建筑物安全承受荷载外，还要求能够经久耐用。这就要求它具有抗渗、抗冻、耐磨和抗侵蚀的能力。混凝土的抗渗、抗冻能力，用抗渗、抗冻标号来表示。

混凝土的抗渗标号有S_2、S_4、S_6、S_8、S_{10}及S_{12}等6种。例如S_8，表示养护28d的标准试件，开始承受1个大气压的水压力，以后每隔8h增加1个大气压，一直加到承受8个大气压的水压力（800kPa）时，一组6个试件中有4个试件没有发现渗水现象。

混凝土的抗冻标号有D_{50}、D_{100}、D_{150}、D_{200}、D_{250}和D_{300}等6种。例如D_{50}，表示养护28d的试件，经受50次冻融循环作用后，强度降低不超过25%。

混凝土的耐磨性和抗侵蚀性，现在还没有统一的试验方法和衡量指标，在施工时应按照设计要求去办。一般来说，混凝土的抗压强度高，密实，表面光滑，则耐磨性好。采用抗侵蚀性强的水泥，或使混凝土密实度提高，或掺用加气剂以破坏渗水孔道等措施，均可提高混凝土的抗侵蚀性。

（四）水工混凝土的组成材料

（1）水泥　水工混凝土常用的水泥主要有普通水泥、大坝水泥和矿渣大坝水泥。各种水泥的性能比较见表12-2。

对于水泥需要了解以下几个技术指标：

表 12-2　　　　　　　　　　**各种水泥的性能比较**

水泥品种	特点		适用范围	
	优　点	缺　点	适用于	不适用于
普通水泥	早期强度高 低温下凝结快 抗冻性好	耐侵蚀与抗渗性差	(1)混凝土及钢筋混凝土各种结构要求抗冻部位； (2)早期强度要求高的混凝土	(1) 大体积混凝土； (2)受化学侵蚀的部位
大坝水泥	水化热低 抗溶出性及抗侵蚀性较好 抗冻耐磨性好	早期强度低于普通水泥	大坝溢流面，水位变化区的表层混凝土	一般混凝土及钢筋混凝土工程
矿渣大坝水泥	水化热更低 后期强度增长快	抗冻耐磨性差 初期强度低 粘聚性差，常有泌水现象	大坝内部混凝土以及水下部位的表层混凝土	(1)一般混凝土及钢筋混凝土； (2)有抗冻耐磨要求的部位

1）标号：普通水泥分为 225、275、325、425、525、625 等六个标号；大坝水泥分为 325、425、525 三个标号；矿渣大坝水泥分为 225、325、425 三个标号。水泥的标号是把水泥、标准砂、水按规定的比例拌和，制成标准试件，在标准条件下养护 28 天后，作抗压强度试验而得。

2）细度：水泥的细度是指水泥颗粒的粗细程度。水泥越细，性能越好。水泥细度通常用筛析法测定。对硅酸盐水泥细度的标准要求是，在 0.08mm 的方孔筛上的筛余量不得超过 15%。它是检定水泥品质的主要项目之一。

3）凝结时间：水泥加水拌和后成为水泥浆，具有可塑性。经过一段时间，浆体可塑性开始降低，通常认为这是凝结的开始，称为“初凝”。自加水时起到开始凝结所需的时间，称为初凝时间。初凝之后，塑性越来越降低，又经过一段时间后，浆体变为固体状态；失去塑性，通常认为这是“终凝”。自加水时起到终凝所需的时间，称为终凝时间。我国水泥标准规定：水泥的初凝时间一般不得早于 45min，终凝时间一般不得迟于 12h。实际上，我国生产的水泥，初凝时间为 1～2h，终凝时间为 5～8h。这样既能保证足够的施工工作时间，也不至于使后一步的施工工作受到很大影响。

(2) 骨料　拌制混凝土的骨料，总的要求是质地坚硬、清洁、级配良好。骨料中粒径在 0.15～5mm 的是砂，粒径大于 5mm 的是石子，对石子和砂又有不同的要求。

1）石子：石子是混凝土中的粗骨料，常用的有碎石和卵石两种。二者各有特点，应本着就地取材与工程需要的原则来选用。

一般规定石子中的含泥量不超过 1%，石子的形状以近于卵形或正方形为好，针状（长度大于宽度三倍）的或片状（宽度大于厚度三倍）的颗粒含量应不超过 15%。卵石中软弱颗粒应不超过 5%（水位变化区）或 10%（其他混凝土）。至于要求抗冲、耐磨的混凝土基本上不允许含软弱颗粒。

为了得到质量好、水泥用量省的混凝土，骨料的级配起很大的作用。所谓级配，就是指大小颗粒的搭配情况。搭配得好，骨架的空隙小，混凝土密实，水泥也省。

通常用筛分的方法，把石子料分成几级，以便控制级配。粒径5～20mm的叫小石子，粒径20～40mm的叫中石子，粒径40～80mm的叫大石子，粒径80～150mm的叫特大石子。我们常说的一级配的混凝土就是只用小石子配制的混凝土；二级配只用小石子和中石子，三级配只用小石子、中石子和大石子，四级配就是小石子、中石子、大石子和特大石子全用。各级石子的适当比例要通过试验决定。

2）砂：砂是混凝土中的细骨料，一般采用天然砂，只有当缺乏合格的天然砂时，才采用坚硬岩石磨细的人工砂。

砂的粗细程度常用细度模数来表示。细度模数是用筛分法来测定的，即将通过5mm筛的砂样烘干，称取500g，再用一套孔径为2.5、1.2、0.6、0.3mm和0.15mm的标准筛，由大到小顺序过筛，称出筛子上的砂重，并计算出"累计筛余"百分数。则

$$砂的细度模数（F.M.）=\frac{各筛累计筛余百分数总和}{100}$$

例如，某砂样的筛分结果如表12-3。

表12-3　砂的筛分举例

筛孔尺寸（mm）	分计筛余		累计筛余（%）
	重量（g）	百分数（%）	
5.0	0	0	0
2.5	70	14	14
1.2	120	24	38
0.6	120	24	62
0.3	100	20	82
0.15	60	12	94
通过0.15mm的部分	30		
总　计			290

由表12-3可得

$$细度模数（F.M.）=\frac{14+38+62+82+94}{100}=2.9$$

由此可见，如果砂的粗粒多，细度模数必定大，细粒多细度模数必定小。按照细度模数的大小，可将砂分为粗砂（F.M.＞3.2）、中砂（F.M.＝2.5～3.2）、细砂（F.M.＝1.8～2.5）。

水工混凝土用砂的细度模数，一般在2.3～3.1之间较为适宜。因为砂过粗，容易产生离析、泌水现象，混凝土浆的粘聚性不好；砂过细，虽然粘聚性好，但耗费的水泥要多。

砂中如果含有泥土及其他有害杂质，也应通过试验加以控制，不能超过允许含量。砂中的粘土淤泥等可用清水冲洗，以减少其含量。

3）水：凡适于饮用的水，都可以直接作为混凝土拌和用水。工业废水、污水及沼泽水不能使用。

水和水泥拌成灰浆，一部分水和水泥起化学变化，凝结硬化使混凝土产生强度，起这种作用的水，一般只有水泥重量的15%～25%；另一部分水起砂石的润滑作用，使混凝土具有较好的和易性，便于施工。混凝土凝结后，多余的水将逐渐蒸发而留下空隙，这对混

凝土的抗渗性和强度都不利。因此，在施工中切忌任意加水。

4）外加剂：拌制混凝土时加入极少量的外加剂，可以改善混凝土的性能，方便施工，节约水泥。常用的外加剂有加气剂、塑化剂和促凝剂。

我国目前常用的加气剂主要有松香热聚物和松脂皂。掺入量一般为水泥重量的万分之0.6～1.2。拌和混凝土时掺入加气剂，能产生大量互不连通而稳定的微细气泡，可以改善混凝土的和易性，提高混凝土的抗渗性及抗冻性。其缺点是使混凝土的强度和耐磨性略有降低。

塑化剂能够改善混凝土的和易性，推迟初凝时间，而不降低强度，所以，采用得很广泛。目前常用的塑化剂是纸浆废液，掺入量一般为水泥重量的0.1%～0.3%。

促凝剂的作用是促进混凝土的凝结硬化，提高早期强度。常用的是氯化钙，掺用量为水泥重量的1%～3%。氯化钙对钢筋有腐蚀作用，一般钢筋混凝土结构中，氯化钙的掺入量不宜超过水泥重量的2%，对于钢丝网水泥制品一般不掺氯化钙。

二、水工砂浆

水工建筑物中，经常性或周期性与水接触的部位所用的水泥砂浆，称为水工砂浆。水上部分或砌体内部，可以考虑用水泥石灰砂浆、水泥粘土砂浆或石灰砂浆。水工砂浆主要有砌筑块石用的砂浆、接合面铺筑用的砂浆、修补混凝土用的砂浆和钢丝网水泥制品用的砂浆等。

砂浆和混凝土在组成上的差别仅在于没有粗骨料。因此，砂浆对原材料质量的要求，如水泥品种和标号、砂的质量及拌和用水等，同混凝土基本相同。但由于砂浆是以薄层使用，所以砂子最大粒径要求小于砂浆层厚度的1/4～1/5。掺用石灰或粘土时，石灰和粘土应加工成膏状或粉状使用，不得含有团块。粘土中还不得含有过多对水泥有害的成分，如有机物和硫酸盐等。

（一）新拌砂浆的性质

新拌砂浆必须具有良好的和易性。和易性良好的砂浆，不仅在运输和施工过程中不易产生分层、析水现象，而且容易在砖石上铺成均匀的薄层，并能与底面很好粘结，既便于施工，又能提高砌体的质量。砂浆的和易性，取决于它的流动性和保水性。

砂浆的流动性应根据砌体的种类、施工方法和气候条件来加以选择。当胶凝材料和砂料用量一定时，砂浆的流动性主要取决于用水量，并随用水量的增多而增大。

砂浆的保水性是指砂浆保存水分的能力。保水性良好的砂浆，在运输过程中不容易泌水离析，砌筑时水分损失较慢，能保持较好的和易性，可使砌体灰缝填筑均匀密实，与砖石粘结牢固。但保水性过强的砂浆不宜用作抹面砂浆，因易发生干缩裂缝。

（二）硬化砂浆的性质

硬化砂浆的主要性质包括抗压强度、粘结强度和耐久性。

(1) 抗压强度　砂浆必须具有一定的抗压强度。砂浆的强度标号是以边长为7.07cm的立方体试件，在标准条件下养护28天后，按其抗压强度划分的。水工上常用的砂浆标号有M2.5、M5、M10、M15、M20等。对于受水压作用的砌体，砂浆标号一般应不低于M5。

(2) 粘结强度　为了保证砌体的整体性，砂浆与砖石必须粘结牢固，即应有一定的粘结强度。影响粘结强度的因素有：抗压强度、组成材料、砖石的湿度、表面状态、砌筑和养护条件等。一般说来，砂浆的粘结强度随其抗压强度的增大而提高。

(3) 耐久性　水工砂浆经常受环境水的作用，因此要求具有抗渗、抗冻、抗冲刷、抗侵蚀等性能。影响砂浆耐久性的因素与混凝土基本相同。提高耐久性的措施，主要是提高其密实性，其中，严格控制水灰比是一个重要措施。

第五节　水利工程建设中的主要工种

水利工程种类不一，建筑物形式多种多样，因此所用工种也各不相同。在众多的水利工程施工工种中，我们只能择其主要的作简单介绍。

一、土工

修建一般水工建筑物，如土堤、土坝、渠道、道路以及建筑物基坑开挖等，都有大量的土方工程。土方工程主要分挖方和填方两类。它的基本施工过程是挖掘、运输和填筑。为完成各个施工过程，可根据实际情况采用人工、机械、爆破或水力冲填等施工方法。

(一) 土方开挖

土方开挖既可人工挖土，也可机械开挖。

人工开挖一般多采用分层开挖。挖时宜由中心向两侧，先深后宽；边坡处按边坡比先挖成台阶状以控制边坡，待完工前再进行削坡。

土方开挖使用的机械主要有挖掘机械和铲运机械。挖掘机械一般分为单斗式和多斗式两类。单斗式挖掘机按其工作机构又分为：正向铲、反向铲、索铲、抓铲等，如图 12-14 所示。多斗式挖掘机有轮斗式及链斗式两种。铲运机械则能综合完成挖土、运土、卸土等工作。铲运机械按工作机构又分为推土机、铲运机、装载机和平地机等。

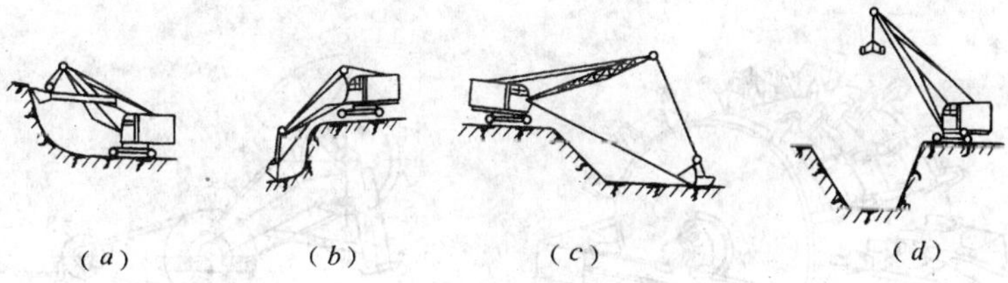

图 12-14　单斗式挖掘机工作装置的类型

(a) 正向铲；(b) 反向铲；(c) 索铲；(d) 抓铲

(二) 土方运输

施工现场的土方运输一般具有下述特点：运输线路多是临时性的，变化较大；几乎全是单向运输；运输距离较近；运输量和运输强度较大。

土方运输的主要类型有：①有轨运输，如标准轨（轨距 1435mm）、窄轨（轨距有 1000、762、610mm 三种）；②无轨运输，如汽车、拖拉机、胶轮车；③皮带机运输等。

有轨运输适用于运输量大，路线固定，且运距较远的情况。一般应通过技术经济比较来决定。

汽车操纵灵活，机动性大，对线路的技术要求不像有轨运输线路那样严格，因而在地形复杂，工作面狭窄条件下，常可获得较好的效果。汽车运输的运距一般不宜小于300m。拖拉机运输适用于运距短，道路不良的情况。胶轮车可分为单轮手推车和双轮架子车，容积一般为0.05～0.20m^3，运距以不大于1000m为宜。

皮带机是一种连续式运输设备，生产效率高，机身结构简单、轻便，造价低廉，需要动力功率小，可在运输途中任何地点卸料，可作水平和斜坡运输，而且可以改变运输方向。因此，适用于地形复杂，坡度较大，通过地带较狭窄和跨越深沟等情况，特别适用于运输大量粒状材料。

（三）土方压实

土方填筑一般应分层铺土压实。对于粘性土尚应掌握土料的含水量，使其处于最佳含水量上下，以利于土壤的碾压密实。工程中常用的压实机械有平碾（图12-15）、羊足碾（图12-16）、气胎碾、夯（图12-17）和震动碾等。

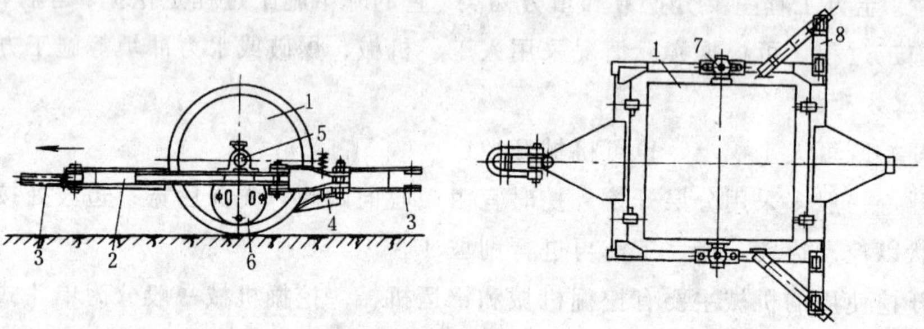

图12-15 平碾

1—滚筒；2—框架；3—连挂装置；4—刮土刀；5—滚筒轴；6—填料孔；7—轴承；8—挂其他滚碾用的角撑

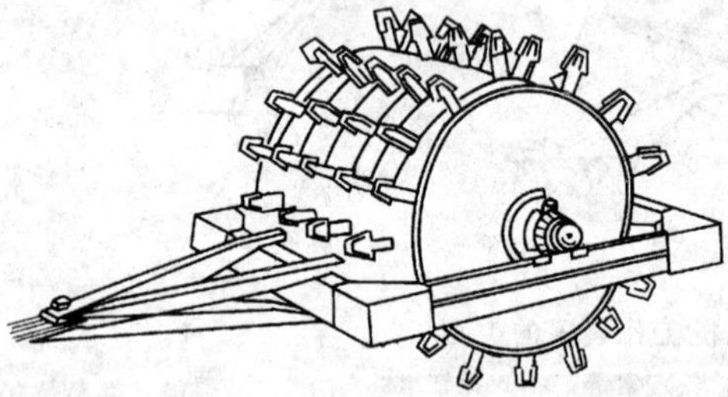

图12-16 羊足碾

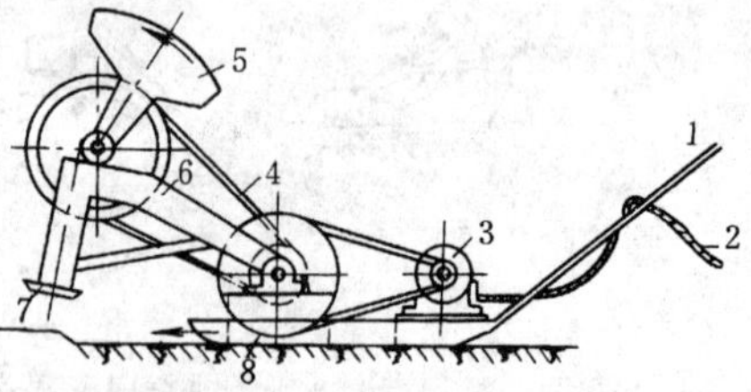

图12-17 蛙式打夯机

1—扶手；2—电线；3—马达；4—传动皮带；5—偏心块；6—连柄；7—夯头；8—底盘

二、爆破工

在水利工程建设中，常用爆破的方法来开挖基坑、掘进隧洞和开采石料。

（一）水利工程中常用的炸药

1. 锑恩锑（TNT）

锑恩锑又名三硝基甲苯，为淡黄色粉末或鱼鳞片晶体。难溶于水，可用于水下爆破。但粉末状TNT浸水后不能爆炸，应注意密封。TNT爆炸后产生有毒气体CO，黑烟大，故不能用于地下爆破工程。

2. 胶质炸药

胶质炸药又叫硝化甘油炸药，呈黄色，有可塑性。由于硝化甘油冰点很高（+13.2℃），在冻结后，只要稍有挤擦即发生爆炸，故安全性差。这种炸药威力大，抗水性强，适用于水下及地下爆破工程。

3. 铵锑炸药

主要成分为硝酸铵另加少量TNT和木粉混合而成。这种炸药为淡黄色粉末，有毒，但爆烟的毒气很少，可用于地下爆破工程。铵锑炸药敏感度小，火花或摩擦不易引爆，故较安全。但吸湿性强，易潮解结块，以致降低其敏感性和暴力。因此，在运输和使用过程中应注意防潮。

4. 黑火药

黑火药是我国历史上的四大发明之一，由硝石60%～75%、硫磺10%～15%和木炭15%～25%混合而成。它配制简单，价格低廉。黑火药的威力不大，一般用于爆破松软岩石。

（二）起爆器材

1. 起爆炸药

这类炸药多具有敏感度高和爆炸猛烈的性能，主要用作装填雷管或起爆其它炸药。常用的起爆炸药有雷汞。黑索金和泰安等。

2. 雷管

雷管是用来起爆炸药或传爆线的。雷管按起爆方式不同，分为火雷管和电雷管两种。火雷管由点燃的导火线起爆，电雷管则用电力起爆。

3. 导火线

导火线是用来起爆雷管和点燃黑火药的。根据燃烧速度不同，分为正常燃烧导火线（燃速100～120s/m）和缓慢燃烧导火线（燃速180～210s/m）。导火线必须注意保管，要防潮、防热、防油、防冻。在同一工地上禁止同时使用两种不同燃速的导火线。

4. 传爆线

传爆线又称导爆线，其索芯用高级烈性炸药制成，外涂红色与导火线相区别。传爆线难以点燃，须在其一端设雷管引爆，引爆后传爆线本体爆炸，爆速极高，有足够的能量引起药包爆炸。用传爆线起爆时，在药包内不装雷管，故比较安全。

（三）爆破的基本方法

在爆破工程中，根据工程的规模、施工条件和工程要求，可以采用不同的爆破方法。爆破的基本方法有浅孔爆破法、深孔爆破法和洞室爆破法等。

(1) 浅孔爆破法　深度小于5m，孔径小于75mm的浅炮孔，常用风钻造孔，装药爆破。这种方法设备简单，操作方便，可以适应各种地形，而又便于控制开挖面的形状和规格，故广泛应用于露天和地下爆破。但因生产效率低，不适用于大规模爆破工程中。

(2) 深孔爆破法　这种方法多用于开采石料和深基坑开挖。与浅孔法比较，单位体积所耗钻孔工作量和单位耗药量较少。一般孔径150～225mm，阶梯高度10～20m，常用冲击式钻机和潜孔钻造孔。

(3) 洞室爆破法　这种爆破法通常也称为大爆破。它是先开导洞及药室（一般采用浅孔爆破法开挖），在药室中一次爆破的装药量可达数百吨。洞室爆破法可以进行松动爆破或定向爆破。图 12-18 为洞室爆破布置图。

在水利水电工程施工中，除广泛采用上述爆破的基本方法外，还采用光面爆破、预裂爆破与定向爆破等现代爆破技术。现代爆破技术能根据施工要求，控制边线轮廓形状、石料块度大小、爆破抛掷方向等。

三、混凝土工

水工建筑物中除了各种类型的混凝土坝外，水闸、船闸、水电站厂房、各种引水、泄水建筑物等，都大量使用混凝土和钢筋混凝土，因而混凝土工程在水利水电建设中占有很重要的地位。

混凝土工程的施工环节多，工艺要求高，三材（水泥、钢材、木材）耗用量大，工程造价高。现以坝体混凝土工程为例，来说明其基本施工过程，如图 12-19 所示。

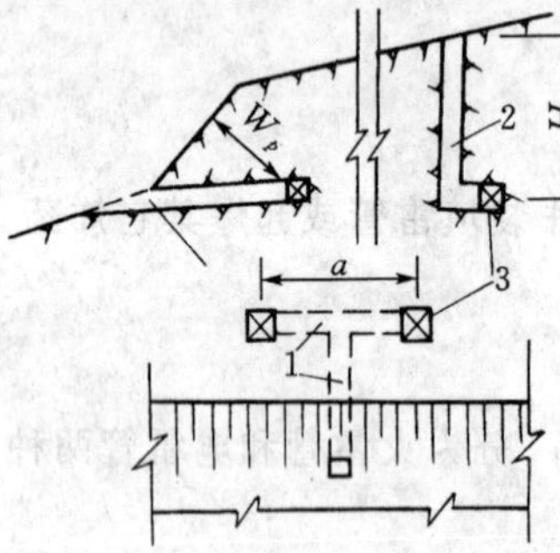

图 12-18　洞室爆破布置图

1—平洞；2—竖井；3—药室

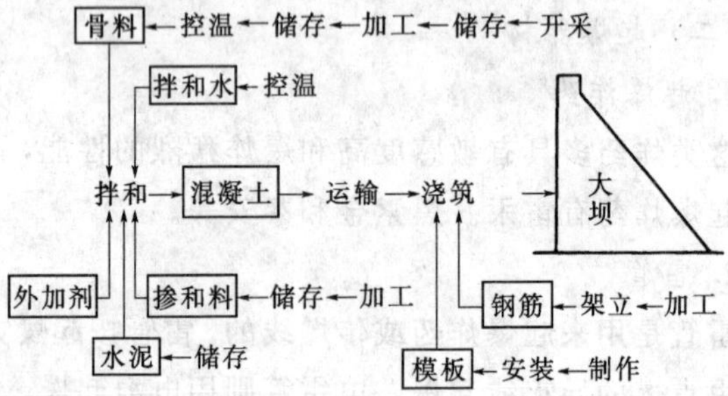

图 12-19　混凝土坝施工过程

其中主要的作业系统有三个方面：骨料生产系统、混凝土生产系统和混凝土运输系统。此外，还有一些辅助性作业和特殊作业，如模板作业，水下混凝土浇注作业，真空作业和冬季防寒作业等。

（一）骨料生产

砂石料在混凝土中起骨架作用，占混凝土重量的 80％以上，每立方米混凝土约需砂石骨料 1.3～1.5m^3，故混凝土工程需要开采和加工生产大量的砂石料。

骨料生产有下列两种基本类型：

(1) 天然骨料　采挖天然砂砾料，经冲洗筛分而成卵石和砂。

(2) 人工骨料　用爆破开采的块石，经人工破碎、筛分而成碎石或人工砂。

出此可知，混凝土骨料生产一般包括以卜工作：①开采；②加工（冲洗、筛分、轧碎等）；③存储；④运输。在大中型工程工地，往往需组成大规模机械化联合作业的骨料生产系统。

（二）混凝土生产

混凝土生产应按照设计配合比，将混凝土的各种材料（水泥、骨料、水、外加剂、掺和料等)，拌和成为均匀可供浇筑的混凝土料。大中型混凝土工程，往往必须用高度机械化方法生产混凝土料，并在其各个工艺环节上严格控制质量。

混凝土的生产过程和作业内容如下：

(1) 储料　把骨料、水泥、掺和料等材料运到拌和地点附近，放在骨料堆场和水泥仓库中贮存起来，以备随时取用。

(2) 供料　由料堆和水泥仓库等向配料设备供料。

(3) 配料　将混凝土的各种成分按设计配合比称量配料，并保证必要的称量精度。

(4) 拌和　将配好的一次拌和用料，送入混凝土拌和机进行均匀拌和，制成新鲜的混凝土料。

大型混凝土生产系统主要由骨料堆场、水泥仓库和混凝土拌和楼组成。拌和楼与料堆和仓库之间，用皮带运输机和水泥运送管道等内部运送系统相联结。另外，还常设有骨料预冷（或加热)、制冷及外加剂车间等。

(三) 混凝土的运输

为保证工程质量，混凝土在运输过程中应保持均一性与和易性，不离析，不漏浆，不发生初凝，无严重泌水，无大的温度变化。为此，运输中要减少转运次数和缩短运输时间。混凝土从拌制好到入仓不宜超过 45～60min。

坝体混凝土的运输通常有如下几种方式：

1) 从拌和楼到坝前的水平运输，常用窄轨运输，由柴油机车拖运 3～5 个平台车，上放混凝土罐。

2) 从坝前到浇筑仓的垂直运输，常用起重机械，如门式起重机、塔式起重机、缆式或履带式起重机等。

3)用汽车把混凝土由拌和楼直接运入浇筑仓，即用汽车同时完成水平运输和垂直运输。

4) 当拌和楼离浇筑地点不远时，可用皮带运输机直接完成混凝土运输的全过程。

(四) 混凝土的浇筑与养护

混凝土的浇筑是直接修建建筑物的施工过程，对工程质量具有决定性的影响。因此，浇筑过程的各个环节，都必须认真、仔细、重视质量。特别是要保证基岩面和施工缝结合良好，保持浇筑作业的连续性，以及切实做好平仓振捣工作。

混凝土浇筑的基本过程是：①进行浇筑前的准备工作；②混凝土料入仓铺料；③平仓和振捣；④养护。

(1) 混凝土浇筑前的准备工作　浇筑仓面的准备工作包括：基础面处理、施工缝处理、立模、架设钢筋等。

对岩石基础，须清除松动、软弱、尖峭和反坡岩面，用水和压缩空气冲洗，清除油污、泥土、杂物。总的要求是保证基岩面坚固、完好、清洁，使之与混凝土结合良好。对于砂砾地基，应将地面整平，浇 10～20cm 厚贫混凝土作垫层，以防漏浆。对于土基可用碎石垫底，上盖湿砂，并加以压实，再浇垫层。

施工缝是指新老混凝土的结合面。应将老混凝土表面的软弱乳皮清除干净，使其表面成为干净的有一定石子半露的麻面，以利新老混凝土的紧密结合。施工缝的处理方法有风砂枪喷毛、高压水冲毛、风镐凿毛和人工凿毛等。

模板、钢筋及预埋件安设须通过检查，使其规格、数量、尺寸、位置和稳固程度合格。

(2) 入仓铺料　开始浇混凝土前，可在基岩面或老混凝土面上铺一层水泥砂浆，厚1～3cm，铺浆应均匀，以保证结合面质量。

铺料的方法，一般采用平层浇筑法。混凝土按水平层次不间断地逐层铺填，直至规定的浇筑块高度为止，见图12-20。通常铺料厚度为30～60cm。当仓面面积大，供料能力不足时，可用斜层（鱼鳞式）浇筑法或阶梯浇筑法，如图12-21。斜层法由于平仓和振捣易使砂浆流动和离析，故斜度以不大于10度为宜。阶梯法对避免离析较好。阶梯层数不宜多于3～5层，阶梯长度不宜小于2～3m。这两种浇筑法的浇筑块高度一般不宜超过1.5～2m，其块体长度一般不受供应能力的限制。

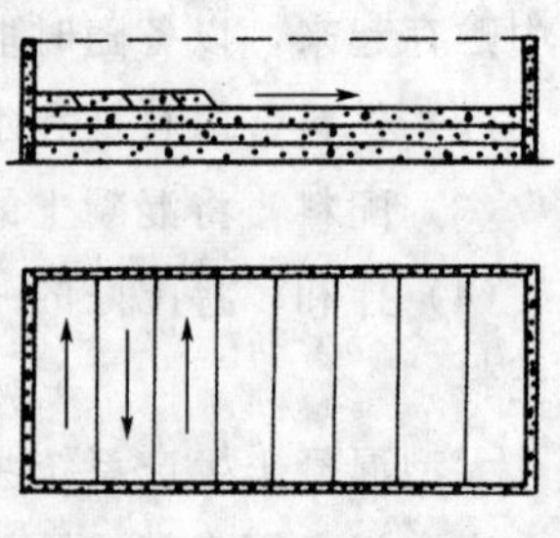
图 12-20　平层浇筑法

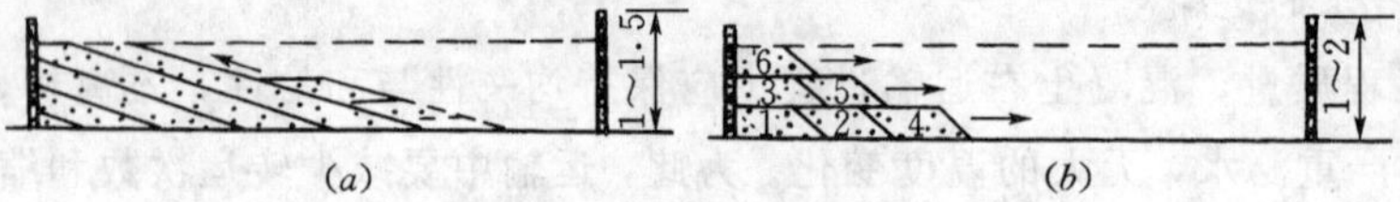

图 12-21　斜层浇筑法与阶梯浇筑法（单位：m）

(a) 斜层法；(b) 阶梯法

1、2…—阶梯浇筑顺序

(3) 平仓与振捣　平仓是把卸入仓内成堆的混凝土料摊平到规定的均匀厚度。平仓不好会造成漏振和骨料架空事故，严重影响混凝土质量。平仓多用插入式振捣器插入料堆顶部，借混凝土在振捣作用下的流态化自动摊平。也可用平仓振捣机进行，该机类似小型推土机，其刀片推土器用于平仓，另装有3～6支振捣器用于振捣。只有在振捣器不足的情况下，才用人工平仓。人工平仓一般使用铁锹，平仓距离不超过3m。

振捣是混凝土浇筑过程中的关键工序。混凝土在振捣器产生的高频率小振动的作用下，骨料间的摩擦力与粘结力大大降低，使干稠的混凝土获得流动性。在重力作用下，骨料相互滑动而紧密排列，空隙为砂浆填满，空气变为气泡上浮逸出，从而使混凝土密实，与钢筋紧密结合，并填满模板内部的空间。因此，振捣是保证混凝土质量和各项技术指标的根本措施。常用的振捣器为插入式，有电动硬轴式与电动软轴式，如图12-22所示。对于坝顶面、护坦表面、路面等工程，则用表面式振捣器振捣，表面能较为平整。

(4) 混凝土的养护　混凝土浇筑后必须进行养护，以保证混凝土质量和防止干缩裂缝出现。一般养护的时间随水泥品种、工程部位和气候条件等而不同。对普通硅酸盐水泥宜不少于14天；大坝水泥、矿碴大坝水泥，宜不少于21天。在国外，养护时间有长达6个月之久的。养护方法通常是在混凝土表面洒水，使之保持湿润状态。较好的方式是利用自动旋转的

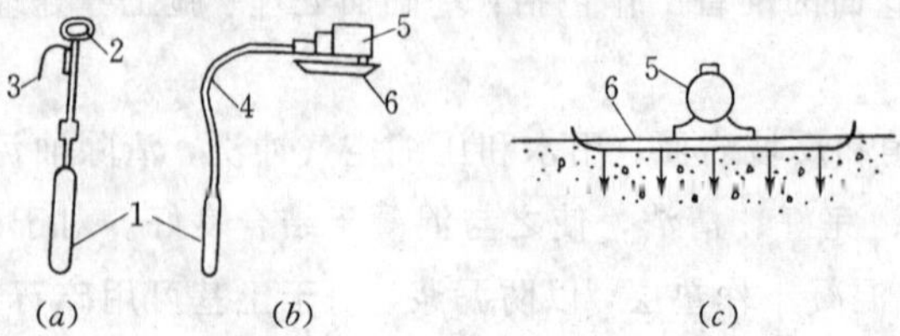

图 12-22　电动混凝土振捣器

(a) 硬轴插入式；(b) 软轴插入式；(c) 表面式

1—振棒；2—手柄；3—电缆；4—软轴；5—电机；6—底盘

喷头自行均匀洒水。冬季应防冻结，春秋季遇气温骤降，寒潮袭击时，应采取保暖措施。

(5) 混凝土浇筑质量检查 为了保证混凝土的质量，除了要有正确的混凝土配合比设计外，还要严格地控制施工质量。对混凝土施工质量的检查，多在拌和机口取样，在试验室内测定质量指标，按试件强度的离差系数或标准离差进行质量控制。取样须有代表性，最好在仓内也取一些样，进行对比试验，因为机口取样无法反映运输、浇捣中的影响。

四、砖石工

砖石工包括砌砖工和砌石工。砖砌体的主要缺点是强度低，在与水接触的工程中耐久性较差。砌石工程在水利工程中应用较广，其主要优点是可就地取材，造价低廉，施工技术容易为群众所掌握。

(一) 材料

常用的砖为普通粘土砖，质量优良的砖应棱角整齐，质地坚实，无裂缝翘曲，吸水率低，强度高，敲之有金属声。砖的标号有MU5、MU7.5、MU10、MU15、MU20、MU25、MU30等，吸水率12%～18%，标准尺寸为53mm×115mm×240mm。

石料应选用没有裂缝的未风化的坚硬石块，应质地均匀，表面清洁，强度大，吸水率小，有较好的抗蚀性，抗压强度不低于30MPa。

(二) 砌筑规则

砖石砌体的抗压强度较大，而抗拉及抗剪强度则仅为其抗压强度的1/10左右，因此砖石砌体常用于结构物的受压部位。砖石砌筑应遵守下列基本原则：

1) 砌体应分层砌筑，砌筑面力求与作用力的方向垂直，砌筑面的垂线与作用力的夹角不应超过15°～17°。

2) 砌块间的纵缝应与作用力的方向平行。

3) 上、下两层砌块间的纵缝必须互相错开，以保证砌体的整体性。

浆砌石常采用座浆法砌筑，即在砌筑面上先铺好砂浆，后将石安砌，并使灰浆挤紧。砌筑时须大面向下放稳，尽量使石块间的缝隙最小，再用灰浆填满空隙的1/3～1/2，用小石块挤填入灰缝中。每砌三层左右应大致找平一次。各段交界处应留成台阶，以便相互结合，保证建筑物的整体性。砌筑中断时，应对筑石层间的空隙用灰浆或小石子混凝土填满捣实，并予以遮盖。续砌时应清扫干净并洒水湿润。浆砌石的外露部分应进行勾缝。砌体完成后，须用草袋覆盖并洒水养护，养护时间一般不少于5～7d。

第六节 施工组织设计的内容与要求

一、施工组织设计的内容

施工组织设计是研究工程施工条件，选择施工方案，指导和组织施工的技术经济文件。在初步设计、技术设计和施工图设计等阶段，都要编制施工组织设计。它既是工程设计的必要组成部分，又是组织工程施工必不可少的依据。

在初步设计阶段，施工组织设计应提出下列成果：

1) 根据导流条件，选定导流建筑物，拟定施工期间度汛、灌溉、通航、漂木以及蓄水、发电等措施。

2）根据工程规模和特点，选定主体工程的施工程序、施工方法、工程安排、施工布置和主要施工机械。

3）拟定机电设备和金属结构的安装方案。

4）提出对外交通运输方案。

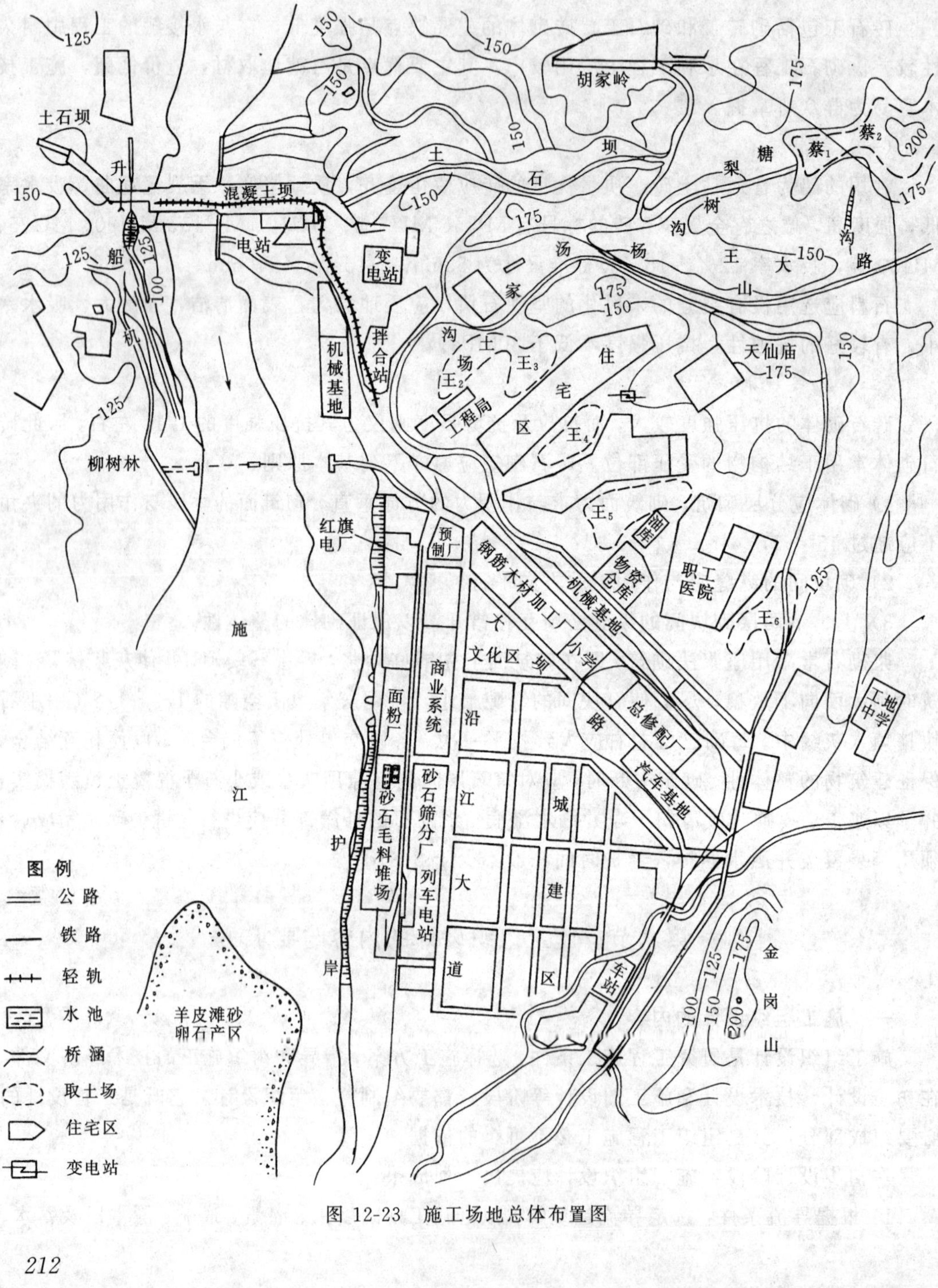

图 12-23　施工场地总体布置图

5）拟定主要施工辅助企业和大型临时设施的规模和布置。

6）拟定施工总进度，总布置和技术供应计划。

7）提出施工机构和人员配备的建议。

8）提出需要进行试验研究和补充勘测的建议。

在施工图设计阶段的施工组织设计，应根据批准的初步设计文件和补充勘测、试验、调查资料，以及相应的水工和机电等设计图纸，对初步设计阶段的施工组织设计，作进一步初充和落实。如果设计文件不能一次提出，或因工程施工需要新的安排时，也可编制阶段性的施工组织设计，如截流工程施工组织设计等。

二、施工组织设计的编制原则

编制施工组织设计，必须遵照国家关于发展国民经济的总方针和水利水电建设的技术政策，结合工程的实际条件，参照国内的实践经验，吸收国内外先进技术，加强调查研究，掌握基本资料，落实技术措施，使设计真正能够符合实际，符合多快好省的要求。

工程实践证明，编好施工组织设计，应该遵循以下基本原则：

1）施工组织设计应符合基本建设程序不同设计阶段的要求。施工总进度的安排应在保证工程质量和安全的前提下，使之符合高速度施工的要求。在处理与洪水做斗争的问题上，应该本着“力争主动，不误时机，进可攻，退可守，不打无把握的仗”的原则。

2）贯彻勤俭建国的方针。因地制宜，就地取材，节约建筑材料，降低工程成本；节约施工用地，尽量少占耕地。

3）制定技术措施和组织措施时，应符合保证工程质量和生产安全的要求。

4）坚持不断提高施工机械化水平的方向，选用效率高、效果好的施工机械；充分利用现有机械设备；节约劳动力，减轻劳动强度。

5）积极采用新技术及行之有效的技术革新和技术革命成果。

6）做好人力、物力的综合平衡，力争均衡施工。

施工组织设计的编制工作，既有工程技术问题，也有政治经济问题。因此，必须加强领导，坚持调查研究和群众路线的工作方法。施工组织设计人员与水工等设计人员必须互相配合，互提成果，并应使设计、施工、生产、科研等单位密切协作。

图 12-23 为某水利水电枢纽工程的施工场地总体布置图。

第十三章 水利工程管理

水利工程管理大致可分为两个方面：一是生产管理，即运行和经营性管理；二是工程管理，即建筑物技术性管理。本章主要讲述工程管理，至于经营性管理不属于本课程的教学范围，本章不予列述。

要充分发挥水利水电工程的效益，确保工程安全运用，就必须作好水利水电工程的管理工作。有些工程由于管理不善，并没有发挥其应有的效益。国务院早在60年代就曾指出，要纠正“四重四轻”的错误思想。所谓“四重四轻”就是：重新建，轻管理；重骨干，轻配套；重大型，轻小型；重工程，轻实效。今后必须加强水利水电工程的技术经济管理，要“建”和“管”并重，充分发挥工程效益。

第一节 工程管理的任务与工作内容

一、水利工程管理的任务

工程管理的主要任务是：确保水利水电工程的安全、完整，充分发挥工程和水利资源的综合效益；通过工程的检查观测了解建筑物的工作状态，及时发现隐患，进行必要的养护，维修和加固；验证设计的正确性，开展科学研究，不断提高管理水平，逐步实现工程管理现代化；必要时进行扩建和改建，以便更好地满足和促进工农业生产和国民经济事业发展的需要。

水利水电工程的管理工作，既是长期的、细致的、复杂的工作，又是一项综合性的工作，所以要求管理人员应具备规划、设计、施工、管理等方面的知识，要有认真负责的工作态度，才能把工程管好。那种认为水库管理单位，只是养鱼、种树搞副业，甚至认为管理部门就是养老院的观点，不仅严重影响了管理工作的科学化和现代化，也严重影响着工程建设发挥其效益。

二、水利工程管理的内容

工程管理的内容主要包括：

(1) 检查观测　管理人员应经常地对建筑物进行全面的、系统的检查和观测，随时掌握建筑物状态的变化和工作情况，及时发现问题并采取措施，保证工程安全运用。设计时，应确定必要的观测设备的布置，为检查，观测创造必要的条件。施工中要有详细的工程质量情况的记录，管理人员应了解工程质量情况，以便进行必要的针对性观测。

(2) 养护修理　根据检查观测的情况，对建筑物及时消灭隐患，进行加固处理，以保持建筑物处于良好的工作状态。除此之外还要对建筑物经常的、定期的进行养护修理，延长工程寿命，使建筑物保持完整和正常运行。

(3) 防汛抢险　在汛期应建立防汛机构，组织防汛队伍，准备物资器材，有备无患，确保工程安全。

(4) 扩建与改建　水利工程建成后，若发现原工程有严重缺陷而必须进行消除时；或国民经济的发展对该水利工程提出更高要求，而原有工程设施不能满足要求时，应考虑对原有工程进行改建和扩建。一般地说，扩建和改建的决策，应在技术经济论证的基础上，经有关上级部门的批准，按基本建设程序，进行设计和施工。

第二节　水工建筑物的检查与观测

水工建筑物受各种荷载的作用和外界因素的影响，其状态及工作情况不断发生变化，故必须进行检查观测。除直接观察检查外，要积极采用遥测、自动记录等现代化观测技术，对观测资料、数据等及时进行整编、分析。目前在我国正在推广应用电子计算机进行数据处理，以提高检查观测工作的速度和质量。

一、检查观测工作的内容

（一）观察检查

水工建筑物的观察就是用眼看、耳听、手摸等直觉方法或用简单的工具，观察建筑物的外表，从外露的不正常现象中，分析判断建筑物内部可能发生的问题，以便进一步采取相宜的必要措施。观察的次数，除每月1～2次的例行观察以外，每年汛期前后以及高水位、暴雨、大风、泄洪、地震后等都应对水工建筑物进行一次全面的观察检查。必要时，对一些可能出现险情的部位，进行昼夜监视。对混凝土建筑物主要观察有无裂缝、表面侵蚀等现象。对建筑物和地基以及两者连接处，要观察有无渗漏现象，并观察渗漏的程度。对土工建筑物要注意观察坝体有无裂缝，是否有滑坡现象或能否形成贯穿上下游的漏水通道。对渗水要观察是否浑浊，有无管涌、流土等现象发生。对闸门、启闭机、金属结构等应观察连接是否牢固，油漆是否完好，有无不正常变形或磨损，机械运转是否正常、灵活。

（二）变形观测

一般情况下，水工建筑物在施工和运用期会产生变形，这是正常现象。但这些变形应有一定的规律和限度，因此变形情况，反映了水工建筑物工作是否正常。若出现非正常情况，应及时分析原因采取相应的措施。

变形观测的内容主要是水工建筑物的水平位移、垂直位移、伸缩缝的开合情况，以及裂缝的位置、长度、宽度和走向等。

（三）土坝的渗透观测

土坝的渗透观测包括：浸润线、渗透流量、绕坝渗流、坝基渗透压力和渗透水透明度观测等。

(1) 浸润线观测　通常是在土坝坝体内选择有代表性的横断面埋设测压管，并利用专门的仪器测量管中的水位高程，以掌握浸润线的形状及变化。测压管断面布置的多少，应根据工程的重要性、建筑物的规模以及地质条件等决定。对于大中型土坝，测压管断面不应少于三个，每一个测压断面最少布置三根测压管，并应布置在横断面的中部和下部。测压管通常采用金属管、塑料管或无砂混凝土管。其构造大体分进水管段、导管和装有保护设备的管口。进水管段必须保证坝体的渗透水能进入测压管内，并能反映出该处的浸润线位置。为此在管壁上应钻有足够数量的进水孔，并在管的外壁包扎过滤层，如图13-1。进水管段的长度应不小于最高浸润线以上0.5m至最低浸润线以下1m。导管用以将进水管段引申到坝体表面，要求管壁不透水，内壁光滑，直径与进水管段相同。管口保护设备主要是防止雨水、地表水流入测压管内，避免石块、杂物落入管中堵塞测压管。

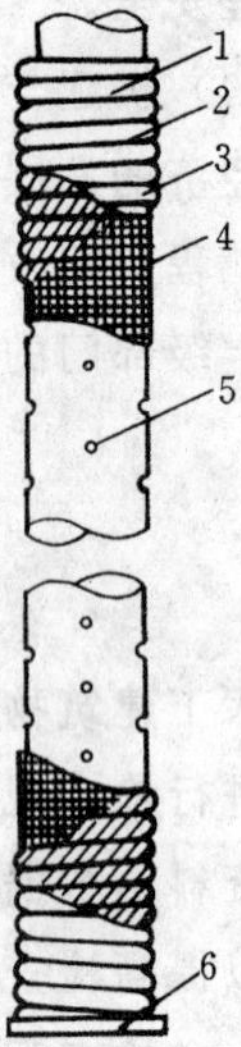

图13-1 进水管段示意图

1—铅丝；2—两层麻布；3—第二过滤层；4—过滤层；5—进水孔；6—封闭底板

(2) 渗流量观测　土石坝渗流量应在进行其它渗透观测的同时进行观测。一般根据渗流量的大小和渗流汇集条件等采用容积法、量水堰法和流速法进行测量。最常用的是在坝下游能汇集渗流水的地方设置集水沟，在集水沟出口处用量水堰量测渗流量。进行渗流量的观测，对于判断防渗、排水工作是否正常，具有很重要的意义。

(3) 绕渗观测　土石坝两岸或连接混凝土建筑物的土石坝坝体的绕渗观测，可沿绕渗线布置观测断面，一般每岸布置1～3个断面，每个断面布置2～4根测压管，如图13-2所示。绕渗测压管的构造与浸润线测压管相同。绕渗测压管深度至少应深入到筑坝前的地下水位以下，对于观测不同透水层内渗水压力的测压管，应深入到各层的中间。

(4) 坝基渗透压力观测　为了及时了解坝基砂砾石及承压层的渗水压力，观测坝基渗透水压力的变化，应在坝基埋设测压管。其构造与土坝浸润线观测测压管基本相同，只是进水管段较短，一般采用0.5m左右。

测压管的布置和埋设深度，可根据坝基地质情况、建筑物防渗设备、排水设备的形式及蓄水后产生渗透变形的情况而定。对于比较均匀的砂砾石层地基，一般布置2～3个断面，每个断面设3～5根测压管。

(5) 渗水透明度观测　为了判断排水设备的工作是否正常，检查有无发生管涌，对土坝及坝基的渗水应进行透明度观测。观测方法是在渗水出口处用玻璃瓶取水样，利用透明度管观测试验。当渗水透明度大于30cm时，渗水即为清水，反之为浊水。若渗水为浊水时，表明排水设备工作失效，有发生管涌的可能，需及时采取措施处理。

(四) 混凝土坝的观测

(1) 坝基扬压力观测　混凝土重力坝坝基扬压力观测，一般是在坝体内埋设测压管或在坝基接触面上埋设差动电阻式渗压计。对于大中型混凝土重力坝，测压断面不应少于三个，每个测压断面上不得少于三个测点。

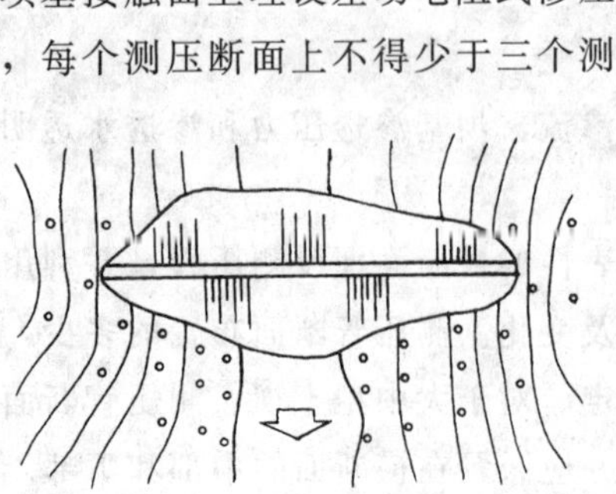
图13-2　绕渗测压管平面布置示意图

(2)混凝土坝的应力观测　为了解混凝土坝在不同工作条件下内部应力的分布和变化，以便为工程的控制运用、安全监测以及验证设计和科学试验提供资料。可根据工程的重要性、建筑物的类型、受力情况和地基条件，选择一些具有代表性的坝段进行应力观测。重力坝一般可选一个溢流坝段和一个非溢流坝段作为观测坝段，在该坝段上除靠近地基（距地基不小于 5m）布置一个观测截面外，还可根据坝高、结构型式等条件布置几个截面，每个截面上最少布置 3 个测点。在施工期间在坝体内埋设应变计，以电缆引至观测站的集线箱，用比例电桥测读应变计的电阻和电阻比，计算出其应力。

(3)混凝土坝的温度观测　混凝土坝的温度观测主要是观测内部温度分布及变化情况，为防止温度裂缝、确定灌浆时间提供依据。测点分布应该是越接近坝体表面越密，在钢管、廊道、宽缝和伸缩缝附近，测点应适当加密。混凝土坝内部温度的观测，可采用电阻式温度计，在坝体施工期间埋设在混凝土内，测定温度计的电阻，即可换算得相应的温度。

（五）水流观测

水流观测包括水位、流速、流量和脉动压力观测等。其目的在于监测建筑物的工作情况，为制定合理的运用方式，或采取必要的措施提供依据，以确保工程的安全和正常运行。不同的水工建筑物其工作条件不同，所要求观测的项目也各不相同。一般地说水工建筑物的观测项目可参见表 13-1。

表 13-1　　水工建筑物观测项目表

观测项目	建筑物类型	土石坝	混凝土坝	砌石坝	溢洪道	放水洞	库区
变形观测	水平位移	△	△	△	△		
	垂直位移	△	△	△	△		
	固结	○					
	挠度		○				
	裂缝	○	○	○	○	○	
	伸缩缝		△			○	
应力温度观测	土压力	○					
	孔隙压力	○					
	内部压力		○	○			
	内部温度		○				
	钢筋应力		○			○	
渗透观测	浸润线	△					
	扬压力		△	△	○		
	渗流量	△	△	△			
	渗流透明度	○					
	导渗效果	○					
	绕坝渗流	○	○	○	○		
	库区淤积						○
水文气象观测	降水量	△	△	△			
	水位	△	△	△	△	△	○
	流量				△	△	
	波浪	○					
	冰凌	○			○		
	水温		○				
	水质检验	○	○	○			○

注　1. "△"为必测项目；"○"为建议观测项目；

2. 多泥沙河流上的水库，库区淤积为必测项目。

二、观测成果的整理分析

通过原型观测取得数据后，需要进行科学的整理与分析，才能找出其内在规律及各种影响因素的相互关系，以获得规律性认识，做到正确判断，从而为保证工程安全、合理运用和科学研究提供依据。

(1) 原始资料的整理分析　主要内容为：

1) 校核原始记录：对观测数据应慎重校核，分析有无差错遗漏等；

2) 填制观测报表：原始记录和计算成果校核无误，即可填入各种报表；

3) 绘制曲线图：将各种观测成果绘制成过程线、分析图及关系曲线，直观的展现出观测值的变化规律和趋势以及各观测值的合理性和可能误差程度；

4) 根据绘制的曲线对建筑物的状态变化和工作情况作出判断，提出工程运用、建筑物养护维修以及今后工作改善的意见等。

(2) 资料整编　观测资料的整编是在平时整理、分析工作的基础上汇编成系统的资料，并刊印成册，以供分析使用。整编内容包括工作情况、观测设备的布置、结构和变动情况、观测方法、精度、测次以及观测中发生的问题。原始数据的整理和整编的工作量很大，目前已采用微机进行观测数据处理，对工程的安全监测能及时提供所需的信息。

第三节　水工建筑物的养护、修理与改建

由于水工建筑物长期和水接触，受到各种荷载的作用，水的侵蚀作用，泄流时产生的冲刷、空蚀和磨损等作用，以及设计时考虑不周或施工质量控制不严等原因都会引起在运用中出现各种问题。如不均匀沉陷、渗流变形或形成裂缝等。这些问题都需要及时进行解决和处理。

水工建筑物的养护维修应根据“养重于修，修重于抢”的精神，做到定期养护，小坏小修，随坏随修，以尽量避免或减轻建筑物的损坏，保证建筑物正常安全运行。

一、土坝的养护修理

土坝的险病情主要有裂缝、滑坡和渗漏等三个方面。

(一) 土坝裂缝的处理

土坝裂缝有的在坝体表面可以明显的看出，有的隐藏在坝体内部须开挖才能发现。裂缝对土坝是很不利的，尤其是危害性较大的裂缝应查明原因及时处理，以免造成不良后果。

(1) 裂缝种类和成因　按裂缝走向分类有下列几种：

1) 横向裂缝：裂缝走向与坝轴线垂直或斜交的缝称为横向裂缝。主要出现在坝顶，严重的扩展到坝面。这种缝如在上游坝坡扩展到库水位以下，可能造成集中渗漏而发生事故，危害性较大。产生的原因主要是坝体或坝基沿坝轴线方向的不均匀沉陷造成的。

2) 纵向裂缝：裂缝走向与坝轴线平行或接近平行的缝称为纵向裂缝。主要出现在坝顶和上、下游坝坡的上部。产生的原因主要是坝体或坝基沿垂直坝轴线方向的不均匀沉陷造成的。这种裂缝一般不直接危及坝体安全，但也应及时处理以免缝内灌入雨水而引起滑坡。

3) 水平裂缝：裂缝平行或接近水平面的缝称为水平裂缝。多发生在坝体内部且主要发生在心墙坝。产生的原因主要是土心墙的压缩性远大于坝壳，心墙下部沉陷较大，而上部则因挤在坝壳中间由于拱的作用沉陷不大，使心墙上、下部脱开而造成水平裂缝。这种裂缝事先很难发现，修补也比较困难，因此应特别重视。

4）龟纹裂缝：裂缝呈龟纹状，且缝的走向无一定规律，纵横交错，分布紊乱的缝称为龟纹裂缝。这种缝多出现在没有保护层的坝顶和坝坡上，以及水库泄空而露出的土铺盖的表面上。产生的原因主要是由于填筑土料由湿变干时体积的收缩。填筑土料的粘性愈大含水量愈高，则产生龟纹裂缝的可能性愈大。这种裂缝是经常出现的，一般不影响坝体安全。为了避免这种缝的产生，常在坝顶、坝坡和上游土铺盖上设置保护层。

（2）土坝裂缝的处理　土坝发现裂缝后，首先查清裂缝的长、宽、深、走向、形状等，结合设计施工情况，分析裂缝成因，采用不同的处理措施。

1）开挖回填：对于缝深不超过 5m 的裂缝，大都采用开挖回填的方法处理。开挖深度应比裂缝尽头深 0.2～0.5m，开挖长度应比缝端长约 2m，槽底宽约 1m。开挖成的梯形槽壁坡度应满足边坡稳定及新老土结合的要求，一般采用 1∶0.4～1∶1.0 用与坝体相同的土料分层仔细夯实进行回填，分层填筑厚度 0.1～0.15m。当裂缝较深时，为了开挖方便和安全，可挖成阶梯形槽，回填时逐级削去台阶，保持梯形断面。对于横向裂缝的处理，可以挖成如图 13-3 所示阶梯形断面形状的截水槽，以增长结合面的渗径。回填时将台阶削去，按梯形断面回填。

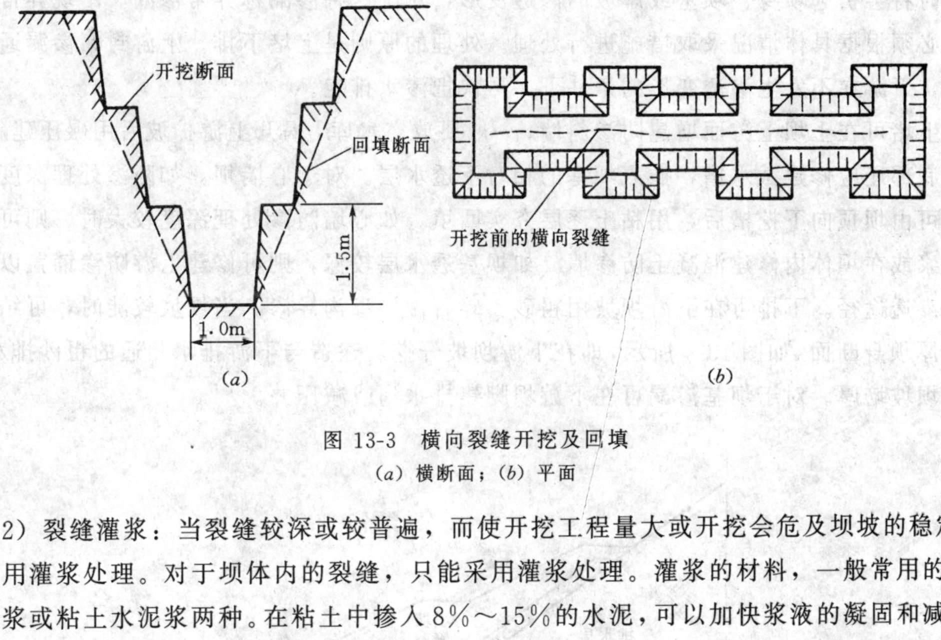

图 13-3　横向裂缝开挖及回填

(*a*) 横断面；(*b*) 平面

2）裂缝灌浆：当裂缝较深或较普遍，而使开挖工程量大或开挖会危及坝坡的稳定时，可采用灌浆处理。对于坝体内的裂缝，只能采用灌浆处理。灌浆的材料，一般常用的有纯粘土浆或粘土水泥浆两种。在粘土中掺入 8%～15%的水泥，可以加快浆液的凝固和减少浆液的体积收缩。浆液的稠度应在保证良好灌入的条件下，尽量采用稠浆，以减少体积干缩，常用的水与干料之比为 1∶1～1∶2.5。灌浆有重力灌浆和压力灌浆。重力灌浆是利用浆液自重自流压浆；压力灌浆则是利用灌浆泵加压灌注。灌浆压力对灌浆质量的好坏和施工安全关系极大，若压力不足则灌不密实，若压力过高则会使坝体发生过大变形，产生裂缝扩大、串浆、冒浆等。

（二）土坝滑坡处理

土坝坝坡（有时也包括部分地基）局部失去稳定而发生滑动，上部坍滑下部隆起外移，这种现象称为滑坡。

(1) 土坝滑坡产生的原因　造成土坝滑坡的原因很多，筑坝土料颗粒组成细而均匀、坝体断面坡度太陡、施工填筑质量较差或因地震、水库水位骤降等都会造成土坝滑坡。对滑坡土坝的加固，应查明原因，对症下药。综合治理，有主有从；力求根治，以防后患；就地取材，安全经济。

(2) 土坝滑坡处理　防止滑坡的最根本的措施是设计合理的坝坡和保证施工质量。管理应用中应注意做好经常性的养护工作；当发现在高水位或其他不利情况下有可能发生滑坡时，应尽早采取措施。一般采取的措施是：在坝脚压重，放缓坝坡以及用防渗、导渗措施降低坝体浸润线和坝基渗透压力。当滑坡已经形成，则应于坍塌终止后采取永久性的处理措施。处理的原则仍是上部减载、下部压重。一般应根据滑坡的原因、滑坡状态并结合采取的抢护措施，通过坝坡稳定分析确定加固处理断面，并按照滑坡原因采取多种综合处理措施。

(三) 土坝渗漏的处理

土坝坝体、坝基或岸坡在一定程度上都是透水的，水流在水位差作用下从上游向下游渗透是一种正常现象。但大量的渗漏将影响水库的蓄水，而渗透坡降和渗透流速超过一定限度时将会引起坝身、坝基或岸坡的渗透变形，对于这种渗漏称异常渗漏。出现异常渗漏时，必须根据具体情况采取措施进行处理。处理的原则是上堵下排。上游封堵渗漏通道的进口，下游在不发生渗透变形的条件下，尽快把渗水排走。

上堵可在土坝上游面增建防渗斜墙，一般要放空水库，揭开上游护坡后用碾压建斜墙，斜墙底部还应修建截水槽，插入坝基的相对不透水层。对于心墙坝，如防渗处理深度不大时，可由坝顶向下挖槽后，用粘土逐层夯实回填。如心墙防渗处理深度较大时，则可用粘土灌浆或在坝体内修建混凝土防渗墙。如坝基透水层较深，则可修建上游防渗铺盖以延长水平渗透途径。下排可在下游坝坡用粗砂、碎石做导渗沟导渗。当坝坡较陡时，可结合导渗培厚坝身断面。如图 13-4 所示，即在下游坝坡开挖后建造与下游排水相通的粗砂排水层，再将坝坡培厚。对于坝基渗漏可在下游坝脚建排水沟或减压井。

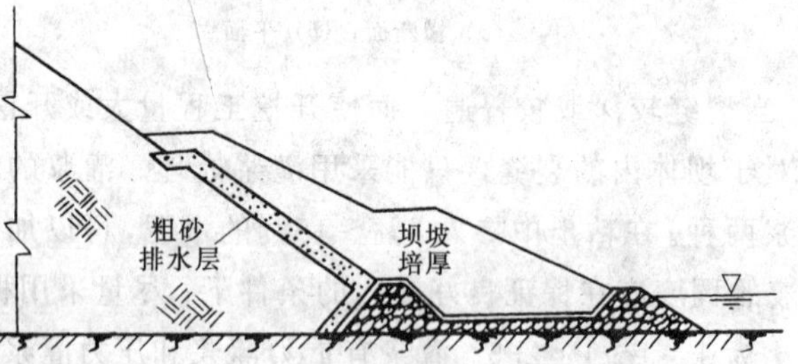

图 13-4　导渗培厚示意图

二、混凝土坝的养护修理

混凝土坝及浆砌石坝常见的病害主要是坝与地基的抗滑稳定性不够，裂缝和坝体及坝基的渗漏等。

(1) 提高抗滑稳定性　最有效的方法是降低扬压力，即上游加强帷幕灌浆，下游加强排水。此外加大建筑物断面，可增加坝体有效重量或采用缆索锚固等，均能起到提高抗滑稳定性的作用。

(2) 裂缝和渗漏处理　混凝土坝及浆砌石坝有时会因沉陷、干缩、温度变化或应力过大产生裂缝，有的是表面裂缝，对结构强度影响较小，有的是深层或贯穿性的裂缝，将破坏建筑物的整体性，引起漏水、溶蚀，对建筑物十分有害。根据裂缝的性质，应采用不同的方法进行处理。

对于表面的，对结构强度影响较小的裂缝，可以采用表面涂抹、贴补或凿槽嵌补的方法处理。表面涂抹就是用水泥浆或环氧砂浆贴在裂缝部位的混凝土表面处。贴补就是用胶粘剂把橡皮、玻璃布等，粘贴在裂缝部位的混凝土表面，以封闭裂缝并能防渗堵漏。对于有防渗要求处的裂缝，还可以用凿槽嵌补的处理方法，即沿混凝土裂缝凿一条深槽，槽内嵌填环氧砂浆、沥青油膏等防水材料，表面用钢丝网喷浆保护。

对于贯穿裂缝或水下裂缝的处理，宜采用钻孔灌浆的方法。缝宽大于0.5mm时用水泥灌浆。裂缝较细时，则需用水玻璃、丙凝、甲凝等化学材料灌浆。

(3) 混凝土表面缺陷的修补　混凝土因施工质量不好，冻融、渗水、冲刷、空蚀等作用，造成表面松软剥落。对于这种表面破坏可用填混凝土、喷水泥砂浆、喷混凝土修补，也可用环氧砂浆、环氧混凝土等进行修补。

三、水工建筑物的改建

(一) 改建的原因和类型

水工建筑物由于下列等原因，有时需进行加固和改建：

1) 由于水利工程的任务有了改变或发展，原有的水工建筑物不能满足发展的需要，必须对原有的建筑物进行改建或扩建。

2) 由于科学技术的发展，需要改善原建筑物或水利枢纽的工作状况。

3) 根据运用时的经验，发现建筑物的构造有重大缺陷而需要改善等。

水工建筑物的改建工作是很复杂的，不同的建筑物有不同的要求，进行改建工作的方法也有所不同。改建工作一般有下列几种类型：

1) 抬高水位增加坝高，扩大兴利或防洪库容，增进工程效益。

2) 增大泄洪能力。一般是由于实际洪水较设计洪水为大或因综合利用目标有所改变，为满足实际需要，增加泄洪能力。

3) 建筑物分期施工。工程在兴建时期由于技术经济条件的限制不宜一次完成，而采取分期施工较为合理，以后根据原规划设计，为建筑物进行续建。

一般地说，对工程进行加固改建应事先进行专门的技术经济研究和设计，经批准后方可进行施工。

(二) 土坝的改建

土坝的改建比较容易，有时可不要求将水库放空，而在坝的下游面利用碾压的方法进行。

1. 均质坝的改建加高

一般用填筑上游边坡的方法，如图13-5(*a*)所示。或者在下游坝坡填土碾压，如图13-5(*b*)所示。若在下游坝坡填筑，坝身排水体需重新改建，而且要求新坝体土料的渗透系数不小于老坝体土料的渗透系数。

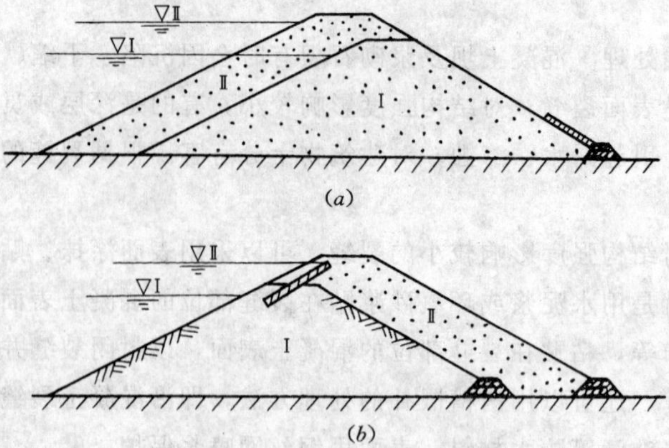

图 13-5 均质坝的改建方法

(a) 在上游坝坡填筑；(b) 在下游坝坡填筑

2. 斜墙坝的改建加高

这种坝型的改建加高是将斜墙延伸并加大下游坝体，如图 13-6 所示。

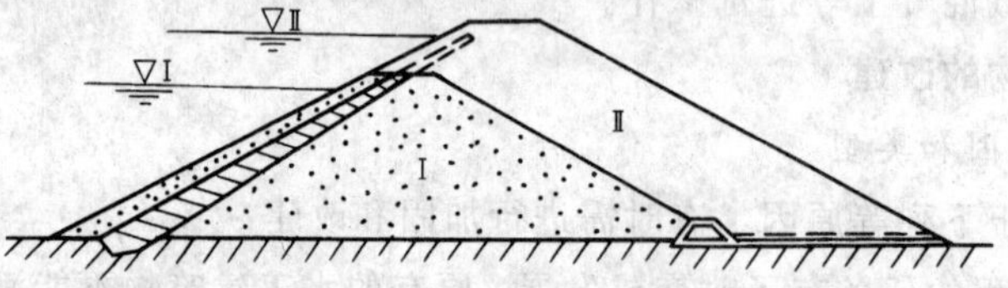

图 13-6 斜墙坝的改建

3. 心墙坝的改建加高

这种坝型的改建加高应由心墙情况而定。如果心墙是用粘土作防渗体时，则可增大下游坝体，并在上游坡加设斜墙，两者联接处作好止水，如图 13-7 所示。如果心墙是刚性心墙时，则可延长心墙，并将新老心墙用铰链联接，而在坝壳的上下游培土以加大坝体，如图 13-8 所示。

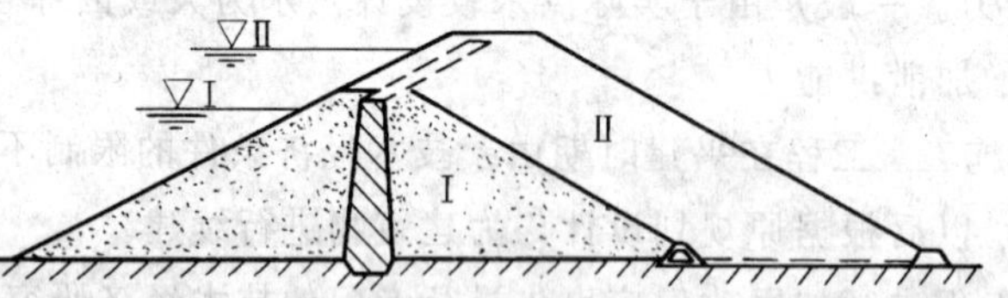

图 13-7 粘土心墙坝的改建

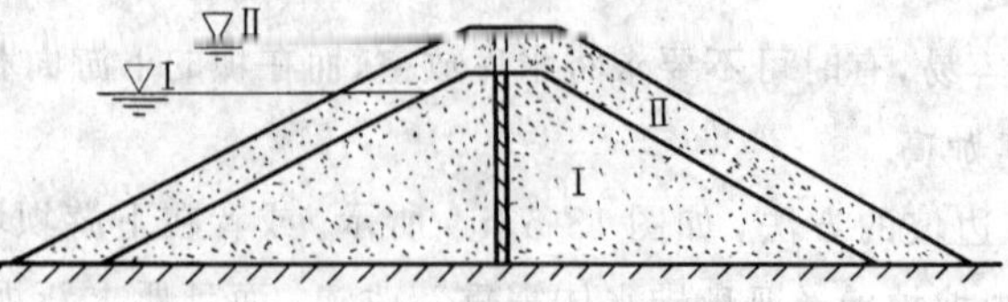

图 13-8 刚性心墙坝的改建

（三）混凝土重力坝的改建

重力坝的改建要比土坝改建复杂，因为必须保证新老混凝土结合缝之间的强度、整体性，并有可靠的防渗性等的要求。

重力坝的改建工作，通常是在不放空水库的情况下进行。浇注混凝土是沿着坝顶及坝的下游面进行，如图 13-9 所示。在新老混凝土结合的地方应首先将老混凝土的表面加以凿毛，去掉不坚固的混凝土，垂直于缝设螺栓且要很可靠地筑于老混凝土、并插入新混凝土中。在挡水面处，缝用防渗榫槽遮住，而在下游处则设排水。为了防止缝被拉开及增加可靠程度，可设置锚筋并用压力灌浆使之牢固结合为一体。

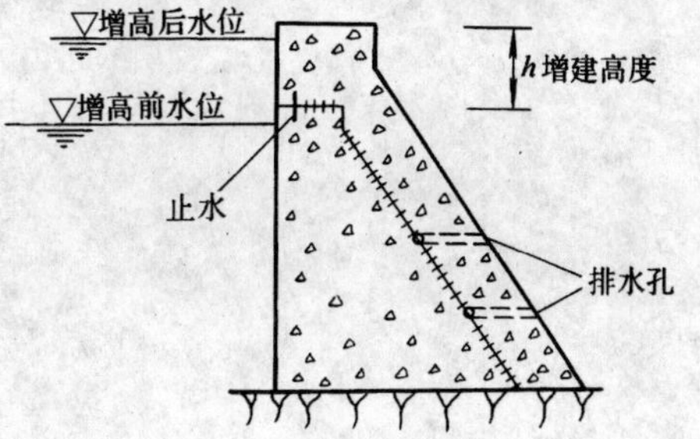

图 13-9　重力坝的改建